全球科技通史

吴军 | 著

中信出版集团 | 北京

图书在版编目（CIP）数据

全球科技通史 / 吴军著 . -- 北京 : 中信出版社，2019.4（2023. 1重印）
ISBN 978-7-5217-0142-5

I. ①全… II. ①吴… III. ①科学技术－技术史－世界 IV. ① N091

中国版本图书馆 CIP 数据核字 (2019) 第 036099 号

全球科技通史

著　　者：吴　军
出版发行：中信出版集团股份有限公司
（北京市朝阳区惠新东街甲 4 号富盛大厦 2 座　邮编　100029）
承 印 者：北京盛通印刷股份有限公司

开　　本：880mm × 1230mm　1/32　　印　　张：14.75　　字　　数：347 千字
版　　次：2019 年 4 月第 1 版　　印　　次：2023 年 1 月第 6 次印刷
书　　号：ISBN 978－7－5217－0142－5
定　　价：88.00 元

谨献给吴梦华、吴梦馨和张彦

目 录

第二篇
古代科技

第三章 农耕文明

第四章 文明复兴

第三篇 近代科技

第五章 科学启蒙

第六章 工业革命

第七章 新工业

第四篇
现代科技

第八章 原子时代

第九章 信息时代

第十章 未来世界

推荐序一

没有科技就没有真正的人类文明

高文

中国工程院院士，

北京大学教授

人类进化经历了一个长期的历史阶段，其中既有循序渐进的过程，也有突变。科学发展到今天，我们对人类是从哪里来的这个谜团，拼图渐渐清晰了起来；但是我们对人类将走向何方这个未来难题，拼图仍然是一片空白，尽管各种猜测源源不断。

我早年曾经读过一些关于人类起源的读物，最近几年也断断续续读过一些有关现代智人的文字。前几天我去自己的出生地大连讲学，听到当地一位领导说在大连金普新区发现了一个洞穴，考古学家发现里面有十几万年前人类活动的遗迹。当时我讲了我的判断：这些曾经生活在此地的古人类应该不是我们的祖先，因为那时候现代遗传学上认可的我们的祖先现代智人还没有到达中国。可惜因为那次讲学时间安排太紧，我没有机会去现场看看，于是约定下次一定补上。

现在，越来越多的读者认可科技史是人类文明史中一个不可或缺的组成部分。因为没有科技就没有真正的人类文明。因此，读科技史也就成为这个读者群体的特殊需求。这本书就是一本可以很好地满足上述刚需的科技史书，作者以能量和信息为线索，贯穿了史前文明到未来理想，讲述人类是如何通过科技来提高生活质量，推动社会进步的。

古罗马作家西塞罗曾经说过："一个人不了解他出生之前的事情，那他始终只是个孩子。"了解历史，可以帮助人类认识自己，认识文化；了解科技史，则有助于把握未来的方向。帝王将相，只是风光一时；朝代更迭，在历史的长河中也不过是过眼云烟。而只有科技文明，是随着时间的推移逐步发展的，推动人类社会螺旋上升。10万年前，智人的分支从非洲大陆走了出来，来到欧洲、亚洲。5万年前，现代智人由于学会了使用语言，通过语言沟通形成的集体优势淘汰了另外三个智人分支，繁衍至今，从几十万人口发展到今天几十亿人口遍布世界各地的人类大种群。1万年前，农业革命出现，人类开始定居生活。5000年前，人类发明了文字和书写、车轮和陶器、青铜和黑铁，创造了集约化农业和大金字塔。农业的发展提供了足够的粮食，使得社会有一部分劳动力从农业生产中解放出来，产生了新的职业和社会分工，随后也产生了专门化的知识阶层，以及帝王统治者。再经过文艺复兴，人类掌握了一套有效而系统的发展科学的方法，使得科技的发展开始提速。

随着自然科学和工程技术各学科及领域逐步建立与发展，新技术积累到一定能级后必然产生大爆发，我们现在称之为工业革命。在发生于18世纪中叶的第一次工业革命中，蒸汽机成为动力驱动的典型象征，人类历史随之进入蒸汽时代。19世纪中叶，第二次工业革命开始，电力逐步变成动力主流，人类社会进入电气时代。20世纪中叶，第三次工业革命开始，计算机和通信的快速发展改变了社会的生产和生活方式，人类历史进入信息时代。

以铜为镜可以正衣冠，以史为镜可以知兴替，以人为镜可以明得失。科技发展有其自身的规律和周期。如果沿着前三次工业革命的脉络预测，21 世纪中叶应该会发生第四次工业革命。换句话说，我们现在正处在下一次工业革命的前夕。下一次工业革命的颠覆性技术到底是什么，答案现在还不得而知。不过种种迹象表明，近期热度不减的人工智能，如果在未来一二十年取得革命性的突破，由量变转化为质变，也许会使人类进入智能时代。这个猜测是否准确，答案应该会在不久的将来揭晓，让我们拭目以待。

以前我就知道吴军的文字是有魅力的，这次再次领教。这本书稿即使是有近 500 页的大篇幅，我也不觉得冗长繁复，几乎是一口气读完的。作者写出了从石器时代智人演化直到 21 世纪政治和技术革命的一整部“人类科技史”，通俗易懂的文字将科技史的万年历史长河融汇在一本书中，读下来意犹未尽。记得前几年西藏阿里机场刚通航的时候，我去过一次古格王朝遗址，中间有很长一段时间汽车沿着扎打土林沟壑里的路行驶。据导游说，扎打土林远古时受造山运动影响，历经数千万年湖底沉积的厚土地层随着青藏高原的上升变为陆地，又历经数百万年陆地受洪水冲刷形成沟壑，再历经数千年受雨水冲刷切割并逐渐风化剥蚀，沟壑的绝壁上形成了土林。扎打土林，看起来的确像在黄土墙上雕刻出来的半柱树林，高低错落达数十米，千姿百态，每一片都绵延几百上千米，颇为壮观。中途小憩期间，我曾独自走到土林近旁待了几分钟。也许因为高原缺氧，恍惚间我似乎听到了远古的声音，窸窸窣窣又隆隆作响。今天，当我读完吴军的书稿，静息下来似乎又有一点那种感觉。

我希望，当读者读完此书合卷冥思的时候，可以听得见科技历史的脚步声，或近或远，或大或小……

2019 年 3 月 26 日于深圳

推荐序二

从科技视角俯瞰历史，从历史视角理解科技

钱颖一

清华大学资深教授、经济管理学院前院长，

西湖大学校董会主席

在中国，人们对科学技术的追求一直伴随着中国现代化的进程。近几年，科技更是成为全民关注的热点。当然，这与中国经济发展到了新的阶段有直接关联。2018 年，中国的人均 GDP（国内生产总值）达到近 1 万美元，中国经济要想突破中等收入陷阱，实现可持续发展，只能靠创新，而创新离不开科技，这已经形成共识。这是当前全国出现科技热的经济逻辑。

不过，科技演进的历史不仅仅是经济逻辑。人类的科学发现、技术发明究竟是如何演化的，它们从哪里来，又要到哪里去，这些问题通常不会在专业课程和教科书中探讨，因为专业课程和教科书主要是传授科学技术的结果，而不是原因和过程，更不要说对科学和技术史的整体梳理了。吴军博士的这本《全球科技通史》帮助我们从历史视角思考科学和技术的过去与未来，非常值得推荐。

吴军在清华园长大。他从清华附中考上清华大学，取得计算机科

学学士学位和电子工程硕士学位，之后留学美国，获得约翰·霍普金斯大学计算机科学博士学位。他曾在谷歌和腾讯工作，具有中美高科技企业的丰富工作经验，目前在位于硅谷的由他参与创立的一家投资基金工作，专门投资初创的高科技企业。在此之前，吴军已经出版了众多畅销书，包括《数学之美》《浪潮之巅》《文明之光》《智能时代》等。应该说，他写《全球科技通史》，既有他的学科背景，也有他在科技创新实践中获得的直接感悟。

《全球科技通史》讲述的是人类科技发展的历史，覆盖了从人类文明最早的石器时代到当前的信息和生物时代的漫长历程。吴军把人类的科技发展历史划分为四个阶段：远古科技、古代科技、近代科技、现代科技。虽然不少近代科技的内容在高中阶段有讲授，现代科技的内容在大学阶段有讲授，但是我们通常是把这些内容作为知识来学，作为知识点来记，我们并不一定了解，更不懂得它们是如何产生的，是在什么背景下产生的，更不知道它们的影响。这些影响大多不是发现者和发明者自己所能预料的。至于远古科技和古代科技，我们知道得就更少了。

阅读这本书，读者可以从中获得很多启发。首先，我们可以从中获得科技的历史感。我们会从历史中受到启发，对当前的事件产生不同一般的想象，从历史中获得新的视角。比如，今天我们对互联网日新月异的发展惊叹不已，我们对人工智能的潜在功能寄予无限的希望，我们很容易以为这些都是史无前例的。但是读了这本书，你会对历史有一种新的感叹，对今天的科技多一份思考。比如，你会对电报的发明（第一次从华盛顿向巴尔的摩发报）感到震撼，因为这是人类第一次使得一般性信息的传播速度比人（或马）更快。你也会对电的发明带来的广泛影响感到惊叹，没有电，就没有电梯，就不可能有高层建筑。手机作为信息传输工具是电报电话的延伸，而人工智能能否像电一样对人类文明产生类似甚至更大的影响，只有放在历史中我们才能欣赏和评价。

其次，这是一本有关科技历史的书，内容既包括科学，也包括技术。有关科学历史的书不少，但是把科学历史和技术历史放在一起讲的书就很少了。这对中国读者来说，吸引力就很大，因为我们对“科技”这个词习以为常，使用频率可能超过“科学”这个词。科学和技术两者密不可分，同时两者也有区别。科学是发现自然规律，技术是对改造世界有用的发明。近代以来，中国为了追赶西方，着眼点大多在技术和工程方面，因为只有工程和技术可以直接带来经济的繁荣和军事的强盛。在绝大多数情况下，我们对科学的兴趣来源于科学对技术的推动力量。其实，不仅当前如此，一百多年前的洋务运动时期也是如此。虽然这种功利主义取向为全民学习科学和技术提供了强大和主要的动力，但是纵观科学和技术发展的历史，我们发现这种动力只是一个方面，并非全部。认识到科学和技术两者的关系和不同，是我们从读科技史中获得的另一个启发。

从这本书中我们看到，科技发展有不同的历史时期：有单纯科学发展的时期（古希腊），有单纯技术发展的时期（中国古代），有基于科学发展技术的时期（工业革命时期），也有科学和技术交织发展的时期（当今）。区别科学和技术的一个意义是帮助我们认识到功利和非功利的不同。为了生存和发展是功利的。由于技术大多是为了生存和进步，所以技术是功利的。而科学就不一定。一方面，科学可以用来推动技术的发展，所以科学有功利的一面。我们对科学的崇拜，在很大程度上是出于功利的一面。另一方面，科学也有非功利的一面。科学是人类为了理解宇宙和自己。几乎所有革命性的科学发现，当初都不是出于功利，而是为了满足人的好奇心。有些发现后来很有用，有些至今仍然无用，甚至永远都没有用。但是没有这些科学，就没有人类文明的今天。

最后，从这本书中获得的第三个启发是科学方法论在科学发现和技术发明中的重要性。这本书重点介绍了笛卡儿（René Descartes，1596—1650）的方法论。我们都知道牛顿（Isaac Newton，1642—1726）对现代科学的基石性作用。但牛顿说他是站在巨人肩膀上的。这个巨人就是提出科学方法论的笛卡儿。笛卡儿不仅影响了牛顿，而且一直影响到今天。

科学方法论的起点是“怀疑一切”。马克思也把“怀疑一切”作为他的座右铭。吴军把笛卡儿的科学方法论概括为五条：

- 提出问题。
- 进行实验。
- 从实验中得出结论并解释。
- 将结论推广。
- 找出新问题。

近代科学与古代科学（古希腊）的区别是重视实验。而实验的前提是提出好问题，起点是怀疑一切。这种科学方法论就是我们今天说的批判性思维，是目前中国教育中非常缺乏的。从我们的教育体制中走出的学生，虽然会解答很难的题目，但是不会提出好的问题，他们在心理上不敢怀疑，在方法上不善怀疑。没有科学方法论就没有科学技术的今天，这是科技历史的逻辑，更对当今中国有现实意义。

我在清华大学经济管理学院担任院长期间（2006—2018），着力在本科教育中推动通识教育。通识教育一般是引入人文和社会科学的课程。我也这样做，但是除此之外，我还积极推动对自然科学的课程做出改革，其中的一个举措就是开设了两门新课程——“物理学简史”和“生命科学简史”。物质科学和生命科学各自发展演变的脉络和规律以及对社会的影响不但非常有趣，而且能帮助我们理解科学的本质。但是这些内容并不包含在标准的物理和生物课程中。引入这两门新课程是大学教育改革中的一个尝试。

我相信，人们对科学和技术的兴趣一定会引发对科技历史的兴趣。吴军博士的《全球科技通史》将带你走进人类科技历史的长河。

2019 年 2 月 15 日于清华园

前 言

科技的本质

我们正身处技术爆炸的时代。2017年全世界专利申请的数量超过800万件。[1]虽然这里面有不少水分，但是总数依然相当惊人。如果再看专利的增长速度，则更为惊人。以世界上最难获取的美国专利为例，2003—2015年的13年间，美国专利商标局批准了300万项专利，这个数量超过了美国专利商标局自1802年成立到2002年底近200年间所批准专利的总和。[2]如果专利的数量过于抽象不好理解，我们不妨看几个实例：

- 1838年4月世界上第一条跨洋航行的商业航线开通后，蒸汽动力的天狼星号机帆船花了19天时间完成了从英国到美国的商业航行。今天，民航飞机完成同样的旅行仅需要不到6个小时，将横跨大西洋的时间缩短了98%，而空中客车公司的超音速概念飞机可以将这个时间再缩短80%。
- 1961年，苏联在新地岛试爆了一颗5000万吨TNT当量的氢弹，它在一瞬间释放的能量（5×10^{13}千卡）相当于罗马帝国全部5700万人口在公元元年一个月所产生的全部能量。
- 1858年，美国企业家菲尔德用4艘巨轮将上万吨电报铜缆铺设到大西洋底，实现了人类第一次洲际通信，当时的传输速率每秒不到 1 个比特，而且传输极不稳定。2017 年，由微软、脸书合作铺设，西班牙电话公司旗下电信基建企业 Telxius 管理的跨大西洋高速海底光缆，每秒可以稳定地传输 160 Tbit（太比特），比一个半世纪之前快了万亿倍。

- 1946 年，世界上第一台电子计算机“埃尼亚克”（ENIAC，全称为 electronic numerical integrator and computer，电子数学积分计算机）的运算速度为每秒 5000 次，今天（截至 2018 年 6 月），世界上最快的超级计算机“顶点”（Summit）的运算速度高达每秒 20 亿亿次，比埃尼亚克大约提高了 40 万亿倍。事实上，今天的苹果手机计算能力已经超过了阿波罗登月时主控计算机的能力。

除了专利申请量惊人，今天科技的另一个特点是让我们感觉眼花缭乱。虚拟现实、人工智能、无人驾驶汽车、基因编辑、大数据医疗、区块链和虚拟货币等，我们在媒体上每天都能看到这些概念，但是它们意味着什么？为什么会一夜之间冒出来？对我们的生活将产生什么影响？今后还会出现什么新的技术名词？

科技进步日新月异，不仅给我们带来了好的生活，也让当下的人们产生了很多焦虑和恐惧。通常，人们的焦虑和恐惧源于对周围的世界缺乏了解，对未来缺乏把控。要想缓解和消除这种焦虑和恐惧，需要搞清楚下面三件事情。

首先，科技在大宇宙时空中的地位和作用，即它在经济和社会生活中的角色，以及它在历史上对文明进程的推动作用。前者是从空间维度上看，后者是从时间维度上看。

从空间维度上看，科技在文明过程中的作用是独一无二的，是一种进步的力量，这是毋庸置疑的。工业革命堪称人类历史上最伟大的事件。在工业革命之前，无论是东方还是西方，人均 GDP 都没有本质的变化。[①] 但工业革命发生后，人均 GDP 就突飞猛进，在欧洲，200 年间增加了 50 倍；而在中国，短短 40 年就增加了 10 多倍。[②] 因此，古今中外任何王侯将相的功绩和工业革命相比都不值一提。而工业革命的发生，就是科学推动技术，再转化为生产力的结果。这是科技在经济和社会生活中的重要体现。

从时间维度上看，科技几乎是世界上唯一能够获得叠加性进步的力量，因此，它的发展是不断加速的。世界文明的成就体现在很多方面，从政治、法律到文学、艺术、音乐等，都有体现。虽然总体上讲，文明是不断进步的，但是在很多方面，过去的成就并不能给未来带来叠加性的进步。比如在艺术方面，历史上有很多高峰，后面的未必能超越前面的。今天没有人敢说自己作曲超越贝多芬或者莫扎特，写诗超越李白或者莎士比亚，绘画超越米开朗基罗（Michelangelo di Lodovico Buonarroti Simoni，1475—1564），甚至世界上很多采用民主政治的国家，在政体上依然没有超越古希腊。但是，今天任何一个三甲医院的主治医生都敢说他的医术超过了 50 年前世界上最好的名医。因为医学的进步是积累的，现在的医生不仅学到了 50 年前名医的医术

---

① 在公元元年，古罗马的人均 GDP 大约为 600 美元；到了工业革命之前，欧洲人均 GDP 只增长到 800 美元左右。在中国情况类似，西汉末年人均 GDP 为 450 美元左右，1800 年后的康乾盛世时期才达到 600 美元左右，改革开放前也不过 800 美元（按照购买力计算）。数据来源：安格斯 · 麦迪森《世界经济概论，1–2030 AD》（2007），牛津大学出版社，以及世界银行数据库（https://data.worldbank.org/）。

② 2016 年英国的人均 GDP 大约为 4 万美元，中国为 8100 美元。

精髓，而且掌握了过去名医未知的治疗手段。今天，一个大学生学会微积分中的牛顿－莱布尼茨公式只需要两个小时，但是当初牛顿与莱布尼茨（Gottfried Wilhelm Leibniz，1646—1716）花了 10 多年时间才确立了该定理。由于科技具有叠加式进步的特点，我们对它的未来更加有把握。

其次，世界达到今天这样的文明程度并非巧合，而是有着很多的历史必然性。19 世纪出现大量和机械、电力相关的技术，20 世纪出现大量和信息相关的技术，接下来会出现很多和生物相关的技术，这些都是有内在逻辑性的。当我们全面了解了科技在人类文明发展的进程中是怎样一环扣一环地发展的，我们就能够把握科技发展的内在逻辑，做到自觉地、有效地发展科技。

最后，我们需要找到一条或者几条主线，从空间维度了解科技的众多领域及众多分支之间的相互关系，从而了解科技的全貌，同时从时间维度理解科技发展的过程和规律。虽然不同的历史学家、科技史学家和技术专家会给出不同的主线，但最本质也最便于使用的两条主线是能量和信息。这两条主线也是组织本书内容的线索。

采用能量和信息作为科技发展史的主线有两个主要原因：其一，我们的世界本身就是由能量和信息构成的；其二，它们可以量化科技发展水平，解释清楚各种科技之间的关系。

宇宙的本源是能量，这已经是现代物理学的常识。我们过去说世界是物质的，这种说法没有错，因为从本质上讲物质是由能量构成的。我们在中学物理中学过，宇宙万物是由上百种不同的原子（和它们的同位素）构成的，那么原子又是由什么构成的呢？它是由更小、更基本的粒子构成的。那些最基本、无法进一步分割的粒子（物理学标准模型中的 61 个基本粒子），比如光子、电子，以及构成原子核中质子和中子的夸克，最终都是纯能量，它们里面不再有其他物质，因此才有了爱因斯坦（Albert Einstein，1879—1955）著名的 $E = mc^2$ 质能关系式。世界的物质性，比如形状、体积和质量，不过是能量的各种性质而已，特别是在希格斯的理论被证实之后，大家对此更是确信无疑。因此，我们说世界的本源就是能量。

那么，看不见摸不着的能量，又是如何构成世界的呢？这就要靠物理学、化学、生物学、信息科学的能量法则了，它们都是信息。科学的本质就是通过一套有效的方法发现这样一些特殊的信息，它们就是宇宙、自然和生命构成及演变的奥秘。

自从出现了现代智人，地球的面貌就因为人类的活动而改变。人类的实践从本质上讲就是获取能量并利用能量改变周围的环境，而技术则是科学与实践之间的桥梁和工具。在科学和技术中，能量和信息如此重要，以至它们在人类历次重大的文明进步中都扮演了主角。同时，它们也是定量衡量科技发展水平的尺度。

10000 年前开始的农业革命，其本质是通过农耕有效地获得能量，为我们的祖先创造文明提供可能性。当时，伴随着文字和数字的诞生，人类可以将以前的知识和信息传承下来，人类的发展进程得到第一次加速。

18 世纪中后期开始的工业革命，其核心是新动力的使用，主要包括水能和蒸汽动力。从那一刻起，人类产生和利用能量的水平有了巨大的飞跃。在工业革命之前的一个世纪里，欧洲迎来了一次科学大发现，其成果在工业革命中被转换成技术，使得许多改变世界的重大发明在短期内涌现出来。这说明在工业革命前，人类创造信息的能力有一次飞跃。

进入 20 世纪之后，科技的发展也是如此。一方面是能源的进步，从原子能到各种清洁能源；另一方面是信息技术的发展，它是整个 20 世纪科技发展的主旋律。此外，人类在 20 世纪发现了 DNA（脱氧核糖核酸）的双螺旋结构以及宇宙诞生的时间和方式。这两项重大发现，本质上是人类对宇宙形成信息和生命形成信息的破解。我们在本书中会清晰地看到，整个科技史，从过去到未来，都与能量和信息直接或者间接相关。

把上面三件事情讲清楚，让读者全面了解科技发展史，消除焦虑，是我写这本书的第一个动机。

我对写科技史感兴趣的第二个原因，是它本身如此重要，但又恰恰被大部分人忽视了。今天大部分人谈到历史的时候，主要关注的是国家的兴衰、王朝的更替。大家了解的历史人物，大多是王侯将相，了解的历史事件，大多是英雄故事。其实，把这些人物和故事放在一个较长的历史跨度下考察，其重要性比科技进步要小得多。因此，在完成四卷本《文明之光》的写作之后，我酝酿了很长时间，决定写一本科技通史。

当然，我研究科技史还有一个很现实，甚至有些功利的原因，就是在今天这个发明数量过多的时代，我想知道什么技术真正对未来世界的发展有帮助，以便我能及早地投资那些技术。了解科技的发展历史，就能知道我们今天所处的位置，然后看清我们将要去的方向。

生活在今天的人是非常幸运的，因为在这个时代，人类首次知道了宇宙时间的起点、地球生命的起点，以及人类文明的起点。当然，历史的很多进程还需要我们不断了解，接下来就让我们围绕能源和信息这两根主线，看看人类是如何开启文明，发展科学技术，并利用它们改变世界的。

第一篇
远古科技

人类和其他动物的一个本质区别在于前者有能力主动改变周围的环境，这通常被归结为智力上的原因。后者即便再凶悍，力量再大，每天活动所能获得的能量也仅够维持生命所需。人类活动所产生的能量大于自身生长和生存所需，因此，能够用剩余的能量改变世界。而人类在改变世界之后，又进一步提高了获取能量的效率，这便形成了正循环。当获取能量的水平提高到一定程度之后，人类就得以从被动地适应环境进化到主动改善生存环境的发展轨道上。

人类让自己的活动产生多余的能量，从根本上讲只有两个办法：开源和节流。在开源方面，火的使用、工具的使用、武器的使用无疑是早期人类获取能量的关键；而在节流方面，修建居所和穿衣则让人类所消耗的能量远比其他动物要少。

人类的一支，即现代智人，在文明开始之前的十几万年里，由于进化出了语言能力，在与其他物种的生存竞争中突然显现出巨大的优势。语言让现代智人可以比其他人类和所有动物更有效地进行信息交流，以及代与代之间进行信息传承。这让他们一方面可以组织起来做更大的事情，另一方面得以按照一个远远超过物种进化的速度发展壮大。这一支人类将是地球文明的创造者。

人们时常会混淆文明和文化的概念，其实在学术界，它们的界限非常清晰。“文明”（civilization，拉丁语为 *civilitatem*）的词根是 civil，即“城市”的意思。因此，城市的出现意味着人类文明的开始。而文明的另一个同源词 civic，是不同于原始人、野蛮人的市民的意思。因此，没有阶级之分、生活在原始村落的部落谈不上文明。一般来说，我们认为出现一种文明需要三个佐证——城市、文字记载和金属工具。“文化”（culture，拉丁文为 *cultura*）一词，本意为农耕和养殖，也就是说，人类定居下来，有了农业和畜牧业，就开始有了文化。我们常常见到介绍中国远古历史时，使用“仰韶文化”“河姆渡文化”等字眼，而没有用“文明”二字，这样的描述是科学而准确的。

从人类走出非洲到出现文明，经历了大约几万年的时间。在大部分时间里，人类过着狩猎采集的生活。直到大约 10000 多年前，人类才定居下来，并且出现了农业。至于定居和农业哪一个是原因，哪一个是结果，至今学者们也没有一致的看法，但这两件事显然是相关的。是什么导致不断迁徙的现代智人停下了脚步？显然不是他们走累了，也不是像一些学者讲的小麦驯化了人类那么简单，这个变迁需要一个契机，这个契机并不是人类创造的，而是来自太阳给予的能量。

大约从 20000 年前开始，太阳的活动使得地球获得的能量增加，地球上最近一次冰期大约为 20000 年前到 12000 年前。当然，这是一个漫长的渐进过程，地球气温的明显升高是大约 12000 年前的事情。不过，在此之前，地球的气候已经开始变化。在大约 17000 年前，全世界大量的冰川开始融化，海平面上升了 12 米，低洼的盆地变成湖泊，今天的黑海和美国五大湖就是这么形成的。12000 年前，海平面的上升基本停止，而太阳提供的能量不再用于融化冰雪后，进一步推动了全球变暖。

气候的骤变对很多物种来说是灭顶之灾。试想一下，在 17000 年前的一段时间里，海岸线每天要向陆地延伸 1000 米，很多植被和动物就此消失。然而，全球变暖对于生活在“幸运纬度带”（指北纬 20°～35° 的亚欧大陆和北纬 15°～20° 的美洲大陆）的生物却是福音。在南亚、西亚和中国中南部，野生的谷物迅速繁衍，并进化出大颗粒种子，这让定居农耕有了可能。

除了外部条件的改善，人类选择定居还有自身的动机，那就是有利于生存竞争。据统计，在 18000 年前气候变化开始之前，地球上有 50 万人，到了文明开始之前的 10000 年前，地球上的人口增长到 600 万。但这并不意味着 50 万人中的每一个人都有 12 个后代，而是只有少数人留下了很多的后代。那些大规模定居的人在文明的道路上走得更快，并且在竞争中胜出，而那些依然在为寻找食物而迁徙的部族被淘汰了，因此，今天很难找到后者的后代。

当然，在冰期结束时，还没有真正意义上的文明，只是出现了文明的曙光。而那时的科技主要围绕着两个中心，一个是多获取能量以便生存，另一个是总结、记录并传授经验，以便更有效地改变生存环境。在这一篇，我们就围绕这两个线索，看看人类在进入文明之前科技的发展。

第一章　黎明之前

如果人类的历史可以从现代智人在25万年（约20万~30万年）前出现开始算起，我们可以将它大致分为两个阶段——没有文字记载的史前时期和有了文字记载的文明时期，前一个阶段占据了大部分时间。由于没有文字记载，我们很难了解人类在文明开始之前，或者说黎明之前，到底发生了什么，然而这段时间对于了解现代智人是如何发展出文明的却很重要。因此，本章的内容是使用特殊历史研究方法得到的，而非根据文字记载得来的。

过去，学者们有两种研究史前文明的方法。比较常用的一种是利用远古人类留下的生活痕迹，包括人类自身和猎物的骨骼、生活物品的残留物，比如石制的器物、工具甚至食物的残渣，以及其他生活痕迹，比如岩洞中的壁画。此外，古气候学家和古生物学家已经成功地重构了当时的气候环境和自然环境，我们可以借此猜测当时人们的生活情况。这些方法在本章的讲述里会不断地被使用。考古学家和人类学家还曾经使用一种相对偏门的研究方法，就是通过今天依然存在的一些原始部落（比如，在21世纪初的撒哈拉以南的非洲、亚马孙的丛林里，以及中华人民共和国成立初期的云南）来考察远古人类的生活情况。但这种方法未必准确，因为即便是最为与世隔绝的原始部落，在过去的几千年里也或多或少受到了更高等文明的影响，很难根据他们的狩猎方式准确推断出人类祖先在走出非洲前的生活方式。

好在近几十年来，DNA技术的突破给研究史前文明提供了第三种也是更准确的一种方法。今天，我们可以通过DNA技术了解人类一些重大的发明，比如人类是什么时候开始穿衣服的。我们甚至可以通过它对文字记载进行交叉验证，对很多历史谜团做出更好的解释。无论是人类的演化，还是生存活动，都会留下痕迹，这些痕迹就是信息，历史研究在一定程度上就是解码这些信息的过程。

接下来，就让我们回到黎明之前，看看人类最早的科技成就——石制工具、火、衣服、长矛和弓箭等是如何被发明的。正是因为有了它们，人类才得以走出非洲，逐渐主宰了地球。需要指出的是，人类的一项重要能力——语言能力，虽然不是什么科技成就，而是天生的，但是它在现代智人最终成为世界主人的过程中起到了决定性的作用，而且与日后文字的发明有莫大关联。因此，我们在本章的最后会讲述这种能力的由来。

从用石头砸开坚果开始

绝大部分动物只能靠自己身体的一部分获取食物，而人类是仅有的几种能够使用工具的动物之一（其他具有这种能力的动物包括黑猩猩、倭黑猩猩等人类的近亲）。工具的使用使得人类在获取能量时能够事半功倍。可以试想这样一个场景：一群原始人要靠蛮力将一些树枝折断，然后拿回去烧火取暖，但一天也折不了多少树枝，而另一群原始人用锋利的石斧砍伐树枝，砍伐效率大大提高，这样他们就有时间和体力做别的事情了。

早期人类可能用石头砸开过坚果，或者打死了一些小动物，于是渐渐学会了使用石头。过了很多代之后，人类发现石头上锋利的棱角可以划开动物的皮或者砍断小树，于是石头的用途变得更加广泛。又过了很多很多代，人们可能在无意中发现摔碎的石头用起来更方便，便逐渐开始人为地制造更好用的工具。在这个过程中，技术的进步是非常缓慢的。目前已知的最早的工具是在非洲发现的约 176 万年前的阿舍利手斧（Acheulian hand axe，见图 1.1）[①]。虽然它被称为手斧，但其实是一块由燧石砸出来的尖利的石器（也称为打制石器）。它虽然简单，却不是天然物，而是人类主动制造出来的。这标志着类人猿和其

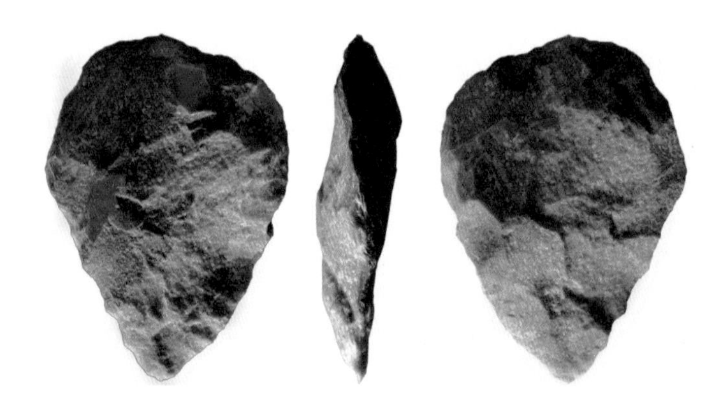

图 1.1 阿舍利手斧复制品

① 在阿舍利手斧之前是否还有更早的石器在学术界有争议，大部分学者认为将那些简单砸碎的石头算成人刻意制造的工具有些牵强。

他灵长类动物有了本质区别——能够制造相对复杂的工具。因此，今天我们把这些人称为能人（*homo habilis*），意为能制造工具的人。有了工具，人类就可以事半功倍地获取生活所需，也就是说，获得人体所需能量的效率提高了。

在接下来的上百万年里，人类在使用石器方面没有什么进步，基本上就是把石头砸出锋利的刃。到了大约 20 万年前，石器的种类突然丰富起来，制作也更精良。因此，这从一个维度支持了现代智人是在 20 多万年前出现的这一推论。那些石器的大小、形状和功能各不相同。第一类被称为石核（lithic core）或石砍砸器，它最为原始，个头最大，作用有点像今天的锤子或者剁肉的刀。第二类是刮制石器（lithic flake），它比较厚，形状千差万别，已经有相当锋利的刃，有点像我们今天用的菜刀，但一般尺寸比一个手掌要小一些，这就是我们祖先早期使用的刀和武器。第三类是尖状石器（lithic blade），是在刮制石器的基础上，用石核轻轻砸制形成的类似梭形、更小巧锋利的工具，有点像后来的匕首（见图 1.2）。

图 1.2 各种石器，从左到右分别是石核、刮制石器和尖状石器

石器的出现是人类创造力的产物。它们不仅帮助人类在和其他动物的竞争中胜出，而且让人类能够做更多具有创造性的事情，比如剥兽皮制衣，获取兽骨，分食大型动物，砍树搭建住所，以及后来的耕种。人类的发展始于这些简单而粗糙的石器。从时间上看，如果我们将现代智人 25 万年的历史缩短到一年，那么直到这一年的 12 月 15 日，那些今天看似简单而粗糙的石器仍旧是人类仅有的工具，人类的发展离不开它们。

告别茹毛饮血

正如我们在前言中提及的，文明的程度可以根据人类自身获取能量的水平和在生活中使用能量的水准来衡量。任何一种繁衍至今的动物，都能够实现能量的获取和消耗的平衡，人类也不例外。但是人类和其他动物不同的是，人类除了通过食物获取能量外，还能够利用能量让自己的生活变得便易、安全和舒适。

人类最初掌握的能量源是火。在很长的时间里，50 万年前的北京猿人被认为是最早使用火的人，但是考古学家于 1981 年在肯尼亚切苏旺加（Chesowanja）的一处山洞里发现了远古人类使用火的证据，[1] 将这个时间提前到了 142 万年前。那时，人类刚刚进化到直立人，现代智人要再过 120 多万年才能出现。

对原始人来说，火有三个主要用途：取暖、驱赶野兽和烤熟肉食。

取暖是火最直接的用途，依靠它人类才能在恶劣的环境中生存，才能走到世界的每一个角落。如果没有火，早期人类很难靠自身的活动所获取的能量离开温暖的非洲而生存。特别是在人类走出非洲的 10 万年前，地球处于冰期，平均气温比现在低很多，没有火人类无法在欧亚大陆生存，更不可能跨过白令海峡到达美洲。今天，在西伯利亚等高寒地区，能源的 1/3 甚至更多用在了冬季取暖上。

火驱赶野兽的作用不仅体现在原始人利用火在夜晚把野兽吓跑，让自己的部落安全栖息，更有意义的是利用火到野兽的山洞里将野兽赶出去，从而占据山洞居住。从此，人类就有了住所。在中国远古的传说中，钻木取火的燧人氏要早于找到住所的有巢氏，这是符合逻辑的。

拥有住所这件事意义重大，因为这意味着人类在使用能量时不但能够开源，而且能够节流了。动物在冬天搭窝，躲到洞穴里，或者钻到地下冬眠，是出于本能，这需要几十万年、几百万年甚至更长时间的进化。而人类栖息到洞穴中是一种主动的、有意识的行为，学会这种生活方式的时间相对短很多。

至于最初的火种来源，一般认为是雷电导致的森林大火，这一点学者们没有什么异议。但是所有的动物对火都有恐惧心理，猿人是如何克服对火的恐惧，将火种带回去的，今天依然是一个谜。火种对于一个原始部落非常珍贵，原始人要非常小心地保存它。在 20 世纪初的一些原始部落里，这个习惯依然存在。万一火种熄灭，就非常麻烦了，因为整个部落将重新陷入黑暗、恐惧和危险之中。各个早期人类的部落后来都掌握了钻木取火的技术，但是今天仍无法考证人类最早学会这项技术的时间。钻木取火是一件非常困难的事情，虽然今天的表演者可以在几十分钟内用木质工具完成取火的过程，但是上万年前，原始部落的人完成这项工作的时间则要长得多，因为那时的木质工具远比今天的粗糙。

至于火的第三个用途——烤熟肉食，则是非常晚才被人类利用的。这倒不是因为人类不懂得烤肉吃，而是因为人类在早期根本没有什么肉吃。人类掌握比较高超的狩猎技术是在现代智人出现之后，在此之前主要靠采集为生。我们过去总是说人类经历了茹毛饮血的阶段，其实这段时间并不长，因为人类在有能力捕获大型动物之前，已经掌握使用火的技术上百万年了。因此，人一旦能够大规模捕杀猎物，很快便吃上了熟食，而不是茹毛饮血。吃烤熟的肉类对于人类的进化和后来开启文明的意义非常重大。在此以前，人类主要靠吃野果为生（今天我们在非洲的近亲依然如此），每天差不多要花 10 个小时找食物和吃食物，这样人类就难以长途迁徙，更不要说改变周围环境了。但有了熟食之后，人类进食的时间大大缩短，也就有时间和精力从事吃饭以外的活动，比如在自己生活的区域修筑一道篱笆围栏。此外，人脑的进化也和饮食习惯的改变有关。由于可以吃熟食，人类的牙齿不再需要那么锋利，留出了空间给大脑，而熟食中的营养容易被吸收，为大脑的进化提供了物质基础。今天的研究结果表明，人脑的迅速进化，是基因、自身行为和外部环境三者共同作用的结果，而火的使用是人类最大的一次自身行为改变的动因。

在人类吃上熟肉之后，狗便被驯化成人类的朋友，因为它们也喜欢跟着人类吃熟食并且取暖。这件事大约发生在 1.5 万年前（根据 DNA 测定的结果[2]），此后，狗逐渐成了人类狩猎的帮手并保护着人类的安全。

因此，火的使用不仅是人类在使用能量上的第一次巨大飞跃，也是人类进化和开启文明不可或缺的环节。

从山洞到茅屋

人类要大规模地迁徙，就必须在离开山洞的情况下还能生存，因为在迁徙的路途中并非总能找到山洞。

今天，现代人实现温饱之后就想着买房，其实，我们的祖先也是一样。虽然在山洞里可以藏身，但是大部分山洞都远离平原、河流，不利于人类的发展。因此，到了 80 万年至 20 万年前，人类开始掌握搭建茅屋的技术。

虽然中国远古传说中的有巢氏是最早建房子的人，但是如果真有有巢氏，那么很遗憾，他并不是今天中国人的祖先，而只能算是亲戚。因为，根据考古发现，最早搭建茅屋的是欧洲的海德堡人（*Homo heidelbergensis*），是早期猿人的一支，体型和智力都不如现代智人。迄今发现的最早的茅屋位于法国的泰拉 · 阿玛塔（Terra Amata），距今大约 40 万年。虽然日本在 2000 年的时候声称发现了 50 万年前的茅屋，但是人类学家一般认为，那一片群岛直到 35000 年前才有人居住。

当然，我用"茅屋"二字形容人类早期的住所只是为了说明其简陋，并非意味着那些住所一定是用茅草搭成的。事实上，很多早期的住所是用兽皮覆盖的，甚至是用大型动物的骨骼（包括象牙）搭成的。例如，在德国发现的尼安德特人（*Homo neanderthalensis*）就是用大型哺乳动物的骨骼、下颚和牙齿搭建茅屋的（见图 1.3）。

发明茅屋后，在很长的时间里，人类并没有改变居住在山洞中的习惯。简易的茅屋只能供人类临时躲避风雨，直到几万年前，人类依然以居住在宽大的山洞为主。但是住茅屋也有显而易见的好处——让居住之所和谋生之地距离比较近，就像今天的人都想在工作机会比较多的城市买房，而不要偏远地区的大宅子一样。渐渐地，茅屋搭得坚固了，尤其是有了夯土的墙之后，茅屋不仅可以遮蔽风雨，还可以防止野兽的袭击，储藏生活用品。人类开始在平原地区定居下来。

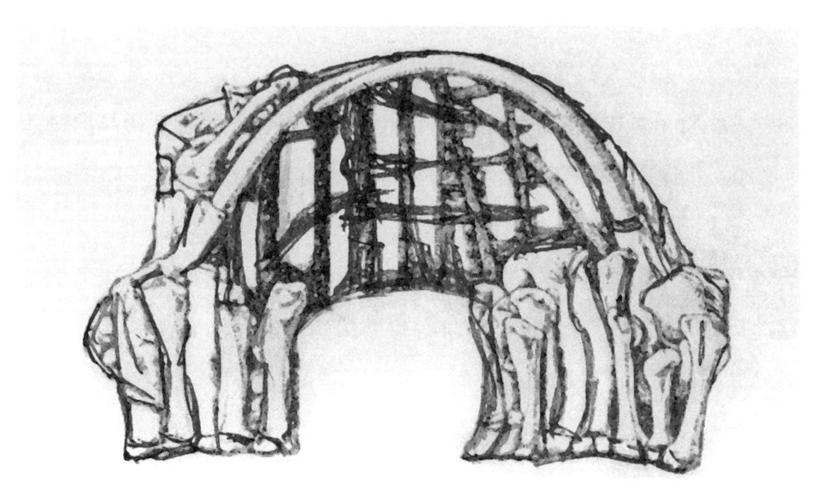

图 1.3　尼安德特人茅屋的复原图

茅屋的出现，使得人类可以大规模群居（一个部落不可能住在相隔几千米的多个山洞里）和迁徙，并且有时间去从事觅食之外的活动，尤其是发明新的东西。大规模群居不仅可以让人类的部落族群联合起来捕食大型动物，开垦土地，进行各种建设，而且让部落在和人类近亲的竞争中胜出。因此，形成大规模部落是人类从史前文明向早期文明过渡的必要条件。

人类长途迁徙，特别是从非洲向高寒地区迁徙，保暖非常重要，仅靠身上的皮毛已经无法在欧亚大陆寒冷的地区御寒。有人可能会说，早期人类已经掌握了火的使用方法，可以烧火取暖，但不是所有的活动都能举着火把进行。更何况，在西伯利亚这种地区生活所需要的能量，远非生活在热带和温带的人能够想象。进入 21 世纪后，生活在东西伯利亚地区的 800 万俄罗斯人每年依然要用掉 3000 多万吨煤来取暖，占了当地煤产量的 40% 左右，平均每人约 4 吨。[3] 要知道，东西伯利亚是俄罗斯的产煤区，出产该国 1/4 的煤炭。我们显然不能指望早期人类在高寒地区能够像今天这样有效地获得燃料。既然无法开源，就必须节流，因此，唯一的办法就是穿上非常保暖的衣物，像今天生活在北极的因纽特人那样。

虱子和衣服

众所周知，今天的人类都是在距今 10 万年到 5 万年之间走出非洲的现代智人的后裔。人类走出非洲时，正值地球上一个小冰期。非洲气候炎热，人类在那里已经生活了几十万代，习惯了非常热的天气，因此，走到严寒的欧亚大陆，肯定难以适应。如果换作其他动物，可能需要经过几百万乃至上千万年的进化，才能逐渐长出厚厚的脂肪，以适应严寒的气候。比如海豚和鲸鱼，经过了几百万年，才分别从一种体形类似于狼的肉食动物演化出适应冰冷海水的身体。但是人类不同，因为他们拥有创造力，学会了穿衣保暖，于是活动范围可以更广泛。从能量的角度看，穿衣服是一件非常划算的事情，现代智人从出现到走出非洲，直至走到严寒的西伯利亚不过 2 万年左右的时间，而不是几百万年，其中衣服功不可没。

不过，长期以来人类学家一直有一个困惑，就是人类的祖先是先发明了衣服才走出非洲，还是在走出非洲的过程中被动地发明了衣服。

要了解人类是什么时候发明衣服的，远比搞清楚火的使用和工具的使用难得多，因为使用火和石制工具会留下很多线索，但是衣服很容易腐烂，难以保存下来。当然，有人可能会说，如果找到早期骨制的针，是否能推断出人类穿衣服的时间呢？这个方法确实可行，现在也的确找到了一些早期用于缝制衣服的针，它们是在大约 3 万年前，人类在走出非洲向西伯利亚迁徙的途中留下的（这批人应该是中国人的祖先）。一些学者曾经因此认为，人类是在走出非洲的过程中因为需要，被动地发明了衣服。但是，找到针只能证明人类穿上衣服不晚于 3 万年前，而人类完全有可能比这个时间更早就开始穿衣服了。因此，要准确地推断出具体的时间，需要通过其他方法。

破解这个谜题的并非考古学家，而是一位遗传学家，他依靠的不是考古的证据，而是基因。基因是记录人类历史的一本“书”，只是这本书通常只有基因遗传学家能够读懂。事实上，穿衣服和人类身体的一个变化相关，那就是褪去体毛。也就是说，如果我们能够找到人类褪去体毛的时间点，就能推断出衣服出现的时间。但问题是人类什么时候褪去体毛本身又是一个无头公案，因为无法从人类自身的基因变异中找到这个时间点。这就得继续寻找相关性了。而这个相关性居然在一种常见的寄生虫——虱子身上找到了。

1999 年的一天，德国遗传学家马克 · 斯托金（Mark Stoneking）拿到儿子从学校带回的一张便条，说有学生的头上发现了虱子，要大家注意卫生。便条上的一句话给斯托金带来了灵感。虱子离开人和动物温暖的身体后活不过 24 小时。斯托金一直想搞清楚人类褪去体毛的时间点，读到这句话，他的思维活跃起来。在人类浑身长满体毛时，虱子是满身爬的；当人类褪去体毛后，它们在人身上的活动范围就只剩下头发了。但是，几乎在人类穿上了衣服的同时，虱子也变异出新的种类，我们称之为“体虱”（原来的就称为“头虱”）。体虱和头虱差异明显，前者长着用于勾住衣料的足，而且形体更大。如果能够找到体虱出现的时间，就能推算出人类褪去体毛的时间，进而也就能知道人类穿上衣服的大致时间。

就这样，记录人类历史的“书”从人的身上转到了虱子的身上。斯托金根据两种不同虱子在基因上的差异，以及虱子基因变异的速度，推算出体虱出现的时间，即被确定在 72000 年前（正负几千年）。[4] 有趣的是，这个时间点几乎就是现代智人走出非洲的时间。可见，现代智人是“盛装出行”周游世界的。

最早的武器

人类走出非洲不仅要解决保暖问题，还要保证自身安全，捕猎大型动物，并且在和其他人类（主要是尼安德特人）的竞争中获胜。因此，狩猎和防身的武器变得很重要。在史前的武器中，最重要的是刺杀型武器（比如矛）以及投射型武器（比如标枪和弓箭）。史前没有砍杀型武器（比如刀剑），因为史前人类要对付的主要是移动迅速的野兽，能在远离野兽的地方发起攻击要比近身搏斗更有利。此外，冶金术是制造砍杀型武器的先决条件，史前人类并不掌握这项技术。实际上，在哥伦布等欧洲人到达美洲时，当地人还没有掌握冶金术，他们的武器依然是矛、标枪和弓箭，而没有砍杀型武器。

矛的发明者不仅有现代智人，还有其他人类，包括尼安德特人和海德堡人，甚至一些人类学家今天在非洲观察到黑猩猩也能用树枝戳水中的鱼。因此，矛的发明应该是相当久远的事情。寻找历史上某项发明的第一个发明人常常是毫无意义的。一方面，随着研究的深入总能找到更早的发明时间；另一方面，那些更早的发明水平太低，以至能否算是发明都会引起争议。

具体到长矛，20 世纪 90 年代在德国发现的一些证据表明，人类在 40 万年前开始使用木质的长矛，[5] 到了 2012 年，发明长矛的时间又被提前了 10 万年，[6] 甚至有人认为，人类（和猩猩）使用矛的时间长达上百万年。[7] 但是这些说法缺乏一致性的标准，即什么算是矛。矛的杆是木制的，无法保存到今天，而用石头打造的矛头是被当作矛来使用，还是别的石制工具，其实人们也说不清楚。真正能够作为矛头的燧石片需要有尖有刃，这样的燧石是在尼安德特人生活过的地区发现的，距今 30 万年。矛头出现了，还需要有矛杆，刚刚砍下来的树枝水分太多、太软，用力太大就会变形，因此不适合做武器使用。直到 20 万年前，人类才掌握用火烘干树枝的技术，并能制成比较坚硬的矛杆。因此，作为锋利武器的矛，其历史可以追溯到 30 万 ~20 万年前。一些学者认为，从那时候起，人类已经开始大规模狩猎，特别是有能力捕杀大型哺乳动物，因为在人类生活的洞穴里发现了一些大型动物的骨骼化石。不过，更多的学者认为那些证据太过分散，或许人类只是偶然有机会捕到大型猎物，人类大规模狩猎的历史或许是从 4 万年前开始的，[8] 那时现代智人已经有了弓箭。

比现代智人更早定居在欧洲的是尼安德特人。他们身高体壮，躯干要比智人明显长很多，四肢相对粗短，这种体型血液循环效率高，非常适合生活在寒冷的欧洲。尼安德特人是最早使用矛的人，但是他们自始至终都没有发明出远程攻击的武器，比如标枪和弓箭，[9] 这是他们和现代智人在技术上的差距。现代智人走出非洲的尝试大约经历了两次，第一次是在 13 万 ~11 万年前，但是很多证据表明，那次尝试并不很成功。除了少数人可能通过跨越红海进入了阿拉伯半岛，大部分人在 8 万年前被欧洲和小亚细亚的尼安德特人消灭，或者在被打败之后回到了非洲。这里面的原因有很多，从根本上讲，“外来户”现代智人当时在欧洲并不比“地头蛇”尼安德特人更具优势。但是20000年后，当现代智人再次努力走出非洲时，他们成功了。很多学者认为，现代智人这一次带上了最先进的武器——弓箭和标枪。[10] 2012年，英国的《自然》杂志刊登了亚利桑那大学的一篇人类学文章，[11]提出人类大约在71000年前开始使用弓箭。这个时间点恰巧在人类两次走出非洲的尝试之间。

武器的发明和普及也带来了一个大问题，各种人类之间、现代智人部族之间大规模的争斗从那个时期开始了。史前人类是非常野蛮的，在程度上也超过其他哺乳动物。一些学者甚至量化地指出人类基因里的暴力程度是哺乳动物平均水平的6倍。[12]每年在《自然》杂志上都能看到这类论文，讨论史前人类对同类进行大屠杀的证据。[13]学者们一致认为，随着文明的开始，人类渐渐将自身暴力基因的作用压制了下去。接下来我们还会看到，在科技史上，战争一直是推动技术发展的重要力量。当然，几乎所有在战争中发明的技术最终都被用于了和平目的。

讲回武器。无论是弓箭还是标枪，都能让人类在耗费同样能量的前提下，更有效地围猎和杀伤敌人。有了能够远程攻击的武器，现代智人在和尼安德特人的竞争中逐渐占据上风。然而，现代智人最大的优势可能不在于武器，而在于他们拥有其他人类所没有的语言能力，从而使他们成为地球的主人。

善于说话者胜

在很长的时间里，人类因为比别的物种更复杂、更聪明，所以主宰了世界，并因此非常以自我为中心。人类在了解基因之前，是将自己单独分成一类的，以凸显优越感，同时把其他灵长类动物放到另一类物种中去细分。当人类了解基因之后，才发现原来自己跟黑猩猩和倭黑猩猩是一类，同属灵长目人科。而黑猩猩或者倭黑猩猩和人类的差异，远比它们和大猩猩的差异小得多。人类甚至不是最复杂的生物，因为无论从染色体的数量，还是基因的数量来讲，我们比其他很多哺乳动物要少，甚至比老鼠少。从适应环境的角度讲，每一个物种都有各自适应环境的本领，很多哺乳动物甚至比人类更能适应比较恶劣的环境。那么人类到底和其他物种有什么不同呢？如果说人类更高等一些，那么这个高等体现在哪里呢？

一些历史书上写人类能制造和使用工具，而其他动物不能，我过去也接受这个观点。遗憾的是，随着对人类的近亲（比如黑猩猩）在自然状态下研究的深入，我们发现它们也能制造和使用工具，甚至可以像人类祖先那样狩猎。

让人类困惑的另一个问题是，与现代智人同时存在的还有很多种人类，比如尼安德特人、海德堡人等，为什么他们在和现代智人的生存竞争中消亡了？很多人首先会想到现代智人聪明，这没有错，但他们是怎么变聪明的呢？如果一个人从小和狼生活在一起，他的智力就得不到发展。另外，从脑容量来讲，尼安德特人的智力不应该比我们的祖先差，而且尼安德特人身体更强壮，也更适合欧洲地区的气候，那么现代智人又是如何突破围堵走出非洲，并且最后将尼安德特人逼上绝路的呢？

现在看来，人类区别于其他物种（包括我们的近亲）的根本之处在于大脑的结构略有不同，这种不同主要有两方面。第一，人脑有多个思维中枢，比如处理语言文字的中枢、听觉的中枢以及和音乐艺术相关的中枢等，它们导致人类的想象力比较发达，特别是在幻想不存在的事物方面。这对于人类智力的发育非常重要，一般认为这是人类创造力的来源，也和后来人类的科技成就密切相关。第二，人脑的沟通能力，特别是使用语言符号（比如文字）的沟通能力较强。尽管许多动物都可以通过声音、触觉、气味等与同类交流和分享信息，但是人类是唯一能够使用语言符号（文字）进行交流的生物。在语言和文字的基础上，人类还创造出复杂的表达系统（语法），这样不仅可以准确地交流信息和表达思想，还可以谈论我们没有见过的事情，比如幻觉和梦境。

人类的语言能力是如何产生的，这在过去是一个谜。不过感谢基因技术，21 世纪初，英国的科学家基本上破解了这个谜团。2000 年前后，牛津大学的一群科学家非常幸运地找到了一个有着语言障碍的家族（遗传学家称之为 KE 家族）。在这个家族，有大约一半的人有语言障碍，而其他人则没有。科学家对比了语言能力正常和有语言障碍的成员在基因上的差异，最终发现这种差异仅仅体现在 *FOXP 2* 上，由此，科学家们猜测 *FOXP 2* 和语言能力有关。[14] *FOXP 2* 是哺乳动物一种古老的基因，连老鼠都有这种基因。这种基因在各类哺乳动物身上（包括在黑猩猩身上）变化得很慢。根据黑猩猩和老鼠的这种基因“指导”合成出的 715 种蛋白质，只有一种是不同的。也就是说，从 7000 万年前人和老鼠的共同祖先算起，到 500 万年前人和黑猩猩走上不同的进化道路，中间的 6500 万年，该基因的变化微乎其微。但是当人和黑猩猩在进化上分开之后，这种基因的变化突然加快。经过 500 万年，人体中与 *FOXP 2* 相关的蛋白质和黑猩猩体内的已经完全不同。

所有具有正常语言能力的人都有相同的*FOXP 2*基因，但是在KE家族里，一些人的*FOXP 2*基因中的近27万个DNA碱基中出现了一个碱基的错误（碱基G变成了A），于是，这些人产生的蛋白质分子中本来该是精氨酸的，却变成了组氨酸，导致大脑中与语言相关的区域（Broca's area，布罗卡氏区）的神经元比正常人的要少，从而造成语言障碍。

为了进一步证实这一点，牛津大学的科学家还研究了曾经生活在地球上的其他人类和我们周围一些“善于说话”的动物。研究表明，尼安德特人和其他人类在*FOXP 2*基因上与现代智人略有差别，而前两者相互之间则没有区别，因此，尼安德特人和其他人类的沟通能力比我们的祖先要弱得多。很多人类学家认为，沟通能力强可能是人类最终在竞争中超越尼安德特人的原因。

有了语言能力，人类的交流水平就有了质的飞跃，他们可以向对方描述一种完整的思想。比如，人类之间传递以下信息时轻而易举：

今天可能要下雨，你出门带上伞。

这样，人类就可以将一大群人组成一个整体，共同完成一件事。而*FOXP 2*基因缺失的人只能表达类似下面断断续续的概念：

今天，雨，伞。

这些人彼此理解起来就有困难。可以想象，在几万年前，现代智人在和尼安德特人的殊死搏斗中，前者一大群人相互招呼着向对方为首的几个冲了过去，对方却无法召集同样数量的同伴进行反抗，结果被打得落荒而逃。最终现代智人将尼安德特人赶到了比利牛斯半岛的尽头，后者从此在历史舞台上消失。

牛津大学的科学家还发现，一些善于发音的动物，如蝙蝠和鸣禽（songbird）在 *FOXP 2* 上也有着与人类相似的地方，这也间接说明这种基因对语言能力的作用。另外还有研究表明，*FOXP 2* 基因对记忆力和理解力也有影响。

有了语言能力并不等于有了语言。语言既可以被认为是人类（主动）发明的，也可以视为人类（被动）进化的必然结果。但不论我们今天如何看待它的起源，有一点很重要，那就是在空气中传播的声音是原始人类能用于信息交流的最畅通的媒介。人类最初可能只能像其他动物那样通过一些含糊不清的声音表达简单的意思，比如“呜呜”叫两声表示周围有危险，同伴“呀呀”地回答表示知道了。但是随着人类活动范围的扩大，要处理的事情越来越复杂，语言也随之越来越丰富，越来越抽象。在信息交流中，人类对一些共同的元素，比如物体、数量和动作，用相同的音来表达，就形成了概念和词语；当概念和词语足够多时，就逐渐形成了语言。

● ● ●

工具和火的使用使人类进步，这从根本上让人类得以事半功倍地获得能量。而茅屋和衣服的发明，使得人类可以有效地减少能量的消耗，将多余的能量积攒起来，主动地改变周围的环境。同时，减少能量消耗也能让人类进行长距离迁徙，特别是进入高寒地带。武器的发明让现代智人在和其他人类的竞争中获胜。语言能力则使现代智人能有效地传递信息，将同类组织起来，完成一些大的任务，并最终突破尼安德特人的阻拦，走向了全世界。

斯坦福大学教授伊恩·莫里斯（Ian Morris）在他的《文明的度量》[15]一书中指出，只有当人类活动所创造的能量是他每天所消耗能量的两倍以上时，才有可能制作日用品（比如衣服），修建房屋，驯养动物，然后才能进一步发展，否则只能勉强维持生存和繁衍后代。人类在冰期之后，获取能量的能力一直超过这个最低限，因此才逐渐发展起来。能量和技术的关系是，技术的进步让人类能够更有效地获取能量，而更多的能量让人类能够进一步发展技术。人类就这样获得了叠加的进步。

到了公元前 6000 年—前 4000 年，人类可获取的能量达到了消耗量的 3~5 倍，这在很大程度上要感谢农耕、畜牧和定居，所有这些让开启文明有了可能。接下来就让我们一起来迎接人类文明的曙光。

第二章　文明曙光

人类历史上第一次重大的科技革命源于农业，因为农业从大约12000年前开始之后，便成为早期文明地区赖以生存的基础。谷物和家畜的驯化，水利工程技术，天文学和几何学的发展，都是为了农业。至于说它们是农业发展的结果，其实也不难理解，因为有了农业，才能创造足够的能量，养活更多的人，特别是那些不从事食物生产的人。这些人可能是手工业者，也可能是社会的管理者，甚至可能是专门研究知识的人，他们对文明的产生至关重要。

那么农业又是如何出现的呢？由于在文明开始之前没有文字记载（相应的历史我们称之为史前），今天的人们只能根据考古的证据推测其中的原因，这也就导致学者的分析不尽相同。不过有一点是公认的，那就是农业阶段是早期人类发展的必经阶段，人类无法越过农业阶段，从游牧状态直接进入工业文明，因为定居是开启文明的基础，而农耕和定居密切相关。

储存太阳能

走出非洲之后的几万年里，人类以狩猎采集为生。在过去很长一段时间，学者们一直认为人类当时过着非常艰辛、质量远远低于农耕社会的原始部落生活。但是到了 1972 年，美国学者马歇尔·萨林斯（Marshall Sahlins）提出了不同的观点，他认为狩猎采集的生活实际上比早期农业时代更加悠闲和幸福。[1] 支持这种观点的证据主要有两个。第一个证据：考古发现，虽然在狩猎采集时代婴幼儿的死亡率很高，但是一旦他们能长到十几岁，通常能活到三四十岁以上，甚至有个别人能活到七八十岁；但是，进入农业社会后，人类的平均寿命反而降到了只有十几岁，这可能是因为过于辛劳而又没有足够的食物果腹；另外，人类定居后，瘟疫对族群的威胁要远远大于不断迁徙的狩猎采集年代。第二个证据：考察今天依然靠狩猎采集为生的非洲部落，他们每天只要劳动几个小时就能获得足以维持生存的食物，而在农耕文明的末期，农民依然需要每天面朝黄土背朝天劳动 10 多个小时，才能不受饥馑的威胁。如果单纯从有效获取能量的角度看，人类似乎不应该把自己拴在土地上，但如此一来，农业便不会出现。

然而，事实却是相反的，农业出现了，人类定居下来，这违背了人类进步要伴随着获取能量效率提高的原则，因此，一定还有更重要的原因。《人类简史》的作者尤瓦尔·赫拉利（Yuval Noah Harari）认为，不是我们的祖先驯服了小麦，而是小麦驯服了人类，从而使得人类定居。[2] 这种观点颇为新颖，因而备受关注，这也使得该书成了畅销书。然而，这个观点缺乏内在的逻辑性，因为人的天性决定了他们不愿意花更多的时间去获得更少的食物。如果他们发现农耕还不如狩猎采集，会立刻回到过去的生活状态。另一个反对这种观点的证据来自对今天所剩无几的、依然保持着游牧状态的族群的研究。今天，在中亚的一些草原上依然生活着一些逐水草而居的人，他们很容易获得每日所需的食物。他们所在国家的政府试图将他们迁入城市，过一种更现代化的生活，但政府的这种努力经常是徒劳的，因为不用担心食物的游牧生活对他们来说更悠闲。类似的情况也出现在南部非洲，当人们靠每天几个小时的采集就能谋生时，就没有动力到工厂做工挣钱。

由此看来，农业的出现还需要更好的理由，而这个理由概括起来就是：狩猎的谋生方式虽然在单位时间里获取能量的效率较高，但是在一个地区能够获得的总能量有限；而农耕则相反，它能获得更高的总能量，从而养活更多的人口。

《极简人类史》的作者大卫·克里斯蒂安（David Christian）进一步诠释了上述观点，[3] 他的解释比较合乎内在逻辑：人类在迁徙过程中，人口的繁衍使得人类不可能通过狩猎采集获得整个族群所需要的全部食物。狩猎采集的方式虽然让人类每天无须花太多时间觅食，但是能够获得的食物总量毕竟有限。因此，狩猎采集部落必须维持较小的规模，于是通过延长哺乳时间来避孕，甚至饿死和杀死多出来的人口。但是，世界人口终究是在不断增长的。30000 年前，世界人口只有几十万，而到了 10000 年前文明即将开始的时候，人口已经多达 600 万。因此，人类不得不高密度种植谷物以满足人口增长的需要。在史前时期，部族之间的竞争非常激烈，而取胜的一方几乎无一例外是人口占多数的部族。虽然以狩猎采集方式生存的部族或许在体力上有优势，但是如果面对 10 倍人数的农耕部族，则毫无胜算可言。逐渐地，那些靠狩猎采集为生的部落被边缘化，人类从此由狩猎采集时代进入农业时代。而这一进步让人类在控制和利用总能量方面上了一个大台阶。

农业从能量上讲，就是利用植物的光合作用，把太阳能变成生物能储存起来；从物质上讲，就是把空气中的二氧化碳和地表的淡水变成淀粉等有机物。因此，阳光和水是农业的基础，这就解释了为什么早期文明均诞生在亚热带或者温带的大河流域。当然，高产的谷类物种是必不可少的，因为物种决定了所储存起来的生物能有多少可以被人类利用。如果一种谷物只长人类难以消化的叶子和梗，那么，能量的转换效率就太低，不适合用于农耕。如果靠自然的进化得到高产的谷物物种，时间则太长，更何况，谷物进化的方向未必是供人类食用。因此，要想在短期内提高谷物的产量，还需要其他技术。在这方面最具代表性的科技成就就是中国人对水稻的驯化。

驯化水稻

中国人的祖先经过了数万年的迁徙，才定居黄河流域、长江流域和岭南地区。一般认为，黄河流域的中国先民来自西伯利亚，而岭南地区的则来自南亚。我们今天从地图上很容易看出，从非洲进入中国腹地，这两条道路都不是最短的，最短的道路应该是丝绸之路。但是，我们的祖先没有地图，因此可能根本找不到后来的这条丝绸之路，当然，也有可能是走这条路的人葬身在了中亚的大漠中。

中国人祖先的一支在走出非洲后一路向北，进入欧亚大陆，最终走到了极北的西伯利亚。他们之所以这么走，一般认为是追逐猎物。我们（东亚人）的祖先能在西伯利亚冰原上生活下来，是因为他们已经开始普遍地使用兽骨针缝制非常厚实的兽皮衣服。在西伯利亚，考古学家发现了史前人类的兽骨和象牙针，而今天生活在西伯利亚和中国东北（靠近俄蒙边界）的鄂温克人，依然会用兽骨针和鹿筋线缝制兽皮衣服。这种衣服不仅比棉袄暖和，而且非常结实耐穿。当然，与其说他们依然保留了我们祖先的很多习惯，不如说那种习惯最适合人类在高寒地区生活。

为了适应西伯利亚冰原上的生活，我们的祖先不仅发明了在冰天雪地里生活的工具，还进化出很多适合寒带生活的体貌特征，比如今天东亚人的圆脸，以及脸上厚厚的脂肪（防寒），眼睛比较细长（防寒并减少冰雪反射的阳光刺激眼睛），而且卧蚕也能挡住地表反射的阳光。这些特征在比较温暖的东亚（相比欧洲）其实是不需要的，这是我们的祖先长期在西伯利亚生活给我们留下来的。这正好解释了为什么生活在温带的东亚人反而有一副适合寒带生活的长相（而东南亚原住民则没有）。至于为什么这种长相被保留下来，则完全是性选择的结果。当然，冰天雪地的西伯利亚并不是好的生存地，因此，中国人的祖先从西伯利亚南下，到达更温暖的东亚，并且成为这块土地的主人。

当来自北方的中国人进入黄河流域的时候，另一群人正沿着后来亚历山大大帝东征的路线，从小亚细亚出发到印度，然后到东南亚，其中一部分人进入中国，这些人将是本小节的主角。他们的一支近亲则一路往南方走，在东南亚沿着马来半岛走到尽头。当时正是冰期，他们渡海到达澳大利亚，这部分人就是后来澳大利亚原住民的祖先。由于这一支现代智人后来很难再和外面的世界有交集，因此他们的文明进程要比欧亚大陆的人类慢得多。

长期以来，中国的岭南地区一直被认为在远古时期远远落后于中华文明的中心——黄河和长江流域。但是从 20 世纪 90 年代开始，在珠江流域的一系列考古发现，改变了人们的看法。1993 年，在湖南道县（珠江中游地区）发现了最早的稻谷，[4] 距今大约 10200 年。这个时间远远早于黄河流域或者长江流域农业开始的时间，只是比人类农业摇篮喀拉卡达山脉地区略晚一些，也佐证了中国的农业是独立发展起来的。

水稻的驯化和小麦的驯化有所不同，后者是通过不断从野生品种中培育良种而获得高产作物的。大约 11300 年前，生活在今天土耳其南部的当地人开始使用人工筛选出来的大麦和小麦种子种植，[5] 这样要比使用野生的种子更高产。经过几代之后，人工培育的种子和野生的种子出现了很大的差异。这个过程和狗的驯化一样，当狗脱离野生环境和人生活在一起之后，就渐渐失去了它们的祖先灰狼（或者其他狼）的很多能力，很难再回到野生环境中生存。同样，将那些小麦和大麦的种子放回到自然界，它们也很难再和其他植物竞争，只能生长在人类开垦的田地里。这些植物需要人类，就如同人类需要它们一样。这样的过程被称为植物的驯化。

水稻是靠中国人“发明”的新种植技术实现高产的。野生的水稻长在水里，产量并不高，它和其他谷物没有本质差别。但是，中国人的祖先发现水稻有一个特点，如果在它快成熟时突然把水放掉，水稻为了传种接代，会拼命长种子（稻谷），而且一株水稻会长出好几支稻穗，而每支稻穗可以长出几十颗种子，这样一株水稻就可以获得上百颗种子（今天高产水稻每株能收获 300 颗种子，甚至更多）。通过运用这种技术种植水稻，产量自然就非常高了。今天已经无法了解我们的祖先是如何发现水稻的这个特点的。但是，显然这种种植方法和水稻原先的生长方式完全不同，因此可以说是中国人通过发明水稻的种植技术“创造出”了一种高产的谷物。

在中国人驯化水稻的同时，西亚人用类似的方法驯化了无花果。无花果树生长在地中海气候地区，是一种生命力极强、果实很多的植物，更重要的是，它的果实甘甜，而且容易保存，是非常好的能量来源，也是人类采摘的对象。然而自然生长的无花果树果实虽然数量多，但是个头小，含糖量也不够高。不过人们发现只要给无花果树剪枝，就能长出又大又甜的无花果。类似的技术，后来被用到葡萄等藤类浆果的种植上。

无论是人工种植小麦、水稻，还是修剪果树，都意味着人类要比狩猎采集时代付出更多的劳动。于是，定居下来的人类不得不每日辛勤地耕作，以保证每年在收获时获得足够多的能量，来维持部落的生存和发展。从这个意义上说，人类又被自己驯化的农作物拴在了那片土地上。

陶器的出现

中国人发明了水稻种植技术，获得了高产的谷物，但是接下来问题又出现了，硬硬的稻米怎么吃？今天的人会脱口而出“用水煮饭呗”，但是在 10000 多年前这可不是一个简单的问题，因为没有可以煮饭的“锅”。对于小麦，则没有这个问题，它可以在磨成粉之后做成饼烤着吃。

人类早期在生活中遇到的困难还远不止没有“锅”来烧饭，甚至连装水和食物或者储存粮食的容器都没有。容器在远古时期的重要性，远远超出今天人们的想象。

最早的容器可能是一片芭蕉叶、一个瓢、一片木板或者贝壳，甚至是鸵鸟蛋壳（古巴比伦时期）。但是这些天然的容器既不方便，也不耐用。在新石器时代之前，人类发明了陶器，并且在新石器时代开始广泛使用这种容器。

其实在远古时代，人类已经在无意之中发现，黏土经过火烧之后会变得坚硬而结实。在人类早期生活过的洞穴里，留下了使用火的痕迹，其中就有被火烧成类似砖陶的黏土。

根据考古发现，从黏土被烧成陶到发明陶器，中间隔了几十万年。通常，发明的过程可以简单地分为两个阶段——现象（或者原理）被发现和利用原理发明出新方法、新工具。比如发现圆木能滚动，属于现象被发现阶段，而轮子的使用，则属于发明阶段。类似地，我们在后面还会看到，亚历山大·弗莱明（Sir Alexander Fleming，1881—1955）发现青霉菌能杀死细菌，这属于现象的发现阶段，而霍华德·弗洛里（Howard Florey，1898—1968）等人发明药物青霉素，则属于发明阶段。今天，这两个阶段的时间间隔比较短，从几年到几十年不等。但是在远古的时候，两个阶段相隔的时间会很长，甚至间隔上万年。不过，从火烧黏土成陶到陶器的普遍使用相隔了几十万年，这里面有什么蹊跷呢?

首先，在没有见过陶器时，想象出器皿的样子并非易事，从 0 到 1 的时间有时比我们想象的更漫长。

其次，陶器的出现其实是和人类定居相关联的。在冰期，人们到一个地方，搭起帐篷，吃光所能找到的一切动植物后，不得不迁徙到另一个地方去居住。如果每隔一段时间就要迁徙，带上一堆笨重的陶器显然不是好主意。几百年前的游牧部落，更多是使用轻便的皮制容器装水和酒，而不是笨重的陶器，这也从另一个角度说明陶器的出现和稳定的居所相关。虽然在今天捷克境内考古学家发现了一些 30000 年前的陶器的证据，但是大多数学者认为，最早的陶器出现在 16000 年前的中国和日本，那时人类已经由迁徙向定居过渡。

陶器出现的第三个，也是最重要的一个条件是拥有足够多的能量。烧陶需要很多木材，当人类仅有的燃料只能用于夜晚取暖时，是不可能烧制陶器的。此外，烧制陶器也需要额外的劳动，只有当人类获取能量效率足够高之后，才有闲暇的时间或者多余的劳动力做这件事。在冰期结束后的5000年里，人类每天获取的能量只是消耗量的两倍，即使有了烧制陶器的技术，也没有能量大批量烧制陶器。因此，在那个时代的人类生活遗址中，只有一些遗留的陶片，并没有用于做容器的大量陶器。

陶器的广泛使用是在新石器时代之后，工具的使用使得人类获取能量的效率大增。而农业时期开始之后，人类产生的能量总量也急剧上升，便有了足够的能量烧制陶器。事实上，在西方，历史学家把新石器时代的第一个阶段称为陶器之前的新石器时代（Pre-Pottery Neolithic Age），大约是从12000年前到10800年前，在那个时期，陶器并没有被广泛使用。[6]

有些学者会争论，中国和日本哪里发现的陶器历史更久远，甚至猜测一处的烧陶技术是否来自另一处。这种争论其实毫无意义，早期那些粗陶器片（比如在江西省仙人洞发现的陶片）和后来被作为容器广泛使用的陶器是两回事。事实上，几乎每一种文明都独自发明了陶器。世界上有些不发达地区（比如印度尼西亚的一些村落）至今还在按照古老传统的陶器制作工艺烧造陶器，这让我们得以了解早期陶器的制作情况。在那些地区，人们依然将手工制作的陶坯放在露天的柴火堆上烧，烧制时间只要几个小时。不过那些陶器质地粗糙，厚薄不均，甚至不如今天中国花鸟鱼虫店里随处可以买到的粗陶花盆。这说明烧陶本身并不复杂，但是凑足烧制陶器的各种条件，特别是足够多的燃料，对于史前人类来说却不是一件容易的事情。早期的陶器由于烧制的温度不够高，还有两个明显的缺陷——不密水，不耐火。不密水就无法装液体，不耐火的陶器则无法煮东西。

发明耐高温陶器的依然是生活在珠江流域的中国人。2001 年在桂林地区发现了早期的耐高温陶罐碎片，距今 12000 年。[7] 在此之前发现的最早的完整陶器出现在日本，距今 10000 年。珠江流域的中国人制造的陶器之所以耐高温，是因为在黏土中加入了方解石的成分。因此，耐高温陶器在当时堪称高科技产品。

陶器的出现表明人类在吃上烤制食物（烤肉、烤面饼等）之后，又发明了一种新的吃法，就是煮食物（包括谷类）吃。这件事和水稻种植技术的发明放在一起，可以得出一个结论，那就是中国南方的文明程度比原来想象的要高，中国最早的靠种植为生的定居部落，可能始于那个年代。有了种植，有了定居，才有了进入文明的可能性。

陶器是人类自石制工具、武器和衣服之后又一个普遍使用的手工制品，它的广泛使用，标志着更多的劳动力可以从事农业和狩猎之外的活动。从技术的角度看，陶器和石制工具等手工制品的不同之处在于，石制工具等只是改变了原有材料的物理形状，而陶器则是用一种原材料（黏土）通过化学反应制作出的另一种用品，因此，从科技的角度看，意义重大。

美索不达米亚的水渠

在人类文明的过程中，一个部族要想不断繁衍发展，就需要更多的粮食，而灌溉则是丰产的基本条件。远古的文明都源于便于灌溉的大河流域。不同的文明，解决灌溉的方式也因地理环境的不同而有所不同。在古埃及的尼罗河流域，由于尼罗河洪水每年会泛滥一次，洪水退去之后，尼罗河下游就自然而然地形成了大片肥沃的土地，耕种非常便利。但是在和古埃及平行发展的人类另一个最古老的文明中心美索不达米亚平原，受环境所限，那里的农业生产依赖人力引水灌溉，也因此出现了人类最早的水利工程。

今天西亚的气候过于干热，并不适合农业。但是10000年前，那里的气候显然比现在温和，因此成了人类第一个农业文明的摇篮。但是那里降雨量不大，靠天下雨种地完全不可能。好在底格里斯河与幼发拉底河的河水可以用于灌溉。于是那里的人们从公元前6000年就开始修建水利设施，灌溉农田，把两条河流之间的地区建设成了人类最早的文明中心。后来，希腊人称那里为美索不达米亚（Mesopotamia），意为“（两条）河流之间的地方”。

美索不达米亚地区的水利工程是迄今为止发现的全世界最早的大规模水利工程，是由生活在那里的苏美尔人修建的。那些古老的水利工程设计得颇为巧妙。苏美尔人在河边修水渠引水，在水渠的另一头修建盆形蓄水池，然后，他们用类似水车的装置汲水灌溉周围的田地。由于在那个地区农业生产非常依赖水利灌溉，因此，苏美尔的统治者强制农民必须维护好蓄水池和引水渠，当地有的水利灌溉系统使用了上千年。今天，在那里依然能够看到一些5000年前建造的灌溉系统。

不过在干燥的西亚地区，修建在地表的引水系统有一个天然的缺陷，那就是水分蒸发太厉害。如果是在中国的长江、黄河流域，这并不是一个太大的问题，但是在西亚这便是一个不容忽视的缺陷。显然，更有效的引水渠应该修在地表之下。

在亚述人成为美索不达米亚地区的主人之后，他们大规模兴建了城市和水利设施。亚述帝国的国王萨尔贡二世（Sargon II）在公元前714年入侵亚美尼亚，发现当地人挖掘地下隧道引山泉水供灌溉和生活使用，便将这个技术带回了亚述，建设了大量的地下输水系统。在炎热干燥的中东地区，地下输水有两个明显的优点：首先，大大减少了因蒸发带来的损失；其次，在输水过程中，水质不会被野兽粪便污染。值得一提的是，亚述人已经发明了混凝土，因此，他们修建的水渠是用石头和混凝土砌成的，密水性非常好。因为有了完善的灌溉系统，美索不达米亚地区在那个时期农业非常发达，其中很多区域的人的密度要比今天大得多（乌鲁克的人口密度在每平方千米5000人以上，甚至超过了今天北京的人口密度）。

农业的发展是文明的基础，人类只有在获得稳定的农业收成后，才有足够的剩余能量供应给非农业人口，进而建立城市，创造文明。

轮子与帆船

人类最古老的文明是始于北非的尼罗河下游，还是西亚的美索不达米亚，过去一直有争议。以前学界认为，古埃及文明是人类文明的第一个摇篮，不过最近几十年的考古挖掘结果越来越支持美索不达米亚文明开始的时间更早一些。由于早期文明和史前的边界不是非常清晰，因此，我们不去追究文明的早晚，而是笼统地认为那两处是人类最早的两个文明中心。更重要的是，它们代表了两类不同的早期文明，造成它们之间区别的一个重要原因是地理和气候条件的不同。

一类早期文明是以古埃及文明和中华文明为代表的单纯的农耕文明，在文明的中心有大一统的王朝。由于生活在大河流域，那里的先人拥有大片耕地，因此整个王朝规模比较大，可以集中力量建造一些大工程，同时，在比较小的范围内能够实现自给自足。另一类文明则是以美索不达米亚文明和后来的古希腊文明为代表的城邦文明。城邦规模都较小，物产比较单一，彼此独立，因此城邦之间必须通过交换才能获得全部的生活必需品，所以商业发达。如古希腊文明的发祥地克里特岛，只出产橄榄和山羊，如果没有商业，岛上的居民不要说建立高度的文明了，连生存都是问题。

公元前 4000 年，规模最大的城市是幼发拉底河东岸的乌鲁克城（Uruk），大约居住着 5000 人（后来那里的人口超过了 5 万人）。大规模的城市开始需要专职的管理者。由于拥有稳定的农业收成，人均获取的能量是每日最低消耗量的 5 倍，不仅有多余的粮食养活管理者，而且能养活一些手工业者。为了提高生产效率，乌鲁克的统治者让生活在河岸平原地带的人种植谷物，远离河岸干燥而阳光充足的半山坡地区则种植葡萄等经济作物，而手工业者则居住在远离河岸的山脚下。社会分工在提高效率的同时，也促进了货物的交换，并渐渐发展起商业。到了公元前 3500 年，乌鲁克城已经是一个非常有组织的城邦了。

建立发达商业的前提是有良好的交通运输工具，因此，美索不达米亚的苏美尔人在公元前 3200 年左右就做出了科技史上最重要的一项发明——轮子。[8]

在中学物理课中，我们都学过滚动摩擦力比滑动摩擦力小很多的原理。如果用木头或者皮革做轮子的接触面，在石砾铺成的道路上大约可以省一个数量级的力量。古代的马车可以轻松地拉着一吨货物快速奔跑，但是如果让一匹马驮货物，200 千克已经是极限。苏美尔人没有见过轮子，他们是如何得知滚动摩擦比滑动摩擦省力的原理，至今依然是个谜。但可以肯定的是，轮子的发明是一个漫长的过程。他们最初根据生活经验注意到圆木能够滚动这一现象，并且利用圆木滚动的原理运输沉重的货物，又过了很多年才将圆木改进成轮子，才有了基于轮子的车辆。在轮子被发明出来的几百年前，住在现在乌克兰地区的牧民驯化了野马，而这种强壮的家畜很快被引入西亚甚至北非地区。有了车辆和新的动力（马所提供的畜力），苏美尔人就能更高效地运输和交换货物了。

除了轮子和车辆，苏美尔人还发明了帆船，从此人类就可以利用风能远行。风能是自然界本身就存在的机械能。在利用风能之前，人类所能使用的动力只有人力和畜力，帆船的发明标志着人类利用能量的水平上了一个新台阶。

依靠车辆和帆船，苏美尔人沿幼发拉底河建立了众多商业殖民地，并且将其文化影响扩散到波斯、叙利亚、巴勒斯坦甚至埃及。大约在公元前 2500 年，乌鲁克实行的社会分工成为美索不达米亚地区的社会规范。[9] 在人类几乎任何一个文明阶段，最有效掌握动力的文明常常在那个时期的竞争中处于优势。4000 多年后，当英国人完成以蒸汽机为代表的工业革命之后，它所倡导的政治经济秩序也就在世界范围内开始普及。

美索不达米亚的文明随着商业的拓展接触到古埃及文明之后，两种文明的融合使得技术得到进一步发展。当古埃及人在接触到轮子和车辆后，对车辆进行了改进，他们在木头车轴上包上金属，以减少它和轮毂的摩擦，同时采用了 V 形辐条，空心的轮子使整个车子变得轻便起来，可以走得更快、更远。

讲完了人类在史前的第一条线——与能量有关的科技成就，我们还需要讲一讲与信息相关的科技进步是如何帮助人类走入文明的。

从1到10

农业的发展带来的一个副产品是数学的进步，尤其是早期几何学的出现，在此基础上又诞生了早期天文学。数学是所有科学的基础，而数学的基础则是计数。

计数和识数对于今天的人来说几乎是本能，但对远古的人类来说，几乎不可能。今天一个学龄前的孩子都知道5比3大，但是原始人没有数的概念，甚至不需要识数。著名物理学家伽莫夫（George Gamow，1904—1968）在他的《从一到无穷大》一书中讲了这样一个故事：两个酋长打赌，谁说的数字大谁就赢了。结果一个酋长说了3，另一个想了半天说："你赢了。"因为在原始部落，物资贫乏，所以没有大数字的概念，通常超过3个就笼统地称为"许多"了，至于5和6哪个更多，对他们来说没有什么意义。

随着现代智人部族人数的增加，他们之间开始密切配合，因此，需要通过计数数清数量。由于没有数字，他们就必须借助工具，最直接的计数工具是人的10根手指。当数目超过10之后，可以再把脚趾用上，玛雅人就是这么做的。在历史上，其他部落应该也采用过这种方法。但是，当数量更大时，手指加脚趾已经不够用，就需要发明新的工具了，比如在兽骨上刻横道。在非洲南部的斯威士兰发现的40000多年前的列彭波骨（Lebombo bone），以及在刚果民主共和国发现的约20000年前的伊尚戈骨头（Ishango bone），上面都有很多整齐而深深的刻痕，它们被认为是最早的计数工具（见图2.1）。

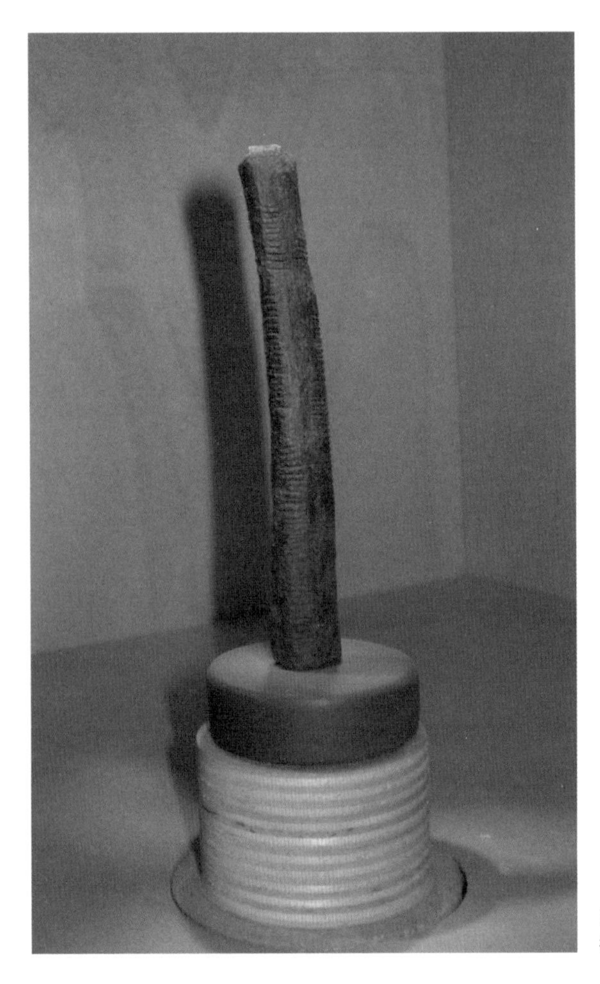

图 2.1
被用作计数的伊尚戈骨头

计数是一种带有本能特点的技术，而数字则是抽象的概念，两者中间需要一个巨大的跳跃。由于历史的发展是连续的，因此，它们之间一定存在一种或者多种中间状态，这些中间状态的计数方式被称为 tally marks，翻译成中文就是“计数符号”，它们半直观、半抽象，如中国人统计数字时使用的画“正”字，欧洲的英语系国家（包括美国和澳大利亚等英语国家）使用的四竖杠加一横杠的 1~5 计数法，以及拉丁语系国家用的“口”字形 1~5 计数法，都属于“计数符号”（见图 2.2）。

图 2.2　英语系国家与拉丁语系国家使用的 1~5 计数符号

计数符号的问题在于记录大数字时需要重复画很多符号，比如用“正”字统计选举结果，候选人如果得了 100 票，就得画 20 个“正”字，这当然很不方便。比较简洁的方法是数字和进制相结合，就像我们今天使用十进制以及 10 个阿拉伯数字一样。抽象的数字和进制的发明是人类科学史上的第一次重大发明，它们折射出人类在科学上的两个重要成就。

第一，用抽象的符号代表一种含义，即一个特定的数量。当然，早期的数字依然不能完全脱离象形的特点，汉字中的一、二、三便是如此。图 2.3 是美索不达米亚早期的 1~59 的写法，1~9 是一个类似蝌蚪的简单楔形的叠加，而 10 是另一种楔形。

古印度早期使用的数字 1~9 写法如图 2.4 中第二行所示，1~3 和中国汉字数字一样就是一横、两横、三横，从 4 开始和汉字有了区别。

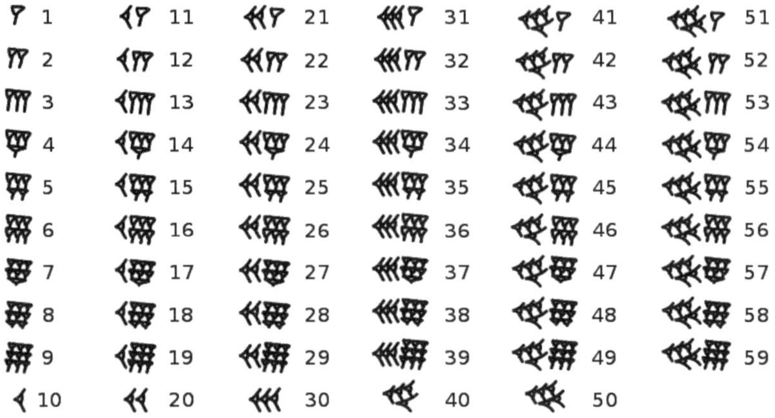

图 2.3　美索不达米亚的数字 1~59

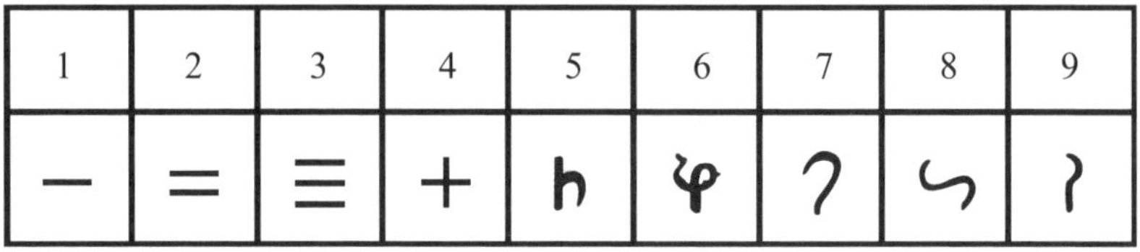

图 2.4　古印度的数字 1~9

第二，无论是美索不达米亚、古代中国还是古代印度，在设计数字的写法时都使用了同一种技术——信息编码。这种技术今天在所有的信息技术产品中都有体现，甚至深入我们的生活中。我们在社交网络上的昵称、宠物的绰号，都是信息编码。信息编码的本质是将自然界中的实体和我们大脑中的一个概念或者符号对应起来。这种被抽象出的概念或者符号要被一个部落或者族群认可，才能成为他们之间信息传输的载体。

十进制的出现表明人类对乘法以及数量单位有了简单的认识。

20000 多年前的人只能将实物数量和刻度上的数量简单对应，但是有了进制之后，人们懂得了用大一位的数字（比如，10、20 或者 60）代替很多小的数字。当然，这种计数方式能准确表示真实数量的前提是需要懂得乘法，即 2 × 10=20，或者 3 × 60=180。

至于数字和进制是什么时候产生的，依然是个谜。我们能够看到的最早的数字以及相应的进制是 6600 年前美索不达米亚的六十进制和 6100 年前古埃及的十进制。对于美索不达米亚的六十进制，我们还需要多说两句，从图 2.3 中的 59 个数字可以看出，它实际上是十进制和六十进制的混合物。

十进制的出现是一件很容易理解的事情，因为我们人类长着 10 根手指，用十进制最为方便，于是有了 10、100、1000……如果人类长了 12 根指头，我们今天用的可能就是十二进制了，对 12、144（12 的平方）、1728（12 的立方）等数字就会比对 10 的整数次方更亲切。除了十进制，人类历史上其实出现过很多种进制，但是它们因为使用不方便，要么消失了，要么今天虽然存在却很少使用。比如玛雅文明就使用二十进制，显然是把手指和脚趾一起使用了，它实际上又把 20 分成了 4 组，每组 5 个数字，正好和四肢以及上面的指（趾）头对应。但是二十进制实在不方便，想一想，背乘法口诀表要从 1 × 1 一直背到 19 × 19（共 361 个）是多么痛苦的事情，所以如果采用这种进制，数学是难以发展起来的。二十进制在很多文明中曾经和十进制混用，比如在英语里会使用 score 这个词衡量年代，它代表 20，这在《圣经》中、林肯和马丁 · 路德 · 金等人的演讲中都可见到，但是在现实生活中，这种用法已经不见了。

既然二十进制已经很麻烦了，为什么美索不达米亚人还要采用六十进制呢？一般认为，当人类有了多余的物品需要清点时，便有了准确的计数。但是，数字和进制的产生还有另一个重要的原因——计算日期和时间。当农业开始之后，人类就要找到每年最合适的播种和收获时间。如果今年在春分前后播种，庄稼长势良好，大家会希望明年还在同一时期播种，那么就需要知道一年有多少天。由于一年是 365 天多一点，和它接近的整数是 360，因此，把一个圆分为 360 度就是很合理的事情。当我们从地球上观测太阳和月亮，因为它们距地球的距离与实际直径之比非常接近，所以它们的张角（视直径）在我们眼中恰好相同，都是 0.5 度（正好为一度角的 1/2），因此有利于天文观察和计算。当然，直接用 360 作为进制单位太大，更好的办法是用一个月的时间 30 天或者 30 天的两倍 60 天作为进制单位。为什么美索不达米亚人选了 60 而不是 30，没有人知道，唯一比较合理的解释是，60 是 100 以内约数最多的整数，它可以被 1、2、3、4、5、6、10、12、15、20、30 和 60 整除，便于平均分配。由于美索不达米亚采用了六十进制，我们学习几何时计量角度，或者学习物理时度量时间，都不得不采用它。

无论是东方还是西方，在衡量重量时都使用过十六进制，比如中国过去一斤是 16 两，英制一磅是 16 盎司，这是采用天平二分称重的结果（人类在发明秤之前先发明了天平），因为 16 正好是 2 的四次方。在英制中，价格也曾采用二分的方法，因为过去价格是用二分衡量贵重金属的重量。直到 2000 年前后，美国纽约证券交易所股票的报价依然采用一美元的 1/2、1/4、1/8 和 1/16，极不方便。后来才采用纳斯达克的以美分为最小单位的报价方法。

有了数字和进制，就能用少量符号代表无限的数目。人类文明发展到这个阶段，就有了抽象概念的能力。在此基础上，算术乃至后来整个数学和自然科学开始建立。值得一提的是，在所有的计数系统中，最好的也是大家普遍采用的，是源于古印度的阿拉伯数字系统。其最大的优点是发明了数字“0”，于是个、十、百、千、万的进位变得非常容易。

在数字发明的同时，人类也开始用图画记录信息。1869 年，考古学家在西班牙坎塔布利亚自治区的阿尔塔米拉洞窟中发现了 17000 年 ~11000 年前的岩画，包括风景草图和大型动物画像，从一个侧面记录了当时人类的生活情况（见图 2.5）。

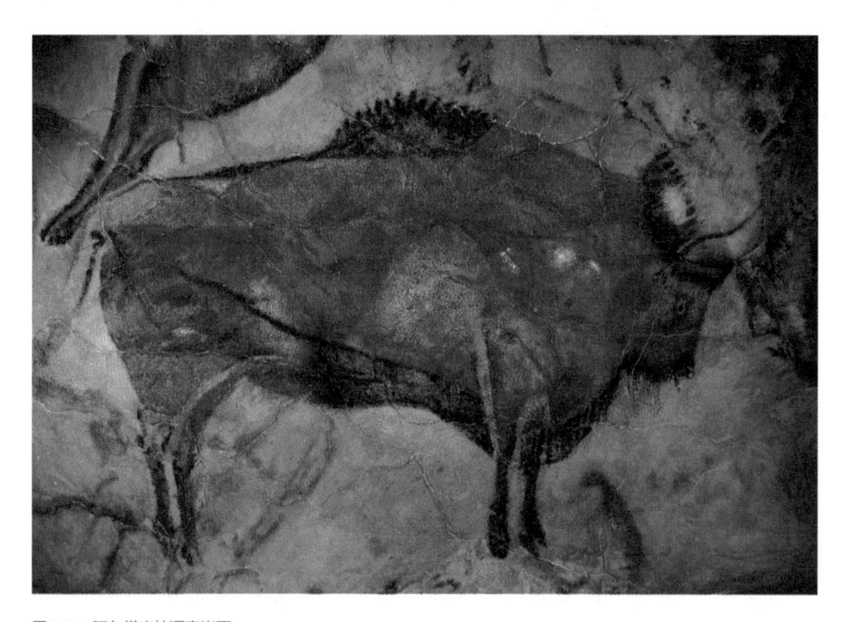

图 2.5　阿尔塔米拉洞窟岩画

当然，人类不可能把任何事情都用图画的方式记录，为了方便记录信息，图画被逐渐简化成象形的符号，这便是文字的雏形。简化的过程非常漫长，因为从形象思维到抽象思维不是件容易的事情。在文字的形成过程中，还出现过似画似字、非画非字的类文字，它们是从画到字的过渡，比如图 2.6 所显示的特尔特里亚泥板图章（Tartaria tablets）。

图 2.6　7000 多年前的特尔特里亚泥板图章[①]

迄今为止发现最早的文字是由美索不达米亚的苏美尔人发明的，距今已有 6000 多年。各种文明的文字早期都是象形的，古埃及和古中国自不必说，即使被认为是拼音文字的美索不达米亚楔形文字，其实也是从象形文字演化而来。

图 2.7 示意了一些词的演化过程。第二列是最初的象形文字，从它们的形状可以猜出其含义。经过 1000 多年的简化，形成了更抽象的早期楔形文字（图中第三列）。如果不对照第二列，意思已经不大好猜了。又经过大约 1000 年，楔形文字完全形成，成了一种拼音文字，我们已经无从猜测它们的意思。在其他文明中，古埃及的文字后来也开始拼音化，但是象形文字和拼音文字共存了很长时间，因此它们同时出现在罗塞塔石碑中。世界上只有两种文字没有拼音化，它们就是我

① 有学者认为，图章上的文字属于介于图形和文字之间的类文字。

们熟知的汉字和远在美洲的玛雅文字。为什么文字要拼音化？从信息论的角度来说，这样表达信息更简洁，书写简单。虽然古人不懂信息论，却不自觉地在文明进程中运用了信息论的原理。

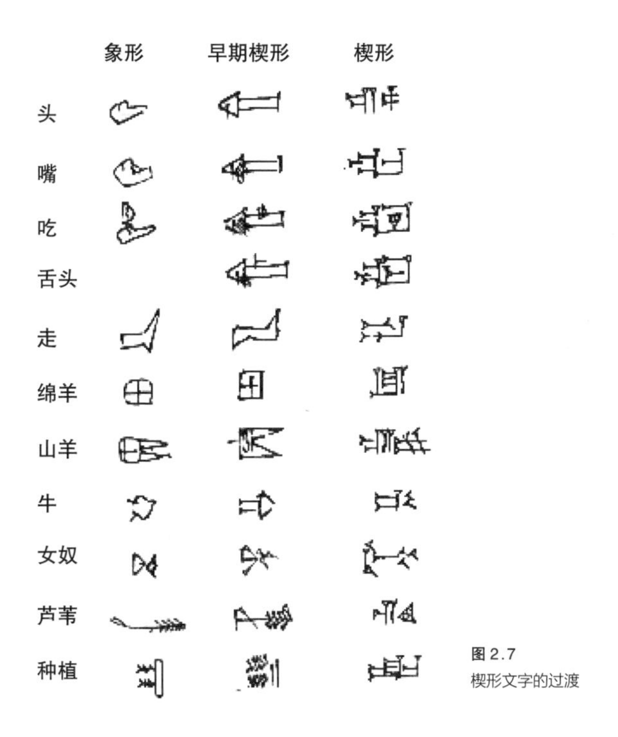

图 2.7
楔形文字的过渡

美索不达米亚的楔形文字很快被当地的闪米特人学会，他们中间有一支非常善于远洋经商的族群——腓尼基人。腓尼基人将美索不达米亚的文字传播到地中海各岛屿。但是，在经商途中，商人们没有闲情逸致刻写精美漂亮的楔形文字，于是，他们对这种复杂的拼音文字进行了简化，只剩下几十个字母。后来，希腊人从腓尼基字母中总结出 24 个希腊字母，而罗马人又将它们变成 22 个拉丁字母。随着扩张，罗马征服了很多外国土地，吸纳了很多外国人，有些外国的人名和地名无法表示，于是罗马人在字母表中加入了 x，代表所有那些无法表示的音和字，这既是英语里包含 x 的单词特别少的原因，也是后来人们用 x 表示未知数的原因。再后来，拉丁文里的 i 被拆成了 i 和 j，v 被拆成了 u、v、w，最终形成了今天英语的 26 个字母。

有了数字和文字，人类传递信息就更方便了，也为发明准确传承知识的书写系统打下了基础。

开始记录一切

除了吃饭和睡觉，人的大部分时间都用在和外界的信息沟通上（如上课、开会、写邮件和读报纸），人类的发展其实伴随着信息传播方式的进步。人与人之间的信息沟通最重要的媒介是语言和文字。有了语言和文字，人类才可以把经验和知识代代相传。

在此之前，信息的传播只能靠生物的 DNA。一个物种因为 DNA 的突变，获得了一种以前没有的特性，如果它们被吃掉，或者变得难以生存，这种藏在 DNA 中的信息就不会被传下去。反过来，如果新的特性让它们能够躲避天敌，或者更好地捕食和生长，相应的 DNA 信息就被传给了后代。但是，这种信息的传递非常缓慢（除非人为刻意改变物种的 DNA），物种的变化都是以万年为单位的。有了语言和文字，信息的传递更加高效，父辈获得的经验和教训、看到的现象，都可以通过语言和文字传递给后代。

语言可以实现知识的口口相传，但是由于人的记忆会出错，或者中间一些人突然死亡，那么之前的经验也就随之失传。因此，没有文字的语言有很多局限性。文字恰好弥补了语言的上述不足，它可以将准确的信息大范围迅速传播。因此，文字的出现不仅是文明开始的重要标志，而且大大加快了文明的进程。

有了文字就能够表达概念和事实，但是要记录和传承复杂的思想和完整的知识，则需要完整的书写系统。在语言学上，书写系统和文字是两回事。中文和日文都可以用汉字，却是两个不同的书写系统。英国著名人类学家杰克·古迪（Jack Goody，1919—2015）① 认为“书写支撑文明”，[10] 因为仅仅靠简单的、意思不连贯的图形文字显然做不到将人类积攒的知识一代一代地传承下来，这一切需要靠书写系统。当然，书写系统是建立在文字基础上的。从文字的出现到书写系统的产生，分界的标志是什么？语言学家会给出精确但很复杂的定义，简单地讲，一个书写系统必须有动词，形成意思完整的句子，而不是用简单的绘画来描述事情。

世界上最早的书写系统也出现在美索不达米亚，即使比较保守的估计，也有 5500 年的历史。在三个世纪之后，即在大约 5200 年前，古埃及人独立发明了基于象形文字的书写系统。中国的文字以及完整的书写系统可以追溯到殷商中期的甲骨文（见图 2.8），距今大约 3400 年 ~3200 年（有的说法是 3500 年前）。这里有两件事值得一提：第一，甲骨文并不仅仅是一个个有单独含义的文字，而是包含了简单动词，因此，它是一种书写系统；第二，甲骨文是颇为复杂的文字系统，里面包含很多原始的汉字。我们知道，任何发明都不会凭空出现，古代中国不可能从完全没有文字一下子发展出 4000 多个汉字。② 因此，应该存在更早、更

① 古迪是剑桥大学教授，英国皇家学会院士。

② 李宗焜所编《甲骨文字编》收录了 4378 个甲骨文汉字。

原始的书写系统原型，但遗憾的是，到目前为止，研究者只在一些更早期的陶器上看到、找到了一些图形符号。虽然一些学者很牵强地认定那些是更早期的文字，但是大多数学者并不认可。还需要指出的是，虽然中国的书写历史不如上述两个文明长，但是学者们都承认，中国的文字和书写系统是独立发明的。

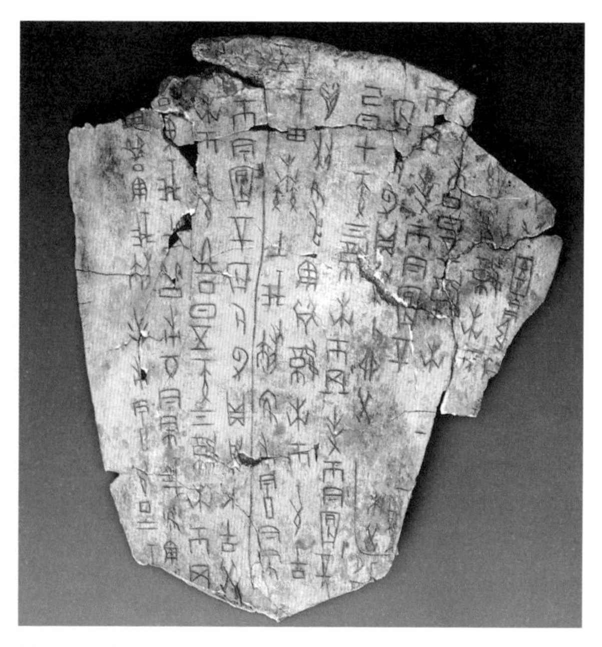

图2.8 甲骨文

书写系统最大的作用在于包括知识在内的信息传播，更具体地讲，它包括横向传播和纵向传播。所谓横向传播，是指在同时代，通过书写的文字将信息传递给其他人。这不仅能让更多的人了解信息，还能帮助建立起比部落更大的社会组织，使得城邦和国家的出现成为可能。所谓纵向传播，就是指先人将知识和信息通过文字记载下来，传递给后人。这样即使相隔成百上千年，后人也能了解到之前的文明成就。古希腊的很多科学论著在中世纪的欧洲失传了，但是十字军东征时，欧洲人从阿拉伯地区带回了那些书籍，并导致了文艺复兴之后科学的大繁荣。没有书写系统，科技就不可能在先前的基础上获得叠加式进步。此外，正是因为有了书写系统，我们才对过去几千年前发生的很多事情有详细的了解。今天，我们对 5000 年前古埃及发生的事情，比对美洲原住民 1000 年前发生的事情了解得更多，这便是书写系统做出的贡献。

书写系统的出现除了大大加速信息和知识的传递之外，还使得社会迅速分化。在古代，每一个人都能说话，但是并非每一个人都能书写。因此，在近代教育普及之前，对文字掌握的程度，特别是书写能力的高低，常常决定了一个人拥有多少知识，以及能够在社会组织中发挥多大的作用。从各个文明书写系统出现的时间来看，它们和奴隶社会的诞生、阶层的出现时间是一致的。也正是由于读写对社会地位的重要性，有些文明将它变成了少数精英的特权，因为知识的传递受阻，使得这些文明的发展非常缓慢，玛雅文明便是如此。不过，当时依然有很多文明在普及读写能力，比如古希腊文明和中华文明，因此它们在文明的进程中能够后来居上。

星辰的轨迹

早期文明的科技发展无一不围绕着生存进行，而农业生产又是生存最重要的前提，因而农业成了科技的推动力。古代的天文学最初的发展就受益于此，农业发达地区，相应的天文学也随之发展。

公元前 7000 多年，闪米特人和当地的原住民就在尼罗河下游开始耕种。经过上千年的辛勤耕耘，他们把尼罗河畔的处女地开垦成良田，又经过上千年，那里最古老的王国才建立起来。尼罗河水每年会在固定的时间泛滥，等洪水退去之后，古埃及人便在洪水浸泡过的肥沃土地上耕种。为了准确预测洪水到来和退去的时间，当时的古埃及人开创了早期的天文学，制定了早期的历法，根据天狼星和太阳的相对位置来判断一年中的时间和节气。古埃及人的历法中没有闰年，他们的地球年每年是 365 天，比今天真正的地球年短了近 1/4 天。因此，如果按照地球年的时间耕种，过不了几年节气就不对了。而太阳系由于远离天狼星，彼此的位置几乎固定不变，因此，地球在太阳轨道上每年转回到同一个位置时，所看到的远处的天狼星位置是相同的。古埃及人就用这种方法校正每年的农时。当太阳和天狼星一起升起的时候，则是古埃及一个大年（恒星年）的开始，然后古埃及人每年根据天狼星的位置决定农时。古埃及的大年（也称为天狼星周期）非常长，因为要再过 1460 个天文上的地球年（等同于 365 × 4+1=1461 个古埃及地球年），[①] 太阳和天狼星相对的位置才恢复原位。1461 正好是地球上 4 年的天数，也就是说，古埃及人在 1460 个地球公转周期中（儒略年）加入了一整年，等同于每 4 年中加入一天产生一个闰年。以天狼星和太阳同时做参照系，古埃及人可以准确地预测洪水在每年不同时间能到达的边界。就这样，出于农业生产的需要，古埃及发展起了天文学。

在人类另一个早期的文明中心美索不达米亚，天文学发展的动力同样来自农业。从苏美尔人到后来的古巴比伦人（约前 1894— 前 1595

---

① 一个古埃及地球年 =365 天，一个天文地球年 =365.24~365.25 天。

统治美索不达米亚地区），天文学家经过了近2000年的观测和总结，掌握了太阳、月亮、各星座的位置和每一年中具体的时间之间的对应关系，并把它们的位置作为一个精确测量时间的“大钟”，再通过大钟所指示的时间，指导种植和收获庄稼。古巴比伦人保存的大量星座位置、日历和农耕的书面记录，使得我们能够了解当时天文学发展的全貌。

另外，我们今天所说的星座，最早是由苏美尔人发明和使用的。到了后来的古巴比伦人统治时期，他们创造出黄道十二宫，标志着太阳、月亮和行星在天空中移动的12个星座。我们常说的星座的名称，比如狮子座、金牛座、天蝎座、双子座、摩羯座、射手座等，均来自美索不达米亚。至于为什么要将天空分为12个星座而不是其他数量，原因也很简单，因为地球的公转，古巴比伦人每个月看到的星空会有1/12和原来的不同。

由于天空星辰的位置与地面上气候变化及其他一些自然现象（比如河水的涨落、海水的潮汐）相关，故而在人类文明的早期，天文学、占星术和迷信之间的边界并不清晰。由于天狼星的位置和尼罗河泛滥的边界相一致，因此，古埃及人认为天狼星是掌管尼罗河的神祇，于是为它建造神殿祭祀。在美索不达米亚，国王和僧侣们把星象和人间发生的事情（比如灾祸）联系起来，认为上天会对人间的事情进行预言和警示，这种认识和中国古代的统治者有相通之处。既然星象能够用来解释人间的事情，并依此决定政治和宗教，美索不达米亚的历代王朝便投入了大量精力研究天文学。

美索不达米亚地区的古代天文学是今天全世界天文学的正朔。古希腊的天文学是在美索不达米亚天文学的基础上建立起来的，当时古希腊的学者经常漂洋过海到美索不达米亚去学习数学和天文学。今天关于12星座的神话起源，在整个西方世界，从美索不达米亚到古希腊，再到后来的古罗马，几乎是相同的。从文明的时间来看，也可以确定它们是从美索不达米亚向西传到了古希腊岛屿。

美索不达米亚的天文学在古巴比伦人统治时期发展到一个高峰。他们发明了太阴历[①]，观测到了行星运动和恒星的不同，并且发明了一种计算金星围绕太阳运动周期的方法。当然，古巴比伦人把这个周期的长度定为587天，而实际值为584天。这细微的差别并不是因为古巴比伦人算得不准，而是他们试图使这些天文周期与月亮的相位重合。古巴比伦人和后来的亚述人都能根据过去所发生的月食时间预测未来的月食时间。

古巴比伦人在天文学上的另一大贡献是发明了天文学中坐标系统的雏形。他们把天空按照两个维度划分成很多区间。后来，古希腊人在此基础上发展出了纬度和经度，这源于古巴比伦人把圆周划分成360度。

几何学也源于古埃及和美索不达米亚，而它的起源则是农业生产、城市建设和工程建设。大约在6000~5000年前，古埃及人逐步总结出有关各种几何形状长度、角度、面积、体积的度量和计算方法。在他们建造金字塔时，已经有了非常丰富的几何学知识。著名的胡夫金字塔留下了很多有意思的数字，表明古埃及人在4500多年前就掌握了勾股定理（毕达哥拉斯定理），可以把圆周率的计算误差精确到0.1%左右，并懂得了仰角正弦（和余弦）的计算方法。

世界上现存最早的有关几何学的文献是古埃及的《莱茵德纸草书》（*Rhind Mathematical Papyrus*），它完成于公元前1650年前后（见图2.9）。不过该书的作者阿默斯声称，书中的内容是抄自另一本完成于公元前

① 人类对月份的理解可以追溯到史前，但是作为历法的太阴历，则出现在古巴比伦统治美索不达米亚时期。

1860—前 1814 年左右的书籍。照此推算，古埃及最早的几何学文献应该出现在 3800 年前甚至更早。《莱茵德纸草书》中提及不少数学问题的解决方法，其中包括很多几何学问题。书中还给出了圆周率 π 的值为 3.16，不过，根据胡夫金字塔（也就是我们常说的“大金字塔”）尺寸计算出的 3.15 要更准确些。

图 2.9　收藏于大英博物馆的《莱茵德纸草书》

和古埃及同期发展起几何学的是古巴比伦王国。在他们留下来的大约 300 块泥板上，记载着各种几何图形的计算方法。比如在平面几何方面，他们掌握了各种正多边形边长与面积的关系。他们尤其对直角三角形和等腰三角形了解较多，并掌握了计算两者面积的方法。他们还知道相似直角三角形的对应边是成比例的，等腰三角形顶点垂线平分底边。值得一提的是，他们还掌握了勾股定理。1945 年，考古学家破解了美索不达米亚第 322 号泥板（见图 2.10）。[11] 在这块 4000 多年前的泥板上，记录着许多勾股数。古巴比伦人甚至计算出了$\sqrt{2}$①的近似值，虽然他们不知道这是一个无理数。另外，古巴比伦人已经了解了三角学知识，并且留下了三角函数表。在立体几何方面，他们已经知道各种柱体的体积等于底面积乘以高度。

图 2.10 古巴比伦记录勾股数的泥板

人类在谋生技艺上的积累和进步，逐渐使得一部分人可以从事获取食物之外的工作，并让少数人从体力劳动中解放出来，专门从事艺术、科学和宗教活动。这部分人从短期来看是能量的消耗者，但是从长远来讲，他们在科学研究方面取得的成就，特别是在天文学和几何学方面的成就，对农业生产以及后来的城市建设都有很大的帮助。

① 根据勾股定理，$\sqrt{2}$ 等于直角边为 1 的等腰直角三角形斜边的长度。

● ● ●

人类发展的第一次加速得益于上天的赐予。一方面，一个有利于个体之间通信交流的基因突变带来的效益越来越大，让人们能够形成大规模的社会群体，从而与其他物种展开生存竞争；另一方面，地球吸收热量的增加结束了冰期，使得人类迅速开始了农耕时代和定居生活。但是在这个过程中，人类自身的能动性也发挥了巨大的作用，这体现在对谷物的驯化和水利工程的建设等方面。

生活在不同地区的人类进入文明时代的时间很大程度上受到地理和气候的影响。在人类进入公元前第五个千年纪的时候，在温暖的美索不达米亚和尼罗河下游地区出现了文明的曙光，当时，那里的人们人均创造的能量已经达到所消耗能量的 4~5 倍，这让一部分人可以离开土地从事其他劳动。同时，人类也有了额外的能量制作手工业产品，比如烧制陶器。于是人类出现了社会分工，有了物品的交换和早期的商业。而运输工具的改进使得从事商业所消耗的能量降低，商业开始发展。

文字和书写系统的出现让人类得以将知识、经验普及和传承，技术得到了叠加式进步。为了有效地进行农业生产，出现了早期的科学萌芽，几何学和天文学在古埃及和美索不达米亚诞生了。然而，早期的科学、巫术和迷信的边界并不是很清晰。

再接下来，当聚居的人口不断增加，就需要有管理社会的组织结构，城市乃至国家就此出现。在这个过程中，除了需要有粮食养活管理人员，还需要具有社会基础，即分层的社会，以及掌握书写能力的精英。这些条件在文明的初期开始具备，接下来，人类便开始步入文明。

第二篇

古代科技

大约 10000 年前，人类进入农耕社会，从那时起又经历了长达数千年的时间，文明才真正开始。数千年是个什么样的概念呢？如果我们回首先人在安阳附近刻写甲骨文时的情景，会觉得那是非常遥远的事情，那么人类历史上第一代君王回首最早定居在西亚的部落进行农耕的情景，则更觉得遥远。

为什么从农耕开始到早期文明的确立经历了漫长的时间？答案其实很简单——需要时间聚集能量，这就同在最后一个冰期结束时地球变暖的过程一样。虽然早在 18000~17000 年之前，地球吸收的太阳热量已经在增加，但是多获取的能量大部分都被用于融化冰川，[①] 因此温度不会骤然上升。这个过程持续了 5000 年之久。直到 12000 年前，地球上该化的冰融化得差不多了，额外的热量则使得海水温度上升，全球的气温便骤然上升。人类的文明起步情况也类似。自农耕开始，人类要想获得更多的农业收成，养活更多的人，就需要农业科技，也需要灌溉设施。而想做到这两点，需要有足够多的粮食养活那些并不从事农业生产，或者并不能全时务农的人。这样一来，就变成了要想获得更多的能量，就需要先积累足够的能量，这显然是一个先有鸡还是先有蛋的问题。唯一的破局方法就是经历一个较长的能量积累过程，然后开启文明。

在积累能量、开启文明的过程中，开始的几千年人类的生活变化不是很显著，但是文明

① 融化冰需要大量的能量。把 1 克零摄氏度的冰变成零摄氏度的水，需要 80 卡路里的热量，而将 1 克水的温度提升 1 摄氏度，只需要 1 卡路里的能量。也就是说，融化冰吸收掉的热量足足可以将水温从零摄氏度提升到 80 摄氏度。

一旦开启，就会加速发展。如同冰一旦变成水之后，气温便会骤然上升一样。开启文明所需要的积累非常多，而下面 4 个基本条件是必须具备的：

- 足够多的聚居人口。
- 有效管理大量人口的社会组织结构和管理方法（早期通常是宗教）。
- 大规模建设的技术和物力。
- 冶金技术和金属生产能力。

其中第二个条件和信息有关，特别是需要有书写系统，这样上面的政令才能下达，下面的信息才能收集。其余三个都和能量有关。当有足够多的人口居住在一起，并且能够进行有效的管理时，城市就开始出现了。在第三章，我们将看到农业文明时代赖以发展的核心技术——农业技术、畜力的使用、冶金术、工程建筑、手工业，以及它们相互的关系，而连接它们的纽带则是能量。在第四章，我们将看到农业文明时期与知识、信息相关的成就。我们把 6000 年前到工业革命之间几千年的时间称为文明，不仅是因为人类创造的能量越来越多，还因为知识和信息的产生与传播。为什么能量在前，信息在后呢？因为在农耕文明的初期，必须在满足人们吃穿住行等基本生存条件后，才能腾出一部分劳动力去研究科学，从事文化和艺术创作。

第三章　农耕文明

虽然农耕文明的广大地区是农村，但是文明的中心却是城市。城市不仅是权力和精神世界的中心，也是手工业、商业的聚集地。只有人口数量和密度达到一定规模，才能产生文明，才能有科技的进步。因此，城市是文明出现的特征之一。这一章我们将从冶金讲起，看看能量如何推动城市的出现。

青铜与铁

除了文字（或者更准确地说是书写系统）和城市化（以及有组织的社会），冶金技术也是文明开始的重要标志，其既是衡量文明程度的标尺，也是文明发展的结果。冶金对早期文明的人类来说是系统工程。首先，它要求人类既要掌握足够多的能量总量，还要有能力将炉温提高到一定程度，才能开始冶炼。其次，冶金需要人类具有矿石的开采能力，还要具有一定的工程能力和运输能力。此外，冶金还需要掌握金属还原的技艺，比如用木炭还原氧化铁。当然，古代的人并不懂得这里面的化学原理。

除了天然的黄金，早期的金属器是铜制品，因为它的冶炼要求的炉温相对比较低。铜器又分为黄铜器（铜加锌）和青铜器（铜和锡比例为 3∶1 的合金）两种，青铜的熔点低（800 多摄氏度即可，而黄铜要 900 多摄氏度，纯的红铜甚至要上千摄氏度），容易冶炼，强度却比黄铜大，因此虽然黄铜的出现比青铜早（可能是锌矿比锡矿更早被发现的原因），但是在人类进入文明后很长时间里，青铜器却是人们使用的主要金属工具。当然，青铜在历史上一直非常贵重，在早期只能做装饰品、礼器和贵族使用的器皿，后来才用于打造兵器。

不考虑早期人类使用的天然铜，最早冶炼铜的地区，既不是美索不达米亚，也不是古埃及，而是东欧和小亚细亚地区的“温查文化”（Vinca culture）。注意，这里用的不是“文明”，因为那里的文明并没有真正开始。温查文化冶炼青铜大约始于公元前 4500 年。不过，当时冶炼铜的技术并没有大规模普及，炼出的不过是一些小饰品和小工具。也就是说温查人有炼出铜的技术，但是因为整体文明的程度没有达到足够的高度，所以并没有进入青铜时代。

当人类进入公元前第四个千年纪之后，每天创造的能量已经超出冰期一倍多，才具备大规模冶炼青铜的能量条件。炼铜术并不存在从一个文明传到另一个文明的情况，世界早期的很多文明，彼此独立地发明了青铜的冶炼技术。一般认为，人类正式进入青铜时代是在公元前 3300 年前后，与之相印证的是在世界很多早期文明地区，比如美索不达米亚和印度河谷，大量出土了那个时期的青铜器。古埃及在公元前 3150 年进入青铜时代，属于当地奈加代三期文化。[1] 当时除了出现青铜器，还出现了古埃及最早的象形文字和城邦。此后古埃及建立了第一王朝（公元前3100年），正式进入文明时期。在古希腊，青铜时代始于公元前3000年前后（另一种说法是公元前3200年左右），与米诺斯文明开始的时期相吻合。[2] 在全球范围内，从青铜器和青铜工具出现的时间点来看，冶金业、文字和城市建设共同加速了文明的进程。表3.1是对青铜时代不同阶段的划分。[①] 需要说明的是，虽然各早期文明中心出土了青铜时代第一个阶段（前3300—前3000）的不少青铜器，但是没有发现使用青铜制作的大型工具，因此那时还只是处于青铜时代的萌芽期。[②]

表3.1　青铜时代的不同阶段

时　代	阶　段	
青铜时代早期（EBA） 前3300—前2100	EBA I	前3300—前3000
	EBA II	前3000—前2700
	EBA III	前2700—前2200
	EBA IV	前2200—前2100
青铜时代中期（MBA） 前2100—前1550	MBA I	前2100—前2000
	MBA II A	前2000—前1750
	MBA II B	前1750—前1650
	MBA II C	前1650—前1550
青铜时代晚期（LBA） 前1550—前1200	LBA I	前1550—前1400
	LBA II A	前1400—前1300
	LBA II B	前1300—前1200

① 这是根据美索不达米亚、古埃及、古印度、爱琴海和安纳托利亚进入青铜时代的时间划分的，东亚的时间有所不同。

② 《不列颠百科全书》干脆笼统地把青铜时代开始的时间算成公元前3000年之前，见https://www.britannica.com/event/Bronze-Age。

中国步入青铜时代比较晚。虽然在马家窑文化遗址发现了公元前2900年—前2700年左右的铜刀，但是学者们认为那是由天然铜制作，而非冶炼铜。在中国发现的大量殷商中期的早期青铜器，距今也就3000多年，但是当时中国冶炼和制作青铜器（包括武器）的水平在世界上却是最高的。很多时候，文明水平不能只看开始时间的早晚，而要看鼎盛时期的水平。中国青铜器制作的第一个高峰期是商朝，从商朝流传下来的后母戊鼎（原先称为司母戊鼎，见图3.1），制作水平不逊于后来的周朝。同时期（稍早）古埃及法老图坦卡蒙[①]墓出土的各种青铜器（水平最高的是一批铜制乐器，类似于长号），从规模到水平，都难以和后母戊鼎相媲美。不过在商朝，青铜非常珍贵，因此不能普遍地用于武器制作，更不要说制作农具了。中国能够大量生产青铜，是在周朝之后，那时青铜兵器已经开始普及了。而青铜器制作的顶峰是春秋战国时期（越王剑之类的兵器代表了当时的水平）。在中国，青铜在出现早期还扮演了另一种角色，就是作为天子给诸侯发放的俸禄和奖励。在西周早期的钟鼎文上，有用青铜交换奴隶的记载。因此，一些经济学家认为，中国是最早采用金属货币的国家。

大量冶炼青铜的难点在于，它在当时是一个非常复杂的系统工程。首先，要让炉温达到800摄氏度，这在几千年前并不是一件容易的事情。除了炉温外，还要找到并开采出足够多的铜矿和锡矿（比铜矿更难找）。这两种矿常常不会在一起（比如《史记》里记载，春秋时期吴国有锡，越国有铜，但分属两地），因此，矿石的运输就成了一个问题。交通运输

① 图坦卡蒙法老是生活在3300年前古埃及的少年法老。由于他的墓在20世纪考古发现之前没有被破坏过，因此被发掘后，考古学家从中获得了大量文物，从而帮助我们非常完整地了解了古埃及的文明。

工具的进步对大规模冶炼青铜至关重要。对当时的人来说，能否制造大量的青铜器，体现了一个地区整体的发达程度。

图 3.1　后母戊鼎

青铜器虽然好，但强度不如后来的铁器。冶铁比冶炼青铜难得多，不仅因为冶炼铁的炉温需要提高到 1300 摄氏度以上，远高于冶炼青铜，而且铁比较容易氧化，因此，需要用木炭将铁从铁的氧化物中还原出来。还原技术并不容易掌握，铁中的炭渣太多或者还原不够，炼出来的就是铁渣，而不是有用的生铁。最早从矿石中炼出铁的地区是今天小亚细亚安纳托利亚地区（土耳其境内）的高加索人部落。根据 1994 年从那里出土的铁器判断，大约在公元前 1800 年，当地人就已经能够制造出类似于今天高碳钢的铁器了，但是数量非常少，因此，对于文明的作用微不足道。

人类第二个掌握冶铁技术的地区是美索不达米亚，时间大约是公元前1300年。由于当地整体的文明水平很高，出现了大量的铁器，因此，一般将铁器时代的起始日期定为公元前1300年左右。中国掌握炼铁技术是在公元前600年左右，即春秋时期，而炼铁技术的普及是在秦汉之后。

铁器的出现不仅使得生产力极大地提高，而且被迅速用在了战争中。公元前1274年爆发了古埃及和美索不达米亚两大早期文明之间最大规模的战争——卡迭石战役（Battle of Kadesh）。古埃及一代英主拉美西斯二世（Ramesses II）亲自率领大军越过西奈半岛北上，在卡迭石与当时统治美索不达米亚的赫梯人的大军相遇。双方出动了几千辆战车，当时的战车并不能像现在的坦克那样碾轧对方，但是高度的机动性让战车上的射手可以快速进入敌阵射杀对方。刚开始，古埃及军队打了对方一个措手不及，获得胜利；但是紧接着，赫梯军队利用铁兵器和装有铁车轴的战车，击退了古埃及大军的进攻。公元前1258年，双方最终签订了人类历史上第一个条约——《埃及赫梯和约》。赫梯人获胜的原因是他们的战车使用了铁轴，上面可以承载三个人，而古埃及的铜轴战车上只能载两个人，在各自扣除一个驾车的战士后，赫梯人每辆战车战斗力是古埃及人的两倍。此后，古埃及奋起直追，学习美索不达米亚的技术，开始制造和普及铁器。

一旦一种文明能够冶炼出青铜甚至生铁，它的技术水平就能让该文明做到很多其他的事情，比如烧制高质量的陶器和砖瓦。赫梯是最早使用铁器，同时也是最早烧制出轻巧而结实耐用的高温陶器的国家。事实上，世界各个早期文明大规模的城市建设都是在青铜时代之后才开始的。在古埃及、美索不达米亚和希腊的岛屿上发现的大量古代城市遗迹中，那些用砖石建造的城市都始于青铜时代。这并非巧合，而是科技发展应有的次序。在中国，我们经常讲秦砖汉瓦，它们其实是泛指战国时期出现的质量非常高的陶制建筑材料。那些砖瓦可以在几千年后依然完好无损，原因就是当时的中国人掌握了高温烧制陶器的技术。

金属工具的使用使得生产力极大地提升，人均产生能量从每天7000~11000 千卡上升到 11000~17000 千卡，增加了 50% 以上。[3] 换句话说，如果青铜时代的人们维持新石器时代人的生活水平，可以腾出1/3 的劳动力去做其他事情，随之而来的是生产关系的变革。中国到了战国初期能够开阡陌、废井田，与金属工具的使用密切相关。大规模垦荒种植粮食，让战国时期的各国有条件长期大规模征战，最后得以统一。类似地，在欧洲，几乎同时期的古罗马也通过战争基本统一了地中海沿岸。

冶金水平是早期文明程度的标尺，各个文明金属时代开始的时间，以及金属工具的普及程度，可以反映出各自进入文明的时间早晚和文明的发展水平。印第安部落直到最后被西班牙人征服，也没有进入青铜时代，因此，它在全世界各个文明中的水平是最低的。

在农业文明的初期，要获得足够多的能量，就需要高产，而这不仅需要谷物的良种和锋利耐用的工具，还需要很多与农业相关的技术。

解决粮食问题

人类在进入工业革命之前，人口的基数是保证文明发展的最重要因素。在农业时代，如果一种文明不到 100 万人口，那么，它不仅修不了万里长城或者金字塔，还可能发明不出冶金技术和瓷器制造技术。因为大部分人都被束缚在土地上，只有很少比例的人在从事农业以外的工作，包括手工业和建筑业，而从事所谓科学和技术发明创造的人就更少了。

要维持较大基数的人口，生育从来不是问题，粮食却是大问题。要想多收获粮食就需要更多的人，而更多的人就又需要更多的粮食，唯一能够解决这个困局的办法是提高农业耕作的技术水平和与之相关的技术（比如水利技术和冶金技术）。当与农业相关的技术大量出现并促使农业生产迅速发展时，我们常常称之为“农业革命”。严格来讲，人类从史前至今发生了 4 次与农业相关的革命，即史前从采集到耕种的第一次农业革命，人类定居之后开创的第二次农业革命，17—19 世纪始于英国、以使用机械农具为代表的欧美农业革命，以及从 19 世纪末到 20 世纪 60 年代，以大机械化、电气化和化肥化为代表的现代农业革命。我们这里要讲的是第二次农业革命。

农业丰产离不开灌溉。早期的文明都靠近大河，有比较充足的水源，但是水利工程和灌溉对于农业丰收依然必不可少。虽然世界上最早的水利工程出现在古埃及和美索不达米亚，但是对文明影响时间更长的可能要数中国战国时期修建的郑国渠和都江堰。

郑国渠的修建过程充满戏剧性。根据《史记·河渠书》的记载，战国末期，弱小的韩国听说强大的邻国秦国要来攻打自己，就设法破坏秦国的计划，使其无力东进。于是韩国就派了一个名叫郑国的水利专家到秦国去游说，让秦国开凿一条从泾水到洛水长达 300 多里的引渠，将泾河水向东引到洛河，以灌溉田地。韩国的算盘是，以秦国一国之力难以完成这一浩大的水利工程，秦国开始这个大工程后，就无力征战了。然而，工程进行到一半，秦王就识破了郑国的阴谋，并想杀掉他。郑国似乎早就准备好了应答之词，说：“我当初确实是奸细，但是渠修成了对秦国也有好处啊。”秦王觉得郑国说得有道理，于是就让他把渠修完。工程完成之后，灌溉了4万多顷田地，[①]关中成为沃野，秦国也因此富强，最终吞并了六国。因此，秦国人将这条渠命名为郑国渠。

中国历史上最著名的水利工程，当属战国时期李冰父子修建的都江堰。公元前316年，秦国大将司马错灭了古蜀国（今四川），并且将那里设置为秦国的一个郡。不过，那时的四川可不是后来的天府之国，不仅经济文化落后，而且自然条件差，岷江还经常泛滥。秦昭王五十一年（公元前256年），也就是蜀国纳入秦国版图的60年后，李冰任蜀郡太守。他和儿子设计并主持建造了成都北部的都江堰，将岷江从中间一分为二（内江和外江），这样就实现了通航、防洪和灌溉，一举三得。都江堰的工程技术水平当时在世界上首屈一指，不仅让秦国有了足够的粮食征战四方，也成为中国历史上泽被千秋的民生工程，使用至今。

图3.2 都江堰航拍

① 《河渠书》给出的数据是每亩“溉泽卤之地四万余顷，收皆亩一钟”。

郑国渠和都江堰的修建说明了两点。第一，当时世界上只有秦国做得到这件事。在商鞅变法之后，秦国人除了打仗，还做了一件非常重要的事情——种粮食，这让它有足够的能量积蓄完成这两大工程。在秦国人修建郑国渠将近300年后，古罗马人在高卢地区修建了著名的嘉德水道，将山泉水引到城市里使用，不过该水道长度只有郑国渠的1/3。第二，建设郑国渠和都江堰的收益相比投入是非常划算的，因为只需一次性（巨大的）投入，就可以获得长时间的收益。秦国在统一中国之前的很多工程都有这个特点，这让它可以调动比其他诸侯国更多的能量。世界上成功的工程和技术也都如此，它们创造的能量远大于投入的能量。

有了水利工程，粮食丰产还需要革新农具和使用畜力。人类最早使用的农具是挖掘棒，其实就是一根头削尖了的棍子。在欧洲人进入美洲之前，在墨西哥建造了日月大金字塔的阿兹特克人（Aztecs）依然在使用这种比较落后的农具（见图3.3）。①

在挖掘棒的基础上发展起来的真正有效的农具是木犁，人类最早使用犁的证据来自美索不达米亚，考古学家从那里发现的6000年前（公元前4000年）的泥板上找到了犁的图画。在远离古代文明中心的英国，考古学家发现了5500年前用犁犁过土地的痕迹，这说明犁是不同文明先后独立发明的。而最早的犁的实物，距今已有4000年了。

犁的出现使得人类使用能量的效率大大提升，农民可以种植更多的作物，然后养活更多的人，这对文明的发展产生了正循环的作用。

---

① 美洲的原住民在欧洲人到来之前，一直没有进入青铜时代。欧洲早期殖民者记录下了当地居民的生活情景。在意大利劳伦森图书馆保存的西班牙人所著的《佛罗伦萨手卷》（*Florentine Codex*）中，对美洲原住民的生活有详细的描述。

图 3.3 《佛罗伦萨手卷》记载的美洲原住民用削尖的棍子耕种的情景

虽然我们看到的古代耕田图都是用牛或者马牵引犁耕地，但是最早拉犁的应该是人。当然，人力所能提供的动力非常有限。一个成年男子劳动一天，平均只能提供不到 0.1 马力的动力，而牛则可以长时间提供高达 0.5~0.6 马力的动力，于是，使用畜力耕田成了丰收的保障。

人类使用畜力耕作的历史很长。早在 10500 年前甚至更早，生活在小亚细亚的人类就驯化了牛。虽然人类驯化牛最初的目的是获得牛肉、牛奶和牛皮等生活用品，但是后来也将牛作为畜力的来源。从古埃及留下的耕田图来看，当时古埃及人都是使用牛作为动力的（见图 3.4）。在使用人力拉犁耕田时，需要一个人在前面拉犁，一个人在后面扶着，以掌握方向和深度，两个人产生的有效功率只有 0.1 马力。在使用畜力耕作之后，两个人可以控制两个犁、两头牛，这样有效的动力就变成了

1~1.2 马力，使得农业生产效率提升了 10 倍左右。在长达近 5000 年的历史中，牛一直是全世界农业生产主要的动力来源，这个时间比蒸汽机作为人类动力来源的历史要长 25 倍。

图 3.4　古埃及耕田图

当然，人类的文明不仅需要动力，还需要速度，在将近 6000 年的时间里，马满足了人类在交通运输和战争中对速度的需求。

根据对马进化的线粒体 DNA 的研究证实，人类对马的驯化比牛要晚得多，[4] 即公元前 4000 年左右，发生在中亚大草原上（今哈萨克斯坦）。[5] 不过遗憾的是，那一带的文明并不是很发达，以至没有留下任何文字或者图形的记录。关于最早饲养马的记录，则是在公元前 2300 年的美索不达米亚。实际上，早在公元前 3000 年，苏美尔人就开始使用马的近亲野驴拉车了。

在中东、伊朗高原和古埃及地区，马车最早是被用在军事上，而不是被用来干体力活，因为当时被驯化的马数量有限，非常珍贵。马的使用让军队可以远途作战。公元前1458年，古埃及在对叙利亚和迦南作战时获胜，并带回了2000多匹马（主要是母马）进行繁殖。200年后，靠着马匹的帮助，拉美西斯二世率大军长驱北上1000多千米进攻赫梯，并且打响了著名的卡迭石战役，这说明畜力的使用对战争极为重要。

在人类文明的早期，美索不达米亚一直走在历史的前端。这一方面可以归结为当地人产生和使用能量的效率较高，另一方面是因为他们在创造信息和交流信息的效率上也领先世界，不仅发明了人类最早的书写系统，还发明了非常廉价且易普及的书写载体——胶泥板。

中国作为世界最东方的早期文明中心，在农业生产上也长期领先世界，其根本原因可以归结为在能量的获取和使用效率上处于领先地位。在农耕文明时代早期，国力最终由粮食的产量决定，也就是每一个人能够种植的土地面积乘以单位土地面积的产量。前一个因子的大小取决于使用畜力的效率，而后一个因子的大小取决于种植技术。

在种植技术方面，中国人对世界农业最大的贡献可能是发明了垄耕种植法（见图3.5）。顾名思义，垄耕种植就是将庄稼成排种植在垄上，垄与垄之间要保持一定的间距，垄要比垄之间的沟略高（高度差根据作物的不同而不同）。为什么庄稼必须这样种？首先，这样能提高太阳能到生物能的转换效率。垄耕种植保证了每株庄稼独立成长，互不干扰，便于吸收太阳光。此外，庄稼成排种植便于通风，在成熟的时候不易腐烂。其次，虽然垄耕种植在播种的时候要多花点时间，但是田间管理比较省力，农民给庄稼除草和间苗时在沟里走，不会踩伤庄稼；更重要的是，这样便于灌溉和排水，既省水，又省力。垄耕种

图 3.5
垄耕的土地

植法不仅省人力，也便于牛马耕田，因为牛马耕田只有走直线效率才最高。最后，由于采用垄耕种植法，垄和沟在两季种植之间是互换的，每季庄稼收获完毕，将田地重新耕一遍，这时垄就变成了沟，沟就变成了垄。这样，田地虽然每季都在种庄稼，但具体到每一垄，实际上是轮流休耕，可以保证地力。根据李约瑟在《中国科学技术史》中的描述，中国的农民在公元前 6 世纪甚至更早就采用了垄耕种植这种先进的技术，而欧洲农民要到 17 世纪才明白这个道理。也就是说，在这项最重要的农耕技术上，中国曾经领先欧洲 2000 多年。

不仅在种植技术上，中国人还在工具的制造和牲畜的使用上，长期明显领先于欧洲人。比如，中国人使用的犁可以深翻土地，而欧洲人在17世纪前后才开始使用这种犁。中国人套牛马所用的牛具和马具也比欧洲人先进得多。根据剑桥大学李约瑟研究所的研究，在古代中国，一匹马拉的重量是欧洲同期马拉的重量的3倍，这不是因为中国的马有力气，而是因为马具好。中国的马具是套在马肩上，而欧洲人是固定在马的脖子上，这个细小的差别导致了牲口使用效率的巨大差别。

在中国古代，几乎历代统治者都重农抑商。在文明的早期，这种做法有其合理性，因为农业生产可以产出能量，进而养活更多的人口，而人口的基数是创造文明的条件。

纺织、瓷器与玻璃

在进入农耕文明之后，谷物种类的改进、新工具的使用以及水利设施的建设，使得农民创造的能量达到了自己消耗量的几倍到十几倍，但是人们既不会生产出过多的粮食摆放着，也不会简单地把工作时间缩减一半，而是让一部分人脱离粮食生产，从事其他产业。这样，人们在填饱肚子的同时，就能享受其他物质——从保暖舒适的衣服到酒水茶饮，从越来越全的家什用品到精加工食物，从精美的饰物到宽敞的住所。于是作为农业革命的副产品，手工业就发展起来。早期最重要的手工业品是服装、编织物和盛器，其次是家具和文化用品。

自从人类穿上衣服、褪去体毛之后，服装就成为人类生活的必需品，而后来的工业革命也是从纺织业开始的，可见需求之大。2016年，全世界服装市场的规模是一年3万亿美元，[6]占全球GDP的2%以上，这还不算在商品经济落后地区自己缝补衣物所创造的价值。更重要的是，其中 1.3 万亿美元参与了全球进出口贸易。为了便于大家理解 3 万亿美元是什么概念，我们可以用它来对比今天的高科技产业。2016 年，全球互联网的产值是 3800 亿美元，电信业是 3.5 万亿美元。[①] 在没有高科技产业的农耕时代，纺织业较今天更为重要。

虽然人类很早就穿上了衣服（见第一章），但是一年四季总穿用兽皮缝制的衣服并不舒服。人类需要享受用棉花、亚麻、羊毛甚至丝绸加工成的衣物。关于人类最早编织布料的历史很难考证，因为它的时间点在新的考古发现后不断被往前推移，最近已经推到了 3 万多年前，但是我看了那些印在泥巴里的细绳照片（见图 3.6），真不觉得那能算是人类掌握纺织术的证据。

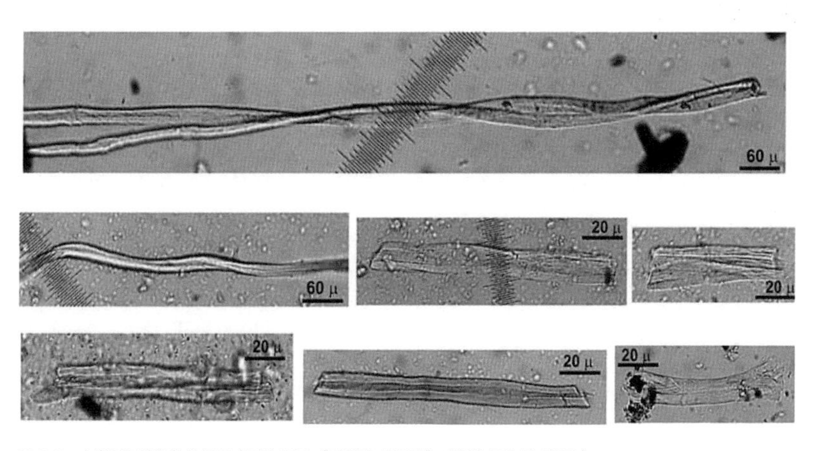

图 3.6　人类最早编织物的证据（图片来源：《哈佛商业评论》，2009 年 9 月 10 日）

类似地，在捷克还发现了 2.7 万 ~2.2 万年前布料在泥巴里印出的痕迹，其是否应该算织物，也颇有争议。而真正保存下来的最早的织

① 数据来源：statista.com，思科公司。

物则是在土耳其发现的，距今有 12000 年，当然它可能不是纺织机织出来的，而是像编竹筐和凉席那样编出来的。

编出来的衣服和织出来的衣服有什么区别呢？简单地说就是织毛衣和织布之间的差别。按照今天纺织品严格的定义，织物是通过纺织机制作出来的纵横交织的布料。只有出现了纺织机，才能大规模地生产布料。在公元前 5000 年古埃及前王朝巴达里文化（Badarian culture）所在地发现的陶器和工艺品上，有了纺织机的图示。因此，可以断定人类掌握织布技术的历史不晚于那个时期。[①] 今天发现的最早的纺织机是用很多重锤（石头或者金属）将经线垂直挂着，然后手工将水平的纬线横穿经线完成纺织。

纺织需要大量可以纺线的纤维。大约在公元前 3500 年，美索不达米亚人开始用羊毛纺线织衣裳。在大约公元前 2700 年，中国人开始用蚕丝织丝绸制品。[②③] 到了公元前 2500 年，印度人和秘鲁的印第安人开始织棉布。也就是说，在大约 4500 年前，发展比较先进的地区的人已经穿上各种纺织衣物了。无论纺织用的是羊毛、蚕丝还是棉麻，从本质上讲，就是完成了一次从能量到纺织品的转换。羊和蚕把所吃的能量变成了纤维，棉农通过耕种得到纤维，都要付出能量，而且转换的效率极低。因此，能制造多少纺织品，也体现了一个文明的整体水平。

在工业革命以前，中国纺织业一直在世界上遥遥领先，纺织品一

---

① 虽然一些捷克的学者发表过论文证明更早的纺织机出现在东欧，但是读完那篇论文，我不觉得那些作者提供的证据证明了纺织机的出现。

② 1958 年在浙江吴兴钱山漾遗址，发现了公元前 2700 多年的蚕丝编织品。

③ 中国人使用蚕丝的历史更早，可以上溯到公元前 3000 多年仰韶文化的后期，在那里发现了公元前 3630 年用来包裹幼儿遗骸的蚕丝。但是用蚕丝织成丝绸的历史则要短得多。参见：Vainker，Shelagh (2004). *Chinese Silk: A Cultural History.* Rutgers University Press。

直是中国的外贸出口产品。从技术上讲，中国人不仅发明了养蚕和丝绸纺织技术，而且是最早发明使用脚踏纺织机的国家。从能量上来讲，中国因为农业比较发达，妇女一部分时间可以专门用来纺织，这使得中国的纺织产业规模很大。相比之下，欧洲中世纪的妇女要从事很多的农牧业劳动，以及制作面包和酿酒等很多杂活，直到十字军东征之前，都没有规模太大的纺织业。

说到中国的纺织业，就必须提到对纺织做出巨大贡献的发明家黄道婆（约 1245— ？）。她生活在南宋末年到元朝初年的松江县（今上海市）。小时候由于家庭贫苦，她十多岁时被卖为童养媳，后不堪夫家虐待，随黄浦江海船逃到了崖州（今天的海南岛），并且在当地从黎族人那里学到了新的纺织技术。几年后，她回到故乡松江乌泥泾，制成一套扞、弹、纺、织的工具，提高了纺织效率，并且将技术教给当地妇女。从此，松江的纺织业发展起来，直到晚清那里都是中国纺织业的中心。和中国大部分土地都用来种粮不同，松江府一些地区在明清形成了“大半植棉”“棉七稻三”的种植格局，“家家纺织，赖此营生，上完国课，下养老幼”。[7] 当地纺织业的发展，也使妇女成了支撑家庭经济的主要力量，她们在家庭中的地位明显提高。

直到今天，中国的制衣行业在全球依然有很强的竞争力，不仅对于高工资的欧美国家有竞争力，对于巴基斯坦和墨西哥这样的发展中国家优势也很明显。相比后者，中国制衣商能做到同样数量的布料，多做出 10% 的衣服，这其实就是将纺织业的能量转换效率提升了 10%。

人除了穿衣服，还要吃饭。容器在人类早期的生活中扮演着重要的角色。我们在前面讲过，虽然陶器在很大程度上解决了缺乏容器的问题，但是它的缺点非常多，比如不密水、容易破碎、不耐火、笨重等。而使用金属器，比如银器和铜器又太昂贵。人类需要廉价且方便的容器，最终，中国发明了瓷器，而中东和欧洲发明了玻璃器皿。

瓷器发明在中国有很多偶然因素，但又是必然的结果，因为烧制瓷器的三个必要因素——高岭土、炉温和上釉技术，在古代只有中国具备。

虽然全世界几乎所有的文明都先后发明了陶器，但是一般烧陶的黏土是烧不出瓷器的，烧制瓷器需要特殊的黏土——高岭土，也被称为瓷土。中国早在商代就开始使用高岭土烧制白陶，但是由于炉窑的温度不够高，只能烧制出陶器而不是瓷器。烧制瓷器的另一个关键技术是上釉，这项技术其实最早也是美索不达米亚的古巴比伦人发明的，但是由于上釉不均匀，不能保证容器的密水性，因此，当地人用它来生产漂亮的建筑材料——釉面砖，而不是盛器。上釉的技术后来传到了古埃及，但是也是做装饰使用的，著名的图坦卡蒙法老面具就是用釉面装饰在黄金上（见图 3.7）。

图 3.7
图坦卡蒙法老面具

当然，烧制瓷器还需要一个条件，就是能够将炉温提高到1300摄氏度左右，即冶铁的温度，因此，瓷器是铁器时代的产物。此外，烧制瓷器还需要大量的燃料，因为烧制瓷器的时间较长，瓷窑规模都较大，没有充足的燃料是无法支撑这个产业的。世界上瓷土分布最多的地区是美洲，但是那里直到哥伦布发现新大陆时，还没有进入青铜时代，就更不用说生产铁器了。最早把炉温提高到1100~1300摄氏度的地区是美索不达米亚，但是那里既缺乏燃料（当时没有发现和使用石油），也不出产高岭土，因此，虽然他们在烧陶的技术上曾经领先于世界，但是始终没有发明出瓷器，在古希腊地区也是如此。

中国的上釉技术并不是从西方传来的，而是自己独立发明的。发明的过程源于一些意外的发现。西汉时期，铁器已经在中国广泛使用，说明那时火炉的温度可以提升到1100摄氏度以上了。到了东汉末年，中国陶器的烧制温度普遍达到了这个水平。在这个温度下，奇迹终于发生了。

在某一次烧窑过程中，熊熊的火焰将窑温提高到1100摄氏度以上，这时，意外发生了。烧窑的柴火灰落到陶坯的表面，与炙热的高岭土发生化学反应，在高岭土陶坯的表面形成了一种釉面。这种上釉方法后来被称为自然上釉法。

自然上釉法得到的瓷器并不美观，但是窑主和陶工们很快就发现，这种釉可以防止陶器渗水。然而，这种靠自然上釉得到彩陶的成品率实在太低。中国工匠的过人之处在于，他们很快找到了产生这种意外的原因——柴火灰溅到了高岭土的陶坯表面。既然柴火灰可以让陶坯包上一层釉，何不在烧制前主动将陶器浸泡在混有草木灰的石灰浆中呢？历史上虽没有记载哪一位陶工或者什么地区的人最先想到这个好办法，但是最终结果是，中国人发明了一种可控的上釉技术——草木灰上釉法。

很多人问发现和发明有什么区别？偶然发现柴火灰能够上釉是发现，而找到一种工艺（草木灰上釉法）保证烧出来的器皿都有一层釉面，则是发明。发明的本质不在于是否第一个发现了现象，而是找到一套行之有效的、确定的方法，保证成功率。最初观察到柴火灰上釉的现象固然重要，但只有创造出一种工艺流程让它从偶然变成必然，才能真正推动社会进步。

实际上，在1100摄氏度左右的温度下烧制出来的仍然是陶器而不是瓷器。陶器和瓷器有本质的区别，只要将两者打碎，比较断面就能看出：陶器的断面还呈颗粒状，用一个铁钉子刮一刮会掉渣；但是瓷器就不同了，它的断面是整齐的，而且用铁钉根本划不动。因此，要烧制出瓷器，炉窑的温度还得升高。

从东汉末年到隋唐，中国人的陶器烧制技术不断提高。当窑内的温度达到1250~1300摄氏度时，奇迹再次出现：高岭土坯呈现出半固态、半液态的质态。高岭土内部的分子结构发生了根本变化，原本的黏土颗粒完全融在了一起，形成了一种晶体式的结构，待冷却下来后，就形成了瓷器。

烧制瓷器的几个关键要素，中国都已具备了。上天不仅赐给了中国丰富的高岭土储备，还给了中国广袤的森林（至少在500年前依然如此）。因此，瓷器由中国人发明，并且垄断近千年，似乎是老天对中国特殊的眷顾。

西方直到18世纪初都没有能够烧制出瓷器，不过他们因此能够把心思集中在制作精美的玻璃器皿上。

玻璃的发明和上釉技术一样，最初是由古巴比伦的工匠发明的，不过最初的技术可能来自往返于沙漠的商人。他们发现，将沙子和苏打一起加热到 1000 摄氏度时，就会变成半透明的糊状物，当它冷却下来，就可以在物体表面形成一层光滑的釉状物，这就是玻璃。几乎同时，古埃及的工匠也发明了类似的物质，不过发明作为材料的玻璃和发明玻璃器皿还是两回事。在玻璃作为材料被发明之后，工匠们并没有掌握用玻璃制作器皿的技巧，而是将这种晶莹剔透的物质做成了小珠子，妇女们用其做饰物。公元前 1500 年，古巴比伦的工匠们做出了第一个玻璃器皿。具体的做法是用沙子做成内模，将黏稠的玻璃涂在上面，放到火中烧成整体，拿出来等到玻璃冷却后，掏出沙子，就得到了中空的容器。制作玻璃器皿的工艺被发明之后，很快传到了古埃及和古希腊地区。中国在西周时已经出现玻璃器皿，但是后来因为有了瓷器，玻璃器皿就退出了中国的历史舞台。

到了公元前 1 世纪，叙利亚人发明了吹制玻璃的技术，并且在罗马迅速普及。很快，罗马人发明了用模具吹制玻璃的技术，使得玻璃器皿能够快速成批生产。这对玻璃产业形成的重要性不亚于发明玻璃本身，因为没有吹制的工艺，玻璃就难以被制成各种形状的产品。公元 1 世纪，罗马人又发明了玻璃窗，此后，玻璃和玻璃制品成了欧洲人必不可少的生活用具。文艺复兴时期，威尼斯的穆拉诺岛（Murano）上遍布着玻璃厂，成了全世界玻璃工业的中心，直到今天，那里出产的工艺玻璃制品依然闻名于世。

如果一定要将玻璃和瓷器制作的难度做一个对比，瓷器的难度较高。玻璃属于青铜时代文明的产物，无论是对炉温的要求，还是对能量总量的要求都比瓷器低很多。在古代，只有在中国这样一个整体文明程度很高、植被覆盖丰富的地方，才有可能大量生产瓷器，玻璃则出现在几乎每一个早期文明中心。

无论是玻璃还是陶瓷，后来的用途都已不仅仅是作为容器。陶瓷到后来成了被广泛应用的材料，而玻璃制品在中世纪之后成了科学实验必不可少的工具，从烧瓶、试管到光学仪器都离不开它。因此，玻璃对近代科学的发展贡献很大。

在农耕文明早期，即从文明开始到中国秦汉时期或者欧洲古罗马帝国时期，虽然大部分劳动力被锁定在土地上，但是依然不断有新的行业出现，特别是手工制造业。这主要是由于人口的繁衍、科技的应用，腾出了足够多的劳动力从事农牧业生产之外的事情。纺织、制造器物只是手工业的一小部分。到了古罗马时期、随后的拜占庭时期，以及中国的隋唐时期，出现了所谓的三百六十行，而这些农牧之外的行业大部分集中在城市里。

城市的胜利

人类从树上走下来后，先是住在洞穴里，这种行为并不是人类的祖先现代智人所特有的，我们的近亲尼安德特人、海德堡人都有。过去很多人认为，定居、盖房子是在农业开始之后的事情，但是后来的考古证据显示，房屋的建造远远早于农业。同样，60 年前还过着原始生活的南美洲阿奇（Ache）人，虽然还没有进入农耕文明，也不从事耕种，却居住在自己搭建的简陋茅屋里。因此，今天的人类学家认为，早先人类搭建茅屋或者帐篷，或许只是因为他们定居的洞穴远离狩猎采集的场所，需要在途中有挡风避雨或者临时过夜躲避野兽的居所。无论如何，人类在开始农业文明之前先掌握了盖房子或者窝棚的技术。

而从能量的角度讲，在农田附近的平原居住比每天在山洞和田地之间往返几个小时更能节省体力，也可以有更多的时间耕种。

根据考古发现，最早期的人类居所是44000年前用猛犸象骨加兽皮搭起来的帐篷，当然也可能有更早的使用树木搭建的窝棚，只是早已腐烂，找不到踪迹了。不过，无论是使用象骨兽皮还是树木茅草，那些居所都只能暂时躲避风雨，而不能长久维持。为了让房子坚固耐久，就需要用砖石搭建，但这并非易事。

目前发现的最早用土石搭建的墙体出现在小亚细亚地区（也称为近东），距今大约10000年。小亚细亚地区创造出了世界历史上的很多第一，用土石搭建围墙、农业、冶铁技术、牛的驯化等，都是在那里最先出现的，但是那里却没有诞生一个像古埃及文明或者古中华文明那样比较完整的、大型的文明。这主要是由于地理因素。那里不是平原，无法聚集相对密集的人口，而且，史前人类并没有动力建设一座山城。

当一个部族达不到上千人口，或者一平方千米的土地上不超过10个人时，就不要指望他们有力量改变周围的环境。一次不大的自然灾害，对这样规模的群体都可能是灭顶之灾。只有当一个地区聚居了足够多的人，以某种社会组织形式组织起来，才能在短时间内创造出足够多的余粮（能量），然后利用这些余粮调动大规模的人力和畜力，建造更大的聚居点和城市。于是，在靠近水源、适合农耕的平原地带率先出现了大规模的村落。在那里，能产生更细化的社会分工，出现手工业和商业，聚集财富。当然，同时也会出现划分更细的社会阶层，更大规模的管理社会的组织，一些大的村落和聚居点便发展成了城市。

在10000年前，世界上大约有10万个部族或者村落，600万人口。[8]虽然人口的总数并不少，但是有条件发展成城市的村落并不多，它们大多集中在今天埃及的尼罗河三角洲北部和西亚的幼发拉底河沿岸。

美索不达米亚的乌鲁克是迄今为止发现的最早的城市，位于幼发拉底河下游的东岸。在公元前4500年乌鲁克就有人居住，并且有了围墙（见图3.8）。但是乌鲁克称得上城市则是在1000年后，即便如此，距今也已经有5500年。① 乌鲁克城规模并不大，早期的面积只有一平方千米左右，人口数千人，这个人口密度比今天的北京还要高。乌鲁克在它繁荣的顶峰（公元前2900年），城市面积已经扩大到6平方千米，人口多达5~8万，[9]可能是当时世界上最大的城市。

图3.8　乌鲁克城考古遗址

① 考古学家对城市开始的时间争议非常大，范围从公元前4000年到公元前2900年，前后相差1000多年。因此，通常取平均数，算作公元前3500年城市出现。

乌鲁克的主人是发明了楔形文字的苏美尔人。当时，苏美尔人已经开始用黏土烧砖，并且用砖建造了大量的房屋、神庙，铺设了街道。正是因为他们的城市是用砖建造的，而不是用土坯，所以才得以保存下来。我们在前面讲过，能够烧砖，说明人类使用能量的水平达到了一定的高度。更重要的是，烧制少量生活使用的陶器并不需要太多的能量，而烧制大量的砖瓦建设一座城市，就要有能力掌控大量的能量，这足以说明当时苏美尔人的文明水平领先于世界。

在乌鲁克之后，沿着幼发拉底河和底格里斯河，苏美尔人建立起很多独立的城市。不过这些城市虽然相互之间有很多来往，但是并没有形成一个统一的王国，因此，当时美索不达米亚文明不足以集中足够的人力建造像金字塔或者新巴比伦伊什塔尔城这样巨大的工程。

城市出现的意义很重大，因为伴随城市出现的是社会等级的划分，以及随后出现的政府。乌鲁克由职业官吏和神职人员组成上层社会，他们统治着整个城市。政府的雏形也已形成，它向平民征税，并征用劳力修建公共工程。而在所有公共设施中，神庙是苏美尔人社会活动的中心。几乎在城市诞生的同时，最早的楔形文字也在乌鲁克产生了。由此可见，技术和社会的发展是一致的。

和苏美尔人同时期的古埃及人似乎并没有掌握烧砖的技术，他们仍以石头作为建筑材料。但是石质的建筑材料一来数量少，二来成本比砖高出很多，开采一块适合建筑的石料，所需要的能量比烧制同样体积的砖多得多。因此，早期文明不可能用石头建造完整的城市，至今我们只能找到早期文明留下的石质建筑，因为平民只能住在简陋的土木建筑中。这种现象在很多文明中都可以看到，在印度和受到印度教文化影响的东南亚，流传着这样一句话：石头（建筑）是给神的，木头（建筑）是给人的。

没有掌握烧砖技术的古埃及人，不可能留下完整的城市遗迹，虽然他们留下了大量的建筑杰作，比如金字塔、神庙和法老的冥宫。由于当时生产力低下，人的寿命都不长，因此，古埃及人对死后的生活比对现世的生活更为看重。于是，古埃及人在神的居所和他们死后的居所（金字塔和冥宫）上投入的精力和钱财，远远超过生前居住的房屋甚至宫殿。

古埃及的金字塔代表了 4000 多年前文明的最高成就。古埃及留下了上百座大大小小的金字塔，最古老的金字塔位于今天埃及的孟菲斯附近，距今已有 4700 年的历史，而最著名的则是吉萨地区的三座大型金字塔，其中尤以建于约 4600 年前的胡夫金字塔成就最高，名气最大（见图 3.9）。

图 3.9
胡夫金字塔

今天，我们通过胡夫金字塔，可以了解古埃及当时的综合科技水平和文明程度。这座建筑的工程难度之大、水平之高，不禁令人赞叹，而且在很长时间内也让其他文明无法企及，甚至直到今天还有人怀疑它们是外星人所建，这当然是无稽之谈。概括来说，大金字塔从三个角度反映出人类当时所具有的科技水平和工程水平。[10]

第一，大金字塔本身就是一本档案，它用自己的尺寸数据记录了当时已知的很多科学发现，比如勾股定理、圆周率、地球公转周期等。

第二，大金字塔反映了当时古埃及的工程建设成就。建造它需要解决各种各样的工程难题。当时没有水泥，因此整座大金字塔是由大约 230 万块巨大的石灰岩"垒成"的。在吉萨附近并没有采石场，这些巨石是从尼罗河对岸运来的。因此，开采、切割和运输建造金字塔所需要的大量巨型石料，就是一个巨大的工程难题。当时并没有铁器，为了切割坚硬的石灰岩，古埃及人制作了青铜结合石英砂的锯。此外，他们还知道在石头缝里打入木楔，然后灌上水，利用木头的张力让巨石裂开，这样省时又省力。

大金字塔下大上小的结构使它非常稳固，但是这重达 500 万吨的建筑怎么做到不把开口的门压塌，本身又是一个技术难题。古埃及人的建筑结构设计得非常巧妙，他们把大门设计成由 4 块巨石构成的三角形，这是唯一不可能被压坏的大门，说明当时的人对结构力学已经有相当多的认识（见图 3.10）。

第三，强大的组织管理能力。胡夫金字塔的建筑规模"巨大"，在 1311 年高 147 米的英格兰林肯大教堂建成之前，它一直是世界上最高的建筑，这个纪录保持了 3700 多年。大金字塔底座呈正方形，边长 230 米，面积相当于 5~6 个足球场，高 146 米（受雨水侵蚀目前只剩下 139 米），大约相当于 40~50 层楼高。组织和完成这样大的工程本身需要有一个非常稳定的社会结构和极强的政府管理及工程管理能力。当然，建

图 3.10 大金字塔三角形入口

设大金字塔还需要非常多的专业人员、能工巧匠以及超过 10 万名农夫和奴隶。管理这么多人，协调各个部门的工作，并且在长达十多年的建造时间里保障后勤供应，都需要社会达到相当高的文明程度才能做到。

从建造金字塔的结果来看，古埃及人大约比《莱茵德纸草书》问世早 1000 年就掌握了很多几何学的知识。[①] 大金字塔建成 1000 年之后，中国第一个有文字记载的朝代商朝才建立。

城市的建设导致新的建筑材料的发明，古埃及人和克里特的希腊人发明了灰浆类的黏结剂，从而实现了从“堆房子”到“砌房子”的跨

① 世界上现存的第一本几何学文献《莱茵德纸草书》成书于公元前 1650 年前后，比金字塔的建造时间晚了近千年。但是从金字塔的建造结果来看，在《莱茵德纸草书》出现之前，古埃及人已经具备了非常多的几何学知识。

越。但是这种黏结剂的强度不够大，不足以建造高大的宫殿房屋，因此，无论是大金字塔还是雅典的帕特农神庙，实际上都是“堆”成的或者“搭”成的，而非“砌”成的。在古希腊后期（也被称为希腊化时期[①]）或者古罗马时期，欧洲人发明了古代真正意义上的水泥，它是用石灰和火山灰混合制成的，其强度和密水性与今天的水泥相当。至于发明它的是古罗马人，还是当时占领了古埃及地区的古希腊人，抑或是马其顿人，今天仍存在争议，但将水泥大规模使用在城市建设上的是古罗马人，这一点已经是共识。水泥的发明和使用，让大规模、相对低成本地建造城市成为可能，于是，不仅仅是“神”，人也可以享用高大的大理石建筑了。今天，我们能够看到古罗马帝国的各个地区都保留下来大量公元前的建筑遗迹，从罗马万神殿和竞技场，到法国的嘉德水道，再到小亚细亚的诸多圆形剧场，都要感谢水泥的发明和使用。

古罗马人对建筑的贡献不仅仅在使用水泥上，他们还发明了很多新的建筑技术，比如他们从新巴比伦的建筑中学到了拱门技术，并由此进一步发明出圆顶技术，从而引发了一次建筑革命。这些大理石建筑，彰显了古罗马人所掌握的力学和几何学知识。在欧洲，古罗马的建筑水平直到文艺复兴中期才被超越，而全世界下一次建筑革命则要等到第二次工业革命之后了，那一次是钢铁普遍用于了建筑行业。

城市化是文明的标志，也是结果。只有当人类能够获取足够多的能量，养活大量的非农业人口时，才能开始城市化。而当城市出现之后，科技的发展，特别是科学的发展得到加速，我们在后面会讲到。

---

① 从亚历山大去世的公元前 323 年到托勒密王朝被古罗马灭亡的公元 30 年，古希腊文化传播到地中海沿岸和小亚细亚地区，因此，那个时期被称为希腊化时期。

● ● ●

人类在定居农耕之后，经历了几千年才发明了书写系统，才有能力冶炼金属，建造城市，开始进入真正意义上以农业为核心的文明社会。农业文明的绝对水平与人口的数量及密度密切相关。只有一个国家有了足够多的人口，才能供养得起一部分人从事非农业生产，比如专门从事科学研究、发明创造。在农业时代，主要的科技成就都是围绕着提高农业生产的总量取得的，比如工具的使用、农田设施（尤其是水利设施）的建设、农耕技术（包括畜力的使用）等诸多方面。

农业文明的发展让人类创造能量的能力从文明之初（公元前 4000 年）的每人每天 10000 千卡达到了公元前 200 年（差不多是秦始皇统一中国的时期）的 27000 千卡，这让足够多的人口能够从事工商业，甚至一些非生产性的、纯脑力的工作。当然，如果仅仅有一两个知识分子分布在乡村，科学也是无法发展起来的，因此城市化本身对科学至关重要。农业文明的发展让城市的规模从乌鲁克建城时的约 5000 人，发展到公元前 200 年的 10 万人以上（据估计，迦太基在公元前 300 年陷落时有 30 万人，公元前 200 年欧洲的科学中心亚历山大有 30 万人，而齐国的国都临淄有 12 万人）。[11] 真正意义上的科学就在这个环境下诞生了。

第四章　文明复兴

纵观人类文明史，科学、文化的发展与信息源的丰富、传播方式的进步息息相关。古希腊和古罗马文明时期，以及18世纪后工业革命至今，是人类历史上，特别是西方历史上两个科技蓬勃发展的时期，也是人类在利用能量和信息方面出现飞跃的时期。在这两个高峰之间，欧洲有很长时间处于停滞甚至衰退状态，但衰退主要集中在中世纪前期。然而，在世界的东方，同时期却是阿拉伯世界与中华文明圈经济、文化和科技全面繁荣的时期。可以说是从东方传回到欧洲的科学以及生活方式帮助欧洲再次繁荣起来，才有了随后的文艺复兴，以及后来的科学大发展。在这个过程中，以造纸术和印刷术为核心的技术成就对知识的传播以及文艺复兴、宗教改革等社会变革起到了巨大的作用。这一章我们将从科学的诞生开始，讲述农耕文明时期的科技成就，大家可以看到信息在科技发展中的主导作用。

古希腊人的贡献

知识不仅要有传播的载体，更需要创造。公平地说，在创造知识方面，古代早期的文明中，古希腊人的贡献最为突出，因为它在科学上的成就最为体系化，而更早的文明虽然也有很多科学成就，但是都相对零散。

美索不达米亚人是希腊人的老师，在商业、书写系统以及科学上都是如此。美索不达米亚文明相比世界其他早期文明中心，有一个显著的不同，那就是很多民族在这块土地上先后建立文明，而在其他地区则更多的是单一民族或少数几个民族建立文明。按照时间的先后顺序，这片土地的主人分别有苏美尔人、阿卡德人[①]、阿摩利人（古巴比伦人）、亚述人、赫梯人、喀西特人和迦勒底人（新巴比伦人）。这些民族有的尚武，比如亚述人，有的则崇文，比如新巴比伦人，这造成了当地不同时期文明的差异比较大。在科学上，新巴比伦人最值得一提，他们统治美索不达米亚的时间虽然不到100年，却创造了高度的文明。

新巴比伦人非常重视教育和科学，并奠定了西方数学和天文学的基础。在新巴比伦人统治美索不达米亚时期，希腊人已经登上历史的舞台。他们同样喜欢科学，并且从新巴比伦人那里学到了很多东西，因此，希腊人称（新）巴比伦人为“智慧之母”。

除了科学，在艺术和建筑方面，新巴比伦人对西方世界的影响也很大。比如我们今天在西方经常看到的圆拱顶建筑，就是由新巴比伦

① 阿卡德人活动的区域主要在美索不达米亚北部。

人传给希腊人，又传给罗马人的。当然，在新巴比伦时期没有水泥，因此，拱顶的规模不大。

新巴比伦人和古希腊人相比，唯一的不足就是缺乏思辨能力和抽象的逻辑推理能力。因此，虽然他们总结出了很多知识点，却没有系统地发展出科学，也有人认为，他们距离建立各种科学体系仅一步之遥。作为“学生”的古希腊人则善于归纳和演绎，并把经验上升为系统化的理论和科学。

为什么古希腊人表现出更善于思辨的特点？人们对此众说纷纭。有人认为与其海岛文化和注重商业有关；也有人认为是优越的气候条件，使得很多人有闲情思考大自然的道理，并且享受纯粹思维的乐趣；还有人认为是因为古希腊人的物质欲望淡泊，而精神世界比较丰富，并且充满理性的精神。他们将克制、知足、平静视为美德（这在后来演化出斯多葛学派）。不论出于什么原因，相比喜欢建造强大帝国以及宏伟建筑的古罗马人和中国人，古希腊人更喜欢建造精神上的大厦——完整的科学体系，因此，人类古代历史上那些科学领域的集大成者，如泰勒斯（Thales，约前 624—前 547 或 546）、毕达哥拉斯（Pythagoras，前 570—前 495）、亚里士多德（Aristotle，前 384—前 332）、欧几里得（Euclid，前 330—前 275）、阿基米德（Archimedes，前 287—前 212）和托勒密（Claudius Ptolemy，约 90—168）等，都出自古希腊。当然，这里说的古希腊的范围既包括希腊古典时期的各城邦，也包括后来希腊化时期受到希腊文化影响的地中海沿岸很多城市，比如北非的亚历山大城。从某种意义上说，科学的诞生始于泰勒斯和毕达哥拉斯。

古代的各个文明，通常喜欢用玄异或者超自然因素（包括神话和英雄）来解释自然现象。泰勒斯是第一个提出“什么是万物本原”这个哲学问题的人，他试图借助观察和理性思维来解释世界。泰勒斯了不起的地方在于他引入了科学命题的思想，并且提出在数学中通过逻辑证明命题的正确性。通过各个命题之间的关系，古代数学才开始发展成严密的体系。正因为如此，泰勒斯被后人称为科学哲学之父。

对科学的诞生贡献更大的是毕达哥拉斯。他出身于古希腊一个富商家庭，从 9 岁开始就到处游学，先是在腓尼基人的殖民地学习数学、音乐和文学，然后又到美索不达米亚跟随泰勒斯等人学习各种知识。其间，毕达哥拉斯一度回到古希腊，但是很快又去到古埃及的神庙（相当于中国的太学）继续学习和做研究。中年之后，毕达哥拉斯到当时希腊文明所辐射到的各个城邦讲学，广收门徒，创立了毕达哥拉斯学派。

毕达哥拉斯在哲学、音乐和数学上都颇有建树。在数学上，他最早将代数和几何统一起来，并通过逻辑推演而非经验和测量得到数学结论，这就完成了数学从具体到抽象的第一步。具体到几何学上，毕达哥拉斯最大的贡献在于证明了勾股定理，因此，这个定理在大多数国家被称为毕达哥拉斯定理。虽然古埃及、美索不达米亚、古代中国和印度很早就观察到了直角三角形的三边之间的关系，但是那里的人们只能根据经验总结出一个结论，并举出一些具体的例子（如“勾三股四弦五”），而毕达哥拉斯则将它描述成“直角三角形直角边的平方和等于斜边的平方”这样具有普遍意义的定理，并且根据逻辑而不是实验证明了它。

勾股定理被证明后，却带来了一件毕达哥拉斯意想不到的麻烦事。只要从勾股定理出发，马上就能得到等腰直角三角形的斜边是直角边的

$\sqrt{2}$倍的结论，并且很容易用纯粹的逻辑推理证明$\sqrt{2}$是一个无理数。[①]无理数的发现使毕达哥拉斯和整个数学界陷入一场危机，因为在此以前，毕达哥拉斯和所有的数学家都认为数字是完美的，不存在像无理数那样没完没了又不循环的小数。于是，毕达哥拉斯只好假装无理数不存在。据说，他的学生希帕索斯向外人透露了无理数的存在，被毕达哥拉斯下令淹死。不管这件事是真是假，毕达哥拉斯对科学的贡献都是毋庸置疑的。

毕达哥拉斯把世界上的规律分为可感知的和可理喻的。所谓可感知的就是实验科学得到的结果，而可理喻的则是数学中通过推理得到的结论。自然科学大多属于前者的范畴，数学和一些物理学则属于后者。毕达哥拉斯和以前东方学者的根本区别在于，他坚持数学论证必须从"假设"出发，然后通过演绎推导出结论，而不是通过度量和实验得到结论，通过穷举找到规律。毕达哥拉斯的思想不仅奠定了后世数学研究的方法论，还创造了一种为科学而科学的研究态度。也就是说，科学研究的目的是建造更大的科学大厦，而不一定要去解决实际问题。在这样的思想指导下，古希腊科学的体系得以形成。

毕达哥拉斯的学术思想对西方的影响非常长久，毕达哥拉斯学派在他死后持续繁荣了两个世纪之久，而且深深影响了后来古希腊的大学者柏拉图（Plato，约前 427—前 347），并通过柏拉图又影响了亚里士多德。再到后来，无论是主张地心说的托勒密，还是主张日心说的哥白尼（Nicolaus Copernicus，1473—1543），都认定研究天体运动的先决"公理"是圆周的叠加，因为毕达哥拉斯认为圆是完美的。

① 无理数也被称为无限不循环小数，不能写作两整数之比。

在古希腊时期，将公理化体系发展到极致的则是欧几里得，他最大的成就，是在总结东西方几个世纪积累的几何学成果的基础上，创立了基于公理化体系的几何学，并写成了《几何原本》一书。欧几里得对数学的发展影响深远，以后数学的各个分支，都是建立在定义和公理基础之上的自洽的体系。比如到了近代，法国数学家柯西（Augustin-Louis Cauchy，1789—1857）、勒贝格（Henri Lebesgue，1875—1941）和黎曼（Bernhard Riemann，1826—1866）建立了公理化体系的微积分，俄罗斯数学家柯尔莫哥洛夫（Andrey Kolmogorov，1903—1987）建立了公理化体系的概率论。

如果说毕达哥拉斯奠定了数学的基础，亚里士多德则奠定了基于观察和实验的自然科学的基础。亚里士多德可以说是物理学的开山鼻祖，提炼出了密度、温度、速度等众多概念。当然，亚里士多德最大的贡献还在于建立了科学乃至整个人类知识的分类体系。在亚里士多德之前，自然科学（当时称自然哲学）和哲学是混为一谈的，而亚里士多德超越了他的前辈，将过去广义上的哲学分为三个大的领域：

- 理论的科学，即我们现在常说的理工科，比如数学、物理学等自然科学。
- 实用的科学，即我们现在常说的文科，比如经济学、政治学、战略学和修辞写作。
- 创造的科学，即诗歌、艺术。

在古代的物理学家和数学家中，第一位集大成者应该是阿基米德，他将数学引入物理学，完成了物理学从定性研究到定量研究的飞跃。阿基米德于公元前287年出生在西西里岛的叙拉古（Syracuse）。和很多古希腊学者一样，阿基米德也到亚历山大学习过，据说他在学习期间看到埃及的农民灌溉土地很辛苦，便发明了埃及农民使用至今的螺旋抽水机（archimedes screw）。这个故事真假难辨，但是从阿基米德后来善于利用科学原理搞发明创造来看，多少有些可信度。从埃及回到叙拉古后，阿基米德就一直生活在那里，直到公元前 212 年去世。

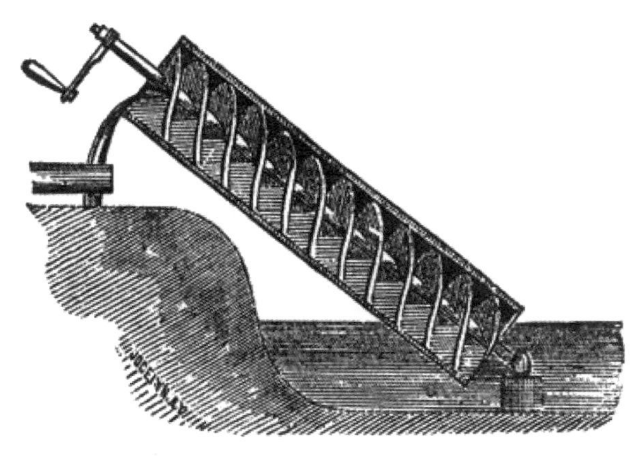

图 4.1　螺旋抽水机

阿基米德最著名的物理学发现是浮力定律和杠杆定律。

相传叙拉古的国王请金匠打造了一个纯金的王冠，或许国王觉得成色不对，怀疑金匠不老实，可能用白银换掉了部分黄金，但又苦于找不到证据证明自己的怀疑，于是国王把这个难题交给阿基米德来解决。阿基米德苦思冥想了几天，一直找不到好方法。有一天，他在洗澡时，发现自己坐进浴盆后，浴盆水位上升了，他的脑子里冒出一个想法：“王冠排开的水量应该正好等于王冠的体积，所以只要把和王冠等重量的金子放到水里，测出它的体积是否与王冠的体积相同，如果王冠体积更大，就表示其中掺了银。”想到这里，阿基米德不禁从浴盆中跳了出来，光着身子跑到王宫，嘴里高喊着“尤里卡（Ericka，意思是“我发现了”)！尤里卡！”。为了纪念阿基米德，欧洲 20 世纪的高科技计划也被称为“尤里卡计划”。

在阿基米德之前，并非没有人注意到浮力和排水量的关系，造船的工匠们显然知道船造得越大，承载的重量就越多，但那些都是凭借直觉的定性描述。阿基米德的伟大之处在于，他不仅总结出浮力定律，还给出了量化的公式，这反映出技术和科学的差异。有经验，发明了技术，不等于能够上升到科学理论的高度。希腊文明优于之前的一些文明之处，便在于它开创了早期的科学。

关于阿基米德的另一个故事，是他曾经说过“给我一个支点，我就能撬动地球”。这当然只是个比喻，阿基米德只是想说明杠杆足够长时，用很小的力量就能撬动很重的东西。其实早在阿基米德出生前几千年，古埃及和美索不达米亚的工匠们就开始使用杠杆和滑轮等简单机械。在阿基米德时代，螺丝、滑轮、杠杆和齿轮等简单机械在工程和生活中已经很常见，并且在亚里士多德的著作中有所提及，但是系统研究这些简单机械物理原理的是阿基米德。他通过很多年的研究，总结了这些机械的原理，并且提出了力矩（力乘以力臂）的物理学概念。他最早认识到“杠杆两边力矩相等”这一原理，并且用力矩的概念解释了杠杆可以省力的原理。由此可以看出科学和工程技术之间的差别，后者不具有前者的纯粹性。而掌握了科学之后，主动地用于工程技术，就会在短时间里取得巨大的进步。

阿基米德生活的时代，正值罗马和迦太基在地中海争霸。第二次布匿战争（Punic Wars）中，叙拉古站在了迦太基一方，和罗马人开战。阿基米德积极投入到抗击罗马军队的战争中。凭借对机械原理的深刻理解，阿基米德制造了许多工程机械和守城器具，用以对抗强大的罗马兵团。他制造的最著名的“武器”就是投石机和起重机，这应该算是利用科学指导发明的经典案例。在随后的1000多年里，这样的事情没有再发生。大部分的技术进步都是基于经验的缓慢积累，直到伽利略和牛顿之后，这种情况才得到改观。

关于阿基米德最神奇的传说，是他召集叙拉古城的妇女，用多面青铜镜聚焦阳光，烧毁了大量罗马的帆船战舰。不过，许多物理学家和历史学家对这个传说的真实性看法不一，大部分人认为这是夸大其词。不过，从后世对阿基米德功绩的推崇也间接地说明，在西方世界里阿基米德已经成为智慧的化身。

讲到古希腊的科学成就，就必须讲到天文学，因为它用到了当时已知的几何学、物理学和代数学知识，反映了早期科学的最高成就。相比其他文明的天文学，古希腊天文学的特点是一脉相承，系统性和逻辑性强。在希腊的古典时期（前5世纪—前323年），柏拉图就总结了前人的天文学成就，然后他的学生欧多克索斯（Eudoxus，前408—前347）在此基础上做了三件有意义的事：

- 指出五大行星的运动是飘移的。
- 建立了一个以地球为中心的两个球面的模型，里面的球面代表地球，外面的球面代表日、月、星辰运动的轨迹。
- 认识到需要建立一个数学模型，使得计算出来的五大行星轨迹与观测一致。

到了希腊化时期，古希腊的天文学又有了长足的发展，这在很大程度上归功于天文学家和数学家喜帕恰斯（Hipparchus，约前190—前125）发明的一种重要的数学工具——三角学。喜帕恰斯利用三角学原理，测出地球绕太阳一圈的时间是365.24667（365.25减去1/300）天，和现在的度量只差 14 分钟；而月亮绕地球一周为 29.53058 天，也与今天估算的 29.53059 天十分接近，相差只有大约一秒钟。他还注意到，地球的公转轨迹并不是正圆，而是椭圆形，夏至离太阳稍远，冬至离太阳稍近。据说喜帕恰斯视力超群，通过观察发现了很多天文现象，并且留下了很多观测数据。这些发现和数据为后来托勒密建立地心说打下了基础。

在喜帕恰斯去世后的两个世纪，罗马人统治了希腊文明所在的地区。虽然罗马人对科学远不如对工程和技术感兴趣，但是在古罗马范围内，希腊人还在继续发展科学。古代世界最伟大的天文学家克罗狄斯·托勒密就生活在罗马人统治的希腊文明地区。托勒密的名字大家不陌生，他是地心说的创立者。在中国，他总是被当作错误理论的代表受到批评，以至大部分人不知道他在天文学上无与伦比的贡献，正是托勒密把前人留下的零散的天文知识变成了严谨的天文学。

作为亚历山大图书馆的学者，托勒密首先是数学家，因此，他毕生所做的事情就是建立天体运动的数学模型，让它和之前的观测数据相吻合。这时，喜帕恰斯等人留下的很多观测数据就派上了用场。托勒密继承了毕达哥拉斯的一些思想，也认为圆是最完美的几何图形，因此，所有天体均以匀速按完全圆形的轨道旋转。事实上，后来日心说的提出者哥白尼也坚持认为天体运动的模型必须符合毕达哥拉斯的思想。

由于行星的运动轨迹是椭圆的，因此，为了让圆周运动的基本假设和天体运动的数据相吻合，托勒密使用了三种大小圆相套的模型，即本轮、偏心圆和均轮（见图 4.2）。这样，他就能对五大行星的轨道给出合理的描述。为了将他所知的五大行星与太阳、月亮的运动全部统一起来，托勒密的模型用了 40~60 个大小不一、相互嵌套的圆。托勒密的模型的精度之高，让后来所有的科学家都惊叹不已。即使在今天，在计算机的帮助下，我们也很难解出 40 个圆套在一起的方程。既然托勒密的模型能和以前的数据相吻合，就能预测今后日月星辰的位置。据此，他绘制了《实用天文表》（Handy Tables），以便后人查阅日月星辰的位置。

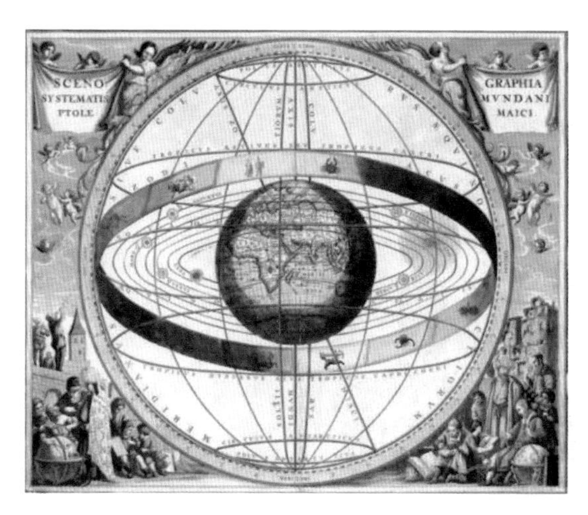

图 4.2　托勒密的地心说模型

我们应该如何评价托勒密的地心说呢？从物理上讲，它并不符合行星运动的规律，但是从数学上讲，托勒密的模型和真实的物理运动模型等价，所以某种意义上它是正确的。托勒密是历史上第一个用数字模型定量描述天体运动的人，该模型对天文学的发展至关重要。至于他为什么不可能建立日心说的模型，主要是因为生活在地球上，思维很难摆脱直接经验的束缚。事实上，和托勒密同时代的中国伟大的天文学家张衡（78—139）所提出的浑天说（见图 4.3），也是一种地心说的模型。从这个“巧合”中可以看出，人类的认识受到时代的局限。另外，我们还要纠正一个常见的误解——地球等行星是围绕太阳旋转的。其实，太阳系中包括太阳在内的所有星体，都是围绕着太阳系的重心[①]旋转，只是太阳本身占据了太阳系大部分的质量，太阳系的重心和太阳的重心相距比较近而已。

图 4.3　张衡的浑天仪

托勒密在天文学和地理学上还有很多发明和贡献，其中任何一项都足以让他在科学史上占有一席之地。比如他发明了使用至今的地球坐标，定义了包括赤道和零度经线在内的经纬线，并估算出一度经线的距离。此外，托勒密还提出了黄道的概念（虽然之前已经有人使用了），发明了弧度制。

从柏拉图到托勒密，天文学作为一门严密的科学是逐渐建立起来的，从中可以看到传承对科学发展的重要性。科学的优势在于它天然的

① 这个点在太阳表层之外，距离太阳表层大约 8% 的太阳半径。

可继承性，让后人很容易在前人的基础上把科学进一步往前推进。喜帕恰斯是古代天文学发展史上的重要人物，他离创立一个完整的天文学体系只有一步之遥。两个世纪后，托勒密依然能在喜帕恰斯工作（和所留下的数据）的基础上完成他未竟的工作，这就是科学的特点和魅力。

古希腊人在很多方面对世界文明的贡献都不可估量，其中最耀眼的成就可能是创造出了科学，并且利用逻辑推理创造出了很多新知。从信息的角度讲，古希腊时期是人类文明史上第一次信息爆炸。科学的突破常常需要很长时间的积累，然后才能完成这样一次爆发。在古希腊之后，人类科学史上的第一个高速发展时期就此落幕。

继承了希腊文化的罗马人对于有实用价值的技术和工程，远比对暂时用不上的科学更感兴趣。因此，虽然生活在那个时期的部分希腊人依然在从事科学研究，但是罗马作为一个国家，除了盖仑（Claudius Galenus，129—199）[①] 在医学上的成就，以及后来的日心说，能够拿得出手的科学成就可以说乏善可陈。

纸张与文明

人类文明进步不仅取决于科技发明本身，还取决于对这些发明的传承和广泛的传播，而无论是传承还是传播，都有赖于对科技成就的完整记录。人类早期总结出的知识只能口口相传，这样不仅传播得慢，还经常误传、失传，只好再花很多时间重复之前的发明，经常在低水平上重复，而不是获得可叠加的发展。因此，记录和传播知识对文明的重要

① 盖仑也被称为“帕加马的盖仑”，是古罗马时期最著名、最有影响的医学大师。

性可能不亚于创造知识本身。

人类最早永久性地记录信息是在岩洞的墙壁上，这让我们得以窥见人类在10000多年前的生活。接下来，人类将信息记录在那些能够永久保留的石头、陶器或者龟壳兽骨上。当然，这样做的成本很高，而且不方便信息的记录和传播。在廉价而方便地记录信息方面，美索不达米亚的苏美尔人无疑是先驱，他们把胶泥拍成比巴掌略大的平板，将图形和文字刻在上面，然后晒干或者用火烧成陶片。胶泥随处可取，非常廉价，在上面刻写也不麻烦，因此，这种记录信息和知识的方式在美索不达米亚迅速普及。今天，我们依然能找到美索不达米亚各个时期留下的大量的泥板，里面记录了各种各样的内容——从合同到账单，从教科书到学生的作业，从史诗到音乐——这让我们能够非常好地了解到当时的社会和人们的生活。

人类使用泥板的时间远长于使用纸张的时间。人类使用纸张的历史不过2000年，但是泥板的使用可以追溯到公元前9000年，作为文字的载体也有5000多年甚至更为久远的历史，[1]一直用到大约2000年前羊皮纸成了西亚和欧洲主要的记载工具为止，前后长达3000多年。泥板虽然便宜，但有两个致命的缺点，就是既不容易携带，又容易损坏。相比之下，古埃及人随后发明的纸莎草纸（papyrus）就要方便得多。

古埃及的纸莎草纸虽然名字里有一个纸字，而且铺开来确实像一张纸，但是它和今天的纸张是两回事。它更像中国古代编织的芦席，当然它很薄，便于携带。古埃及人在制作纸莎草纸时，先将纸莎草切成薄片，接着将薄片粘成一大张，然后将两层这样的大张再粘成一张，最后压紧磨光，就制成了一大张可以写字的“纸”。这种纸莎草纸长可达数米，以卷轴的方式记录信息和用于绘图。

纸莎草纸极其昂贵，一般只能用于记录重大事件和书写经卷，以便把这些重要信息传递给后人。当时的物质条件不允许人们用珍贵的纸莎草纸记录日常的事情，以供大众（哪怕是僧侣和贵族）阅读，因此古埃及人没有像美索不达米亚人那样留下很多生活细节。事实上，古埃及或古希腊人在使用纸莎草纸书写卷轴时，都需要先打草稿，然后誊抄，以免浪费。而在美索不达米亚，因为泥板便宜，连当时的账单、借条，甚至学生的作业本都留下来了。

纸莎草纸的历史也可以追溯到5000多年前，[2] 并且一直使用到公元800年左右，前后时间跨度近4000年，直到阿拉伯人从中国学到了造纸术。不过在最后的1000年里，纸莎草纸和羊皮纸是并存的，而羊皮纸的发明，按照老普林尼（Gaius Plinius Secundus，公元23—79）在《自然史》[3] 中的描述，则是埃及一位国王对纸莎草纸禁运的结果（见图4.4）。

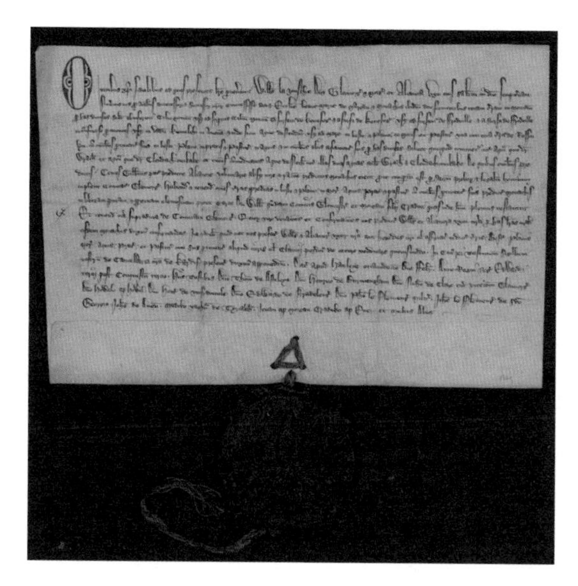

图4.4　羊皮纸文件

在很长的时间里，埃及一直垄断着纸莎草纸这种昂贵又必不可少的“纸张”。公元前300—前200年左右，小亚细亚的小国家帕加马（Pergamon，也译成佩加蒙）开始繁荣。喜爱文化的国王欧迈尼斯二世和国民建立起一个大图书馆，并试图赶超在地中海对岸的亚历山大图书馆。当时的图书馆除了藏书，更像大学和研究所，是为了吸引人才。帕加马当时从欧、非各地四处网罗人才，甚至跑到亚历山大图书馆去挖人。经过几代国王的努力，帕加马图书馆终于成了古代世界仅次于亚历山大图书馆的文化中心。

埃及（当时已经是托勒密王朝了）国王出于对帕加马文化建设的嫉妒，决定釜底抽薪——禁止纸莎草纸出口，帕加马人不得不寻找新的文字载体。他们发现刚出生就夭折的羊羔和牛犊的皮，经过柔化处理，拿来写字不但字迹清晰，而且耐久耐磨，取放方便，于是就发明了羊皮纸。“羊皮纸”这三个字的中文字面意思有点误导，容易让人以为这种纸只是羊皮做的，其实这种纸张的原材料从一开始就是羊皮和小牛皮都有。在拉丁语中，它以当地的名字 *pergamena* 命名，而它的英语说法 parchment 则以制作的方式“烘烤”命名。

老普林尼在《自然史》中讲述的上述情况基本上是事实，但是今天的历史学家大多认为这只说明了羊皮纸的改进和普及，而非原始的发明。在古埃及和美索不达米亚，使用兽皮记录的历史其实很悠久，但是因为非常不便，而且成本太高，所以并不普及。帕加马文化的繁荣使得该地对埃及纸莎草纸的需求剧增，导致短时间内对尼罗河三角洲纸莎草的过度开采，使得原材料无以为继。在这种情况下，埃及开始禁止出口纸莎草纸。而同时，帕加马人掌握了把一张小牛皮或者羊皮分得很薄并做成书写材料的技术，这让羊皮纸得以普及，也让后来小亚细亚和欧洲的羊皮纸制造业发展起来。

相比比较脆弱的纸莎草纸，羊皮纸有不少优点，比如非常结实，可以随意折叠弯曲，还可以两面写字，这就让图书从卷轴发展成册页书，如同中国在纸张出现之后，图书也从一卷一卷的竹简（或木简）书，变成了一页一页的纸书。

羊皮纸非常昂贵（实际上比纸莎草纸更贵），因此，通常不得不反复使用。具体的做法是用小刀把以前的字迹刮去，然后重新书写。这便出现了一张羊皮纸上有不同历史时期文字的现象，而经过现在的技术处理，有时能从羊皮纸上读出表面字迹下面的文字。阿基米德手稿的抄本就是这样被复原的。

无论纸莎草纸还是羊皮纸，都不是理想的信息传播载体，因此，知识传播的速度并不快。在过去的上千年里，全世界的知识和信息能够被记载，并得以迅速传播、普及，要感谢中国1世纪时的发明家蔡伦（？—121）。需要指出的是，蔡伦发明的并不是纸张本身，而是能够大量生产廉价纸张的造纸术。在蔡伦之前确实有用来垫着油灯的纸，作用相当于抹布，而不是用于书写。在历史上发明的荣誉常常是给最后一个发明者，而不是第一个。从某种意义上说，蔡伦既是造纸术的第一个发明者，也是纸张最后的发明者，他的贡献不仅是发明了一种通用的书写载体，还发明了能够大量生产这种纸张的工艺流程，后者的意义远大于前者。

古代一种文明的繁荣，包括其科技水平的提高，总是和相应信息载体的发明和普及直接相关，如泥板让苏美尔文明能够率先发展起来，纸莎草纸的发明与普及伴随着古埃及文明，羊皮纸的发明伴随着希腊和罗马文明，竹简（和木简）的使用和普及让春秋、战国时期的中华文明达到顶峰。而纸张的发明，则在随后的中华文明发展进程中起到了巨大的作用。

中国从东汉末年到隋唐，虽然战乱不断，中华文化却在不断发展，其中纸张的贡献不可低估。相比之下，欧洲在古罗马之后，因为为数不多的藏书被焚毁，很多知识和技艺都失传了。到了文艺复兴时期，欧洲人不得不从阿拉伯将失传的著作翻译回来。8 世纪，阿拉伯人学会了中国的造纸术（一般认为他们是在打败了唐军后，俘获了一批工匠），[4] 造纸术传到了大马士革和巴格达（正值阿拉伯帝国的崛起），然后进入摩洛哥，在 11 世纪和 12 世纪经过西班牙和意大利传入欧洲。造纸术每到一处，当地文化就得到很大的发展。1150 年，欧洲的第一个造纸作坊出现在西班牙。100 多年后，意大利出现了第一个造纸厂，当时正是但丁生活的年代，很快文艺复兴就开始了。又过了一个世纪，法国成立了第一家造纸厂，然后欧洲各国（其实当时国家的概念还不强）逐渐有了自己的造纸业（恰好又在宗教改革之前）。1575 年，西班牙殖民者将造纸术传到了美洲，在墨西哥建立了一家造纸厂。而美国（北美殖民地）的第一家造纸厂于 1690 年才在费城附近诞生（早于美国独立战争）。造纸业的发展，与西方国家的文明进程（和经济发展）有着很强的相关性，因为它们都“恰好”先于重大的历史事件。这其实并不奇怪，文明的进程常常和知识的启蒙、普及有关，而知识的普及离不开廉价的载体——纸张。

信息载体，特别是纸张的发明和普及，对于文明进程的影响巨大。但是有了纸张，怎样将信息和知识通过纸张传播出去，依然是需要解决的问题，这就要靠另一项推动世界文明的技术——印刷术了。

从雕版印刷到活字印刷

从人类最早的文字楔形文字被发明至今，在80%的时间里，人们都只能靠“抄书”传播知识。这种信息传播被理解为是线性的，一本书被手工复制成两本、三本、四本……因此传播的速度非常慢。更糟糕的是，手工抄写出错的概率非常大，一本书被复制到第100本时，和原著就产生了相当大的差别。今天的《红楼梦》有很多版本，其实就是抄书抄错了导致的。虽然在历史上有一些民族，比如犹太人，发明了有效的校对抄写错误的方法，① 但依然难以杜绝书籍复制过程中不断出现的错误。而解决这个问题最根本的方法就是发明一种印刷术来批量生产图书，复制信息。

中国是最早发明印刷术的国家，真正有实用价值的印刷术是中国人在唐朝甚至更早的隋朝发明的雕版印刷术。所谓雕版印刷，是将文稿反转过来摊在平整的大木板上，固定好后，让工匠在木板上雕刻，绘上文字，然后再在木板上刷上墨，将纸张压在雕版上，形成印刷品。一套雕版一般可以印几百张，这样书籍就能批量生产了。在此之前，是否有更原始的印刷术呢？或许有，但是对知识的传播意义不大。比如一些学者把中国秦汉时期的石碑拓片技术说成是印刷术，这种考证其实没有什么意义。按照这个逻辑，伊拉克人就可以把公元前3000年当地人发明的滚筒印章印刷称为更早的印刷术。但是这些原始的拓片或者印章技术，并没有起到推动知识传播的效果。

今天发现的最早的雕版印刷图书出现在唐代武则天时期，即1906

---

① 希伯来文的字母都对应着数字。古代犹太人在抄写《圣经》时要核对每一行字母对应的数字之和，如果这个数字之和错了，就说明抄写过程中一定产生了错误。

年在新疆吐鲁番出土的690—699年印刷的《妙法莲华经》，现藏于日本。不过，一些历史学家推测，或许在更早一些时间中国已经出现了雕版印刷。除《妙法莲华经》外，在韩国也发现了武则天时期的中国雕版印刷佛经。而大家可以看到实物的早期雕版印刷的图书是收藏于大英博物馆的唐代末年的《金刚经》（见图4.5）。[5]

图4.5 保存在大英博物馆的唐代末年的《金刚经》

雕版印刷术出现在唐代或者更早的隋代，恰好和科举制度的诞生时间相吻合。虽然没有任何证据表明，上层社会和知识阶层读书的需求催生出了印刷术，但是雕版印刷术的出现，却使知识得以在中国开始普及。从南北朝到隋朝，总是不断涌现出一些诗人和文人，但是他们在当时的社会里并不受其他人的关注。然而从隋唐开始，中国文化出现了空前的繁荣，并且在很长的时间里都走在世界前列。

到了宋朝，印刷业已经非常发达，“官办”（被称为官刻）和“民办”（被称为坊刻）的印刷书坊到处可见。比如在福建的建阳，出现了当时的书商一条街，著名理学家朱熹对此有很详细的记载，建阳书坊为朱熹及其师友印刷了很多图书。在宋代，全社会能形成读书、考科举的风气，整个国家文化繁荣，和低成本的信息传播关系很大。

中国的雕版印刷历经长达15个世纪的时间，是迄今为止使用时间最长的印刷术。不过，雕版印刷的模板不耐用，在使用过程中很快就损坏了，需要不断更换，这就限制了大量印刷的可能性。同时，由于雕版的刻制比较困难，刻错一个字，整板就要重新刻制，因此成本很高。大多数时候，刻制需要由有经验的工匠完成，只有使用比较便宜的木头或雕刻不太重要的部分时，才交给经验较少的工匠完成。最终活字印刷术取代雕版印刷术，并被列入中国的四大发明之一。

北宋时期的工匠毕昇（约971—1051）发明了活字印刷术。中国在历史上能够留下姓名的发明家并不多，毕昇是个例外，这要感谢北宋文人沈括（1031—1095）在《梦溪笔谈》里面记载了毕昇的事迹。应该说，毕昇所发明的胶泥活字印刷术在当时是相当先进的，甚至有些超越时代。遗憾的是，他发明的技术一直没有成为中国印刷业的主流，因为要想用活字印刷术代替雕版印刷，需要解决很多配套的技术问题。比如，烧制的胶泥活字其实大小有细微差别，难以排列整齐，印出来的书不如雕版印刷的好看。同时，烧制出的类似陶器的活字，受到压力后容易损毁，排一次版印不了多少张就有损毁的活字需要替换。另外，毕昇使用的活字是用手工雕刻，并非批量生产，因此，除非需要印刷很多种不同的书，否则活字术对印刷效率的提升有限。这些问题没有得到解决，使得活字印刷术虽然被发明出来，却没有在中国普及。

不过，几百年后，一位欧洲人也发明了活字印刷术，却改变了欧洲的历史，这个人就是约翰内斯·谷登堡（Johannes Gutenberg，？—1468）。

我们对谷登堡早年的生活了解甚少，甚至谷登堡也不是这个家族原来的姓氏，而应该是他们祖先的居住地。我们只知道谷登堡出生于德国美因茨地区的一个制作金银器的商人家庭，时间可能是 1398 年左右。不过，虽然谷登堡的生平不明，但是后世对他的评价极高。2005 年，德国评出历史上最有影响力的德国人，谷登堡排第 8 位，在巴赫和歌德之后、俾斯麦和爱因斯坦之前。其他国家也经常把谷登堡排在对世界贡献最大的发明家之列。

为什么大家对谷登堡的评价如此之高呢？首先，他最大的贡献并不是发明（或者说再发明）活字本身，而是一整套印刷设备，以及可以低成本快速大量印刷图书的生产工艺流程。其次，谷登堡发明了一种大量铸造一模一样的铅锡合金活字的技术，这不仅使得排出来的版非常整洁美观，也比毕昇手工雕刻胶泥活字的做法效率提高了很多。此外，谷登堡还带出了一大批徒弟，他们作为印书商将印刷术推广到了全欧洲，这不仅让图书的数量迅速增加，而且开启了欧洲重新走向文明的道路，并最终摧毁了一个在文化上封闭、技术上停滞不前的旧世界（见图 4.6）。随后而来的宗教改革和启蒙运动，都和印刷术有关。

在印刷术的故乡中国，活字印刷取代雕版印刷是在欧洲的铅活字印刷传到中国之后，和毕昇反而没有太大的关系。对中国近代印刷业贡献最大的有两个人。第一位是英国传教士罗伯特·马礼逊（Robert Morrison，1782—1834），他编写了一套大型字典——《中国语文词典》（*A Dictionary of the Chinese Language*，也有人译为《华英字典》），并且为了印刷这套六大卷、近 5000 页的巨型图书，采用了铅活字排版印刷

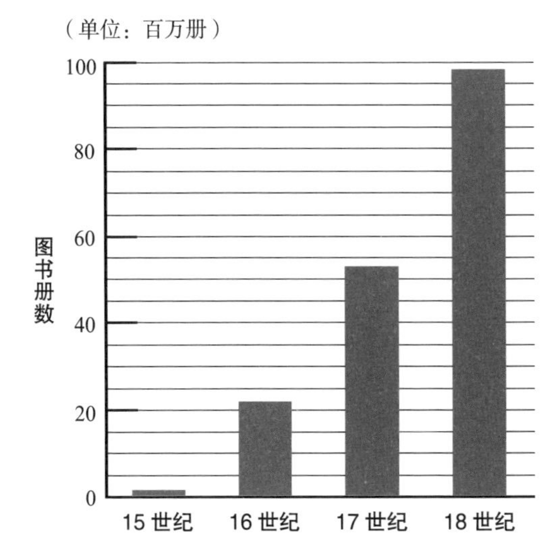

图 4.6
在谷登堡发明印刷术后，欧洲的图书数量剧增[6]

注：不包括南欧（奥斯曼土耳其地区）和俄罗斯。

技术，从此开创了中国铅活字印刷的历史（见图 4.7）。[7] 今天，在香港依然有很多以他的名字命名的场所（有些起名为摩利臣）。第二位是美国传教士威廉 · 姜别利（William Gamble，1830—1886）。他于 1858 年奉派来华，在美华书馆工作（1860 年由宁波迁至上海），1859 年发明了用电镀法制造汉字铅活字铜模的方法。他制作的铅字被称为"美华字"，有 1~7 号大小的 7 种宋体，奠定了今天中文排版字体大小的规范。此外，他还发明了元宝式排字架，将汉字铅字按使用频率分类，并按照《康熙字典》中的部首排列，由此提高了排版取字的效率，成为此后百余年间中文字架的雏形。

铅活字印刷进入中国后，催生出了中国近代的出版业。到了清末民初，著名的商务印书馆、中华书局、世界书局等出版机构先后诞生，《申报》等近代报纸也出现了。这些文化机构的出现，促进了中国新文

4 CHA CHA

槎 To pare or hew wood or trees aslant. 刊槎 Kan cha, to pare; to hew; to fell.

艖 A certain description of boat, or small vessel.

褨 The upper garments put aside, and discovering the upper parts of the dress.

鎈 A name, different from what is usual, for copper coin, or money.

叉 The fingers of the hand, inserted into each other; any thing diverging, or forked; a road diverging into two or more directions.

Cha show 叉手 the hands joined with the fingers crossing each other.

扠 To take hold of by compressing two things, like nippers; an instrument for harpooning certain fish, by sticking it into the mud. To strike; to hit with the fist. Used for 叉.

汊 Water diverging into several streams. Forms part of the name of a place.

衩 The part of Chinese garments which open on each side to afford room to walk.

舣 A kind of clasp; to fasten a girdle round a person.

詉 Diverse or strange speech. To reprehend. To take hold o. a person's errors; to be suspicious.

芆 The name of a plant. The budding of herbs; a bud.

跁 A diverging road; to tread.

靫 A receptacle for arrows; a quiver.

頝 The side of the face; the jaw. Expressed also by 頷頝 Han-cha.

茶 Tea. The Chinese commonly understand by the single term Cha, the infusion.

The sorts commonly known to Europeans are these, Bohea, 武彝茶 Woo-e-cha, now called 大茶 Ta-cha; 2d, Campoi, 揀焙 Këen-pei; 3rd, Congou, 工夫 Kung-foo; 4th, Pekoe, 白毫 Pih-haou; 5th, Pouchong, or Padre tea, 包種 Paou-chung; 6th, Souchong, 小種 Seaou-chung; 7th, Caper or Sonchi tea, 雙製 Shwang-che, or 珠蘭 Choo-lan—The seven sorts of Black Tea, are understood generally by the term 彝茶 E-cha, or by contraction 夷 E, from 武夷山 Woo-e shan, the Woo-e (Bohea) hills in Fŭh-këen province where they grow. The Green Teas are—1st, Sung-lo, 松羅 Sung-lo; 2nd, Hyson, 熙春 He-ch'un; 3rd, Hyson

图 4.7

最早采用铅活字印刷的中文图书《中国语文词典》

化在社会各阶层的传播，对中国迅速走向近代化起到了巨大的作用。

如果我们用今天信息论的理论来审视印刷术的作用，主要有这样两点：

第一，它拓展了信息传播的带宽，一次抄一本书和印 100 本带宽明显不同。根据香农（Claude Shannon，1916—2001）的理论（具体来说是香农第二定律），带宽决定了信息传播的速度。

第二，它更容易避免在传播信息过程中出现有意或无意的错误，也就是信息论中所说的噪声。比如谷登堡发明印刷术对马丁·路德[①] 宗教

① 马丁·路德（Martin Luther，1483—1546），16 世纪欧洲宗教改革运动的发起者，基督教新教路德宗创始人。

改革就发挥了特别明显的作用。在路德之前，德意志地区的教民其实读不到《圣经》，他们对基督教的理解来自牧师的表述，而牧师的理解来自主教，主教的理解又来自教区红衣主教（也被称为枢机主教），当然，最后均来自梵蒂冈教皇的解释。而教皇的解释在每一个传播的节点都会被各级神职人员根据自己的利益进一步曲解。路德将《圣经》翻译成德语白话文，并通过印刷术传播，让德意志地区的农民也可以读到，这样教皇和各级神职人员再也无法控制和曲解信息，这最终动摇了梵蒂冈教会对欧洲的控制，帮助欧洲走向理性的时代。

阿拉伯文明的黄金时代

欧洲文明的第一个高峰是罗马帝国（西方学者也称之为第一帝国），对应着中华文明的第一个高峰大汉王朝，它们可谓东西方的双雄。在公元 2 世纪左右，无论是西方的霸主古罗马，还是东方的汉王朝都进入风雨飘摇的时代，并且最终都走向灭亡。欧洲从此进入长达近千年的中世纪黑暗时代，而中国则进入长达近 4 个世纪的分裂和战乱。在此期间，东西方各自都有一些能够写进科技史的发明。比如，欧洲发明了窗用玻璃和眼镜，中国发明了马镫和许多先进的农具，但是总体来说，文明的发展非常缓慢。然而，文明不会消失，从 8 世纪到 13 世纪，阿拉伯帝国是世界上真正的科技中心，即以阿拉伯地区为中心，包括波斯、北非和东欧信仰伊斯兰教的地区，或者叫作伊斯兰世界。由于波斯人和伊斯兰世界里其他一些民族并非阿拉伯人，因此历史学家更倾向于将这个时期准确地称为“伊斯兰黄金时代”，不过我们通常喜欢把它称为“阿拉伯文明”。

如同西方近代的科学成就和基督教密不可分一样，阿拉伯文明的科学成就与伊斯兰教同样密不可分。在历史上的绝大部分时间里，伊斯兰教是比较宽容的，并且提倡兼收并蓄，只要异教徒缴纳了人头税，就不会遭到严重的宗教迫害。正是在这样的环境中，在欧洲停滞了的科学，在阿拉伯帝国却得到发展。据说，伊斯兰教先知穆罕默德曾经说过，“学问虽远在中国，亦当往求之”，体现了他对学术的重视。我曾经向阿拉伯学者求证这句话的真伪，他们告诉我，穆罕默德表达过类似的意思。在《艾尔·提勒米吉圣训》[①] 第 74 段中记载着“寻求知识是每一个穆斯林的义务”（The seeking of knowledge is obligatory for every Muslim）。在当时，阿拉伯人所知道的世界，中国是最遥远的地方，因此中国可能只是一个比喻，穆罕默德的本意是：不管获得学问多么困难，也应该去做。

阿拉伯帝国早期的发展靠的是军事扩张，与此同时，它也从周边国家不断地学习文化和技术。阿拉伯帝国的学者把其他文明的典籍，从亚里士多德到托勒密等希腊学者的著作，再到古代印度学者的著作，都翻译成了阿拉伯文。不过，伊斯兰文明只对科技感兴趣，对外部世界的政治学和文学并不感兴趣，因此，他们没有翻译亚里士多德的《政治学》《修辞学》等著作。751 年，极盛时期的阿拉伯帝国和唐朝就瓜分中亚的势力范围进行了一场决战，史称怛罗斯战役，战役以阿拉伯帝国的胜利告终。在这次战役中，阿拉伯帝国俘获了大批中国工匠，学到了造纸术和其他技术。当然，也有一些学者认为，造纸术在怛罗斯战役之前就已经传到了阿拉伯地区。

---

① 《艾尔·提勒米吉圣训》是先知穆罕默德的戒律或言行的记录，在伊斯兰教中的重要性仅次于《古兰经》。

通过不断向其他文明学习，阿拉伯帝国在科技上繁荣起来。不过，它主导世界科技的发展，则是在阿拉伯帝国建国一个世纪之后。从公元 8 世纪末 9 世纪初开始，伊斯兰世界出现了很多了不起的大学问家。

波斯的花剌子米①是阿拉伯鼎盛时期科学的集大成者，甚至可能是古希腊之后、文艺复兴之前全世界最重要的科学家，因此，他也被称为“巴格达智慧之家”。花剌子米是少有的全才型学者，在伊斯兰文明中的地位相当于亚里士多德在古希腊的地位、牛顿在英国的地位，他在数学、地理学、天文学及地图学等方面都有杰出的贡献。

如果说欧几里得确立了几何学作为数学一个独立分支的地位，那么确立代数作为数学独立分支地位的人就是花剌子米。花剌子米在数学上的代表作是《代数学》，他在这本经典的数学著作中给出了一元二次方程 $ax^2+bx+c=0$（$a\neq0$）的通用解法：

$$x=\frac{-b\pm\sqrt{b^2-4ac}}{2a}$$

今天，“代数”一词的英语写法是 algebra，也是来自阿拉伯语的拉丁拼写“*al*”和“*jabr*”两个词，它们连在一起“*al-jabr*”是一种一元二次方程的解法。而英语中的算法一词 algorithm，则干脆是花剌子米的拉丁文译名，由此可见他在数学领域的地位和贡献。花剌子米在他的著作中使用了印度数字，这些著作在 12 世纪被翻译成拉丁文传到欧洲时，欧洲人以为印度数字是由阿拉伯人发明的，因此称它们为阿拉伯数字。

---

① 花剌子米的全名是阿布·阿卜杜拉·穆罕默德·伊本·穆萨·花剌子米（al-Khwārizmī，约 780—850）。

花剌子米的第二大贡献在天文学上，他拓展了托勒密奠定的经典天文学范畴。花剌子米研究天文学的动机也很有意思，是为了准确测量星象、方位和时间，以便使伊斯兰教徒能够在准确时间对着准确的方向朝拜。花剌子米发明了最早的象限仪，这种古老的天文仪器后来被欧洲人称为“古象限仪”或者“第一象限仪”。花剌子米在三角学上的成就，则是研究天文学的副产品。他为了方便天文学中的计算，制定了包括正弦函数和余弦函数的三角函数表。后来在13世纪，波斯的数学家纳西尔丁·图西（Nasir Din Tusi，1201—1274）将三角学从天文学中分离出来，变成了数学的独立分支。

花剌子米的第三大贡献在地理学上，他完善了托勒密的《地理学》，修正了世界上主要城市的位置，并且给出了对地球地形地貌的描述，这些地理概念成了现在地理学的基础。

花剌子米是伊斯兰科学家的杰出代表，但是阿拉伯帝国全盛时期一流的科学家远不止他一人。那个时代，阿拉伯半岛和波斯大地上可谓群星璀璨。天文学家阿尔比鲁尼（Al-Biruni，973—1048）提出了地球自转以及地球绕太阳公转的理论（对于后者，阿尔比鲁尼不是非常确信，但他倾向于相信地球围绕太阳运转而不是相反），这比哥白尼提出日心说早了5个世纪。阿拉伯的天文学家还修正了托勒密地心说中不准确的细节，制定出了比儒略历（Julian calender）[1]更准确的历法。

和古代中国人一样，伊斯兰人也热衷于炼金术。不过，中国道士们炼丹对科学的发展没有什么帮助，阿拉伯人和波斯人的炼金术却对后来化学的诞生产生了巨大作用。阿拉伯人发明和改良了许多实验设

① 儒略历是从公元前45年1月1日起开始执行的取代旧罗马历法的一种历法，后被格里历取代。

备（比如蒸馏设备）和实验方法，蒸馏、升华、过滤和结晶等方法都是他们发明的。此外，阿拉伯科学家还成功地提炼出了纯酒精、苏打（碳酸钠）、硝酸、硫酸、盐酸、硝酸银和硝酸钾等化学物质。在诸多的炼金术士中，非常值得一提的是被称为贾比尔（和穆罕默德的弟子同名）的阿布·穆萨·贾比尔·伊本·哈扬，他被誉为化学的奠基人。贾比尔不仅通过科学实验发现了很多化学物质，还记录了它们的制作方法以及金属的冶炼方法。14 世纪，贾比尔的著作被翻译成拉丁文传入欧洲，成了后来欧洲炼金术士和早期化学家重要的参考书。今天，大量的化学名称和术语都来自阿拉伯语，这和贾比尔等人的贡献有关。另外，阿拉伯人还发明了用蒸馏法提炼植物中的香精，然后将香精溶解在酒精中，从而造出了早期的香水。

阿拉伯科学家在医学和物理学上也做出了巨大的贡献。基于阿拉伯人早期对医学的分类，现在我们把医学分为外科、内科、骨科、眼科、神经科、妇科等。阿拉伯人在医学的很多领域都曾经领先于欧洲上百年，比如他们当时已经了解了眼睛的结构，发明了眼科手术的方法。在物理学上，阿拉伯科学家继承了古希腊的物理学成果，并且将它们进一步发展。比如，阿拉伯科学家认识到空气有重量，并且因此提出了空气浮力的理论。此外，他们在光学上的成就也很高，如发现了透镜曲率和放大倍数的关系。值得一提的是，阿拉伯在光学上的集大成者阿勒·哈增（Ibn al-Haytham，965—1040）总结了当时人类在光学上的成就，写成了《光学全书》一书。这本书后来被欧洲人翻译成拉丁文，促进了现代光学的诞生。

要想了解为什么伊斯兰世界能够在科技上领先于世界长达 5 个世纪，不妨从信息的流动入手。

地处欧、亚、非交界处的伊斯兰世界，从欧、亚、非三个地区获取知识和信息都比较便利。希腊化时期和古罗马时期的科技成就，大部分并非诞生于希腊和罗马本土，而是在其统治的东部地区，即今天古埃及的亚历山大和小亚细亚的叙利亚等地。因此，后来阿拉伯地区在很长的时间里科技水平和古希腊、古罗马处于同等地位，并且翻译保留了古希腊、古罗马的科学著作。之后，阿拉伯地区也受到印度文明的影响，特别是吸收了印度在数学上的成就。当欧洲陷入中世纪黑暗时代时，阿拉伯地区保留了文明的火种，在相对宽容的政策下，其科技得到了迅速发展。

伊斯兰学者和专业人士在治学方法上比先前的文明也有所进步。和中世纪之后的欧洲实验科学家一样，伊斯兰学者非常注重基于量化实验的科学研究，因此，他们修正了过去很多根据主观经验得到的不准确的科学结论。阿拉伯也是世界上最早对学者们进行同行评议，并制定专业人士工作规范的地区。世界上最早的同行评审制度始于阿拉伯地区，比如当时医生给病人治病，无论是康复还是死亡，医生的记录都会被当地由其他医生组成的评议会审核，判断该医生的工作是否符合医疗规范。同行审查制度使得失败的做法在日后能够避免，成功的经验可以推广，从而加快了科技进步的速度。

阿拉伯帝国在10世纪到12世纪达到鼎盛，之后由于蒙古人的入侵，阿拉伯帝国灭亡。除了少数工匠，所有阿拉伯精英悉数被杀，从此，它的科技发展一蹶不振。不过，阿拉伯人在科技上的成就为后来中世纪末期的欧洲人提供了丰富的理论、资料和研究方法，有力地推动了全世界科技的进步和欧洲科学的复兴。

大学的诞生

中世纪时欧洲的王权非常脆弱，地方的治安完全由大大小小的贵族和骑士们把持，他们既没有精力，也没有能力，更没有动力进行科学研究或者发展技术，这些人甚至自己就是不读书的文盲。于是，中世纪研究科学的使命只能交给教士，因为只有他们不仅有时间，而且能够看到仅存的数量不多的书。当然，教士研究科学的目的并不是破除迷信，反而是试图搞清楚上帝创造世界的奥秘，维护神的荣耀。即便如此，这些人也时常被正统而保守的宗教人士视为异端。

不过，人类对未知的好奇并未因为其他人的愚昧而消失，总是有人希望了解从物质世界到精神世界的各种奥秘，并且喜欢聚在一起研究学问。某种意义上，大学就这样产生了。

大学（university）一词，起源于拉丁语 *universities*，意思是一种包括老师和学生在内的团体。而早期的老师都是教士，学生则是想成为教士的年轻人，或者家里有些财产且自身充满好奇心的年轻人。这些人并没有中国古代学子那种学而优则仕的想法，因为学术不能帮助他们走上仕途。为了让办学不受愚昧的封建主和地方宗教人士的干扰，大学需要得到神权或者王权的支持，最好的办法就是从教会或者国王那里获得一张特许状，让大学的管理独立于所在地的地方政权。

1158 年（也有人认为是 1155 年），神圣罗马帝国的皇帝腓特烈一世（Frederick I，1122—1190）签署了被称为“学术特权”（英语：privilegium scholasticum，拉丁语：*authentica habita*）的法律文件。这个法律文件后来也被教皇亚历山大三世（Pope Alexander III，1100—1181）认可。在这个文件中，大学被赋予 4 项特权：

- 大学人员有类似于神职人员才有的自由和豁免权。
- 大学人员有为了学习的目的自由旅行和迁徙的权利。
- 大学人员有免于因学术观点和政见不同而受报复的权利。
- 大学人员有权要求由学校和教会而不是地方法庭进行裁决的权利。

学术特权将当时的学者和大学生的社会地位提高到了神职人员的水平。要知道，在欧洲资产阶级革命之前，神职人员是社会的第一阶层，贵族不过是第二阶层，其他人，包括富有的商人，都是第三阶层。

世界上最早的现代意义上的大学是意大利的博洛尼亚大学（University of Bologna），它成立于1088年，并且在1158年成为第一个获得学术特权法令的大学（见图4.8）。

图4.8 博洛尼亚大学的教授在传授学问

继博洛尼亚大学之后，中欧和西欧相继出现了很多类似的大学，它们的规模都不大，一般只有几名教授和几十名学生，这有点像中国古代的书院。不过和中国的书院不同的是，这些大学传授的大多是神学知识、拉丁文写作技巧，以便学生今后传教布道，以及为诸侯和贵族服务。中世纪的大学也教授少量的自然科学知识，并且做一些研究。发给大学特权法令的教会肯定没有想到，允许大学自由地研究学问，反而会产生出动摇基督教教义的新知识。

1170 年，巴黎大学成立，它不仅是当时欧洲最著名的大学，后来还被誉为欧洲“大学之母”，因为享誉世界的牛津大学和剑桥大学都是由它派生出来的。

公元 12 世纪时，英国虽然有人办学，但并没有好的大学，因此，学者和年轻的学子们要穿过英吉利海峡到巴黎大学去读书。1167 年，英法关系开始恶化，巴黎开始驱赶英国人，巴黎大学也把很多英国学者和学生赶回了英国。当时的英国国王亨利二世针锋相对地下令禁止英国学生到巴黎求学，于是这些学者和学生都跑到了伦敦郊外的一个小城牛津继续办学。牛津地区早就有学校，但还算不上真正意义上的大学，直到这批从巴黎大学返回的教授和学生到来，才建立起了真正意义上的牛津大学。1209 年，牛津的一名大学生和当地一名妇女通奸，导致大学生和当地居民发生冲突，一部分学生和教授只好离开牛津跑到剑桥，创办了后来的剑桥大学。最终，在教会的调停下，牛津师生和当地居民的冲突得以平息，这所世界名校便在那里扎下了根。[8]

英国大学的崛起要感谢两个人——牛津大学的第一任校长、神学家罗伯特·格罗斯泰斯特（Robert Grosseteste，约 1175—1253）和他的学生、教士罗杰·培根（Roger Bacon，约 1214—1293）。

格罗斯泰斯特在牛津大学确立了教学和做学问的原则，简单地说，就是学习要系统地进行，也就是我们今天所说的科班训练。早期大学的教学方式都是师傅带徒弟式的，学生收获的多少，完全取决于老师的水平以及教学方法，这就有很大的随意性。格罗斯泰斯特确立了一整套标准的教学大纲，让教授按照大纲进行教学，这样学生学习的系统性就增强了。后世认为，格罗斯泰斯特不但是中世纪牛津的传统科学论的开创者，而且是现代英国智慧论的真正创始人。

欧洲中世纪最有影响力的科学家当属方济各会的教士罗杰·培根。培根出生于英国的一个贵族家庭，大约16岁时进入牛津大学学习数学、几何、音乐和天文学，并且在那里阅读了亚里士多德等人的著作，而当时在欧洲大部分国家和地区，除了《圣经》之外就找不到其他图书了。毕业后，培根留在牛津教授自然哲学和数学，后来他还自己出钱建立了英国第一个科学实验室，并且开始系统地研究数学、光学，尤其是炼金术。培根被认为是英国实验科学的开山鼻祖，因为在他之前，学者做学问全靠查资料（其实也没有什么资料可查）和主观的演绎推理。培根认为，经院哲学只是对已有知识的诠释，而只有实验科学才能获得新知识。培根做研究不为名利，纯粹是为了探求真理。直到今天，牛津大学依然秉持这一理念。

培根学识渊博，但他的很多思想在当时被认为是异端，这导致他多次入狱。由于他所研究的科学其他人搞不懂，因此，他一度被人们认为是鬼神不可测的人物，甚至在他去世的时候有人认为他是假死，以为他已经获得了长生不老之术。培根不是中世纪唯一戴有神秘面纱的科学家，当时，很多科学家做研究都要悄悄进行，因此，这群人在外人看来颇为神秘。

漫长的中世纪

按照过去的说法，从410年（或455年[①]）罗马城的陷落算起，到14世纪文艺复兴开始，在长达近9个世纪的时间里，整个欧洲发展都非常缓慢。这种缓慢是全方位的，从政治、经济到科学技术，再到文化和社会生活，都是如此。在过去，人们普遍认为基督教是制约欧洲发展的原因，但是从近代开始，更多的研究表明，真正的黑暗时期只是从410年到754年的三个半世纪。754年，整个欧洲归化到了基督教的统治之下，[②]从此，相对稳定的欧洲恢复了发展，只是发展速度没有文艺复兴之后那么快。至于为什么中世纪前期欧洲发展缓慢，启蒙时代[③]的思想家将它归结于教会的统治，这也难怪伏尔泰（Voltaire，1694—1778）、狄德罗（Denis Diderot，1713 —1784）和卢梭（Jean-Jacques Rousseau，1712—1778）等人都反对教会。但是，客观地说，导致欧洲陷入长达几个世纪发展停滞的原因非常多。除了教会要负一些责任外，蛮族入侵彻底毁灭了古罗马的文明，以及随后而来的割据导致战争不断，则是更重要的原因。同时，缺乏强有力的王权使得重大的工程建设无法开展，社会经济秩序无法恢复，这些都是当时欧洲衰退和发展停滞的重要原因。从中国到欧洲的科技发展历程其实都显示出，统一比分裂更适合科技的进步。

到了14世纪，漫长的中世纪终于结束了。中世纪结束的原因有很多，过去认为最主要的原因有两个，即十字军东征带来了东方文明，

---

① 这一年，非洲的汪达尔王国攻陷并彻底摧毁了罗马城。

② 其标志性事件为教皇斯蒂芬二世给法兰克王国的国王丕平三世加冕。

③ 启蒙时代或启蒙运动，是指在17—18世纪欧洲地区发生的一场知识及文化运动，是文艺复兴之后人类的第二次思想解放。

以及肆虐欧洲的黑死病。它们带来了同一个结果：对现实生活的珍爱。

中世纪时，欧洲的基督徒认为现世的生活不过是为了赎罪，死后会接受末日审判，至于经过审判后是上天堂还是下地狱，没有人知道，因此，人从一生下来就生活在恐惧中。当时，欧洲人的生活质量低下，加上早期的教会要求百姓（当然也包括他们自己）过苦行僧式的简朴生活，于是大部分人都是平平淡淡地度过一生。十字军东征虽然在军事上以失败告终，却给欧洲人带回了东方享乐型的生活方式。贵族的妻女们更喜欢闪亮柔软的丝绸，而不是她们过去穿的亚麻和棉布，教会也逐渐认识到了丝绸的价值，并且用丝绸来装饰冷冰冰的大理石或花岗岩建成的教堂。对物质生活的需求，引发了佛罗伦萨、米兰和热那亚地区资本主义的萌芽。在这些意大利城市里，商人逐渐控制了城市的政治权力，并且逐渐开始和教会及封建主分庭抗礼。中世纪后期，欧洲有一句谚语，“城市的空气是自由的”，这反映出当时的城市已经成为反封建的中心。

爆发于 14 世纪中期的欧洲黑死病，虽然和十字军东征风马牛不相及，但是对欧洲产生的影响却是相同的。这场瘟疫使得欧洲人口减少了 30%~60%，并因此改变了欧洲的社会结构，让支配欧洲的罗马天主教的地位开始动摇。更重要的是，当每天直面死亡时，人们才倍感生命的可贵，于是普遍产生了一种活在当下，而不是寄托于来世的想法。薄伽丘（Giovanni Boccaccio，1313—1375）在《十日谈》（*The Decameron*）中生动地描绘了人们的这种想法。

近年来，关于中世纪结束的原因又多了一种，很多学者认为是时间到了，它该结束了。人类似乎从一诞生就被赋予一种进步的力量，在冥冥之中推动它不断往前发展，即便遇到了近千年的衰退和停滞，这种进步的力量最终也会让人类走出发展的低谷，迎来一个长达几百年的高峰，这个高峰便是文艺复兴和随后的启蒙时代。

美第奇与佛罗伦萨的穹顶

文艺复兴（14—17世纪）始于佛罗伦萨，这主要是由它特殊的地理位置——处在通往罗马的必经之路上决定的。尽管在中世纪时，欧洲名城罗马早已没有了往日的辉煌，而且充斥着贫穷和犯罪，但在当时欧洲人的精神世界里，罗马依然是欧洲的中心，因为教皇在那里。欧洲人依然络绎不绝地赶往罗马，请求罗马教廷的帮助，位于托斯卡纳地区阿尔诺河畔的佛罗伦萨小镇因此发展起来。从中世纪后期直到文艺复兴结束，佛罗伦萨都是意大利文明乃至整个欧洲文明的标志。

佛罗伦萨所在的托斯卡纳地区气候温和，适合农业生产，而且交通便利。中世纪后期，这里的纺织业开始兴起，生产欧洲特有的呢绒。十字军东征后，佛罗伦萨人又从穆斯林那里学到了中国的抽丝和纺织技术，开始生产丝绸，于是佛罗伦萨渐渐富裕起来，影响力越来越大，成了一个强大的城市共和国。佛罗伦萨的商人有了大量的金钱撑腰，不再是走街串巷的小贩，而是富甲一方、出入皆宝马香车的社会名流。他们的社会地位提高之后，开始关注政治，提出自己的政治主张，在社会生活中发挥重要的作用，并最终成为城市的管理者。在佛罗伦萨，当时一个大家族异军突起，他们最初从手工业起家，继而成为金融家并且开始为教皇管理钱财，并最终成为佛罗伦萨的大公。这个家族叫作美第奇（Medici），是它催生了佛罗伦萨的文艺复兴。

我们在说到文艺复兴时，通常想到的是艺术，但它其实也是科技的复兴，这里面就有美第奇家族的直接贡献。虽然美第奇家族的人在开始的几个世纪里都非常低调，始终保持着平民身份，但是到了科西莫·美第奇（Cosimo di Giovanni de’Medici，1389—1464）这一辈，这个家族开始走向前台，施展自己的政治抱负。科西莫希望为佛罗伦萨做一件了不起的大事来增加他在民众中的影响力。早在幼年时期，他就在距家不远处一个一直没有完工的大教堂里玩耍。当时佛罗伦萨恐怕没有一个老人说得清这座教堂是从什么时候开始修建的，因为自这些老人的父辈甚至祖辈记事时起，它就在那里。事实上，这座大教堂在科西莫出生前大约100年就开始修建了，但是一直没有完工。当时的佛罗伦萨人都是虔诚的天主教徒，他们要为上帝建一座空前雄伟的教堂，因此，建得规模特别大（完工时整个建筑长达150多米，主体建筑高达110多米）。但是修建这么大的教堂不仅超出了佛罗伦萨人的财力水平，而且超出了他们当时所掌握的工程技术水平。等到当地人用了80多年才修建好教堂四周的墙壁之后，他们才意识到，没有工匠知道如何修建它那巨大的屋顶。于是，这栋没有屋顶的巨型建筑就留在了那里。

科西莫长大后，希望能把这个大教堂的顶给装上，让这座有史以来最大的教堂成为荣耀其家族的纪念碑。可这谈何容易。虽然早在1000多年前古罗马人就掌握了修建大型圆拱屋顶的技术，并且修建了直径40多米、高60米的万神殿，但是这项技术在中世纪时失传了。所幸，一个偶然的机缘，科西莫从堆满尸体的教堂里找到了一些古希腊、古罗马时代留下的经卷和手稿，里面有很多机械和工程方面的图纸，以及各种文字描述。之后，科西莫不断收集类似手稿。[9]

接下来，他需要找到一个人，用古罗马人已经掌握的工程技术来设计和建造大教堂的屋顶。最终，科西莫发现了这样一个天才，他叫布鲁内莱斯基（Filippo Brunelleschi，1377—1446）。当布鲁内莱斯基跑到市政厅，声称他可以解决教堂屋顶的工程难题时，大家都觉得他是一个疯子，但是科西莫相信他，因为科西莫知道"古人"曾经实现过布鲁内莱斯基所设计的建筑。在科西莫的资助下，布鲁内莱斯基开始采用古罗马万神殿的拱顶技术建造大教堂的顶部。这个过程也是一波三折，中间科西莫还被政敌逮捕，并且被驱逐出佛罗伦萨，大教堂拱顶的建设也因此停了下来。但是最终科西莫回到了佛罗伦萨，经过他和布鲁内莱斯基的共同努力，大教堂的拱顶终于完工了，前后花了长达 16 年的时间。从 1296 年铺设这座大教堂的第一块基石开始算起，到 1436 年整个教堂完工，前后历时 140 年。在教堂落成的那一天，佛罗伦萨的市民潮水般涌向市政广场，向站在广场旁边的乌菲兹宫[①]顶楼的科西莫祝贺。这座教堂不仅是当时最大的教堂，也是文艺复兴时期的第一个标志性建筑，教皇欧金尼乌斯四世亲自主持了落成典礼。这座教堂以圣母的名字命名，现在中文把它译作"圣母百花大教堂"（Cattedrale di Santa Maria del Fiore）。但是，在佛罗伦萨，它有一个更通俗的名字——Duomo，意思是圆屋顶（见图 4.9）。科西莫和布鲁内莱斯基用"复兴"这个词来形容这座大教堂，因为它标志着复兴了古希腊、古罗马时代的文明。

布鲁内莱斯基是西方近代建筑学的鼻祖，他发明（和再发明）了很多建筑技术。几十年后，米开朗基罗为梵蒂冈的圣彼得大教堂设计了和圣母百花大教堂类似的拱顶，这样的大圆顶建筑后来遍布全欧洲。布鲁内莱斯基还发明了在二维平面上表现三维立体的透视画法，今天

① 乌菲兹宫即今天的乌菲兹博物馆（Uffizi Museum）。

的西洋绘画和绘制建筑草图都采用这种画法。

从科西莫开始，美第奇家族的历代成员都出巨资供养学者、建筑师和艺术家。他的孙子洛伦佐·美第奇后来资助了米开朗基罗和达·芬奇（Leonardo di ser Piero da Vinci，1452—1519），而洛伦佐·美第奇的后代则资助并保护了伽利略（Galileo Galilei，1564—1642）。如果没有这个家族，不仅佛罗伦萨在世界历史上不会留下痕迹，就连欧洲的文艺复兴也要晚很多年，而且形态和历史上的文艺复兴也会不一样。

图 4.9　圣母百花大教堂

1464 年，74 岁的科西莫·美第奇走完了他传奇的一生，市民给了他一个非常荣耀的称号——“祖国之父”。科西莫开创了一个新时代，科学、文化和艺术从此在意大利乃至欧洲开始复兴，同时，人文主义的曙光开始出现。

日心说：冲破教会束缚

文艺复兴之后，出现了科学史上第一个震惊世界的成果——日心说。

以托勒密地心说为基础的儒略历经过了1300多年的误差累计，已经和地球围绕太阳运动的实际情况差出了10天左右，用它指导农时经常会误事。因此，制定新的历法迫在眉睫。1543年，波兰教士哥白尼发表的《天体运行论》提出了日心说。虽然早在公元前300多年，古希腊哲学家阿利斯塔克（Aristarchus，约前315—前230）就已经提到日心说的猜想，但是建立起完整的日心说数学模型的是哥白尼。

作为一名神职人员，哥白尼非常清楚他的学说对当时已经认定地球是宇宙中心的天主教来说无疑是一颗重磅炸弹，因此，他直到去世前才将自己的著作发表。不过，哥白尼的担心在一开始时似乎显得多余，因为在接下来的半个世纪里，日心说其实很少受到知识阶层的关注，教会和学术界（当时微弱得可怜）既没有赞同这种新学说，也没有刻意反对它，而只是将它作为描述天体运动的一个数学模型。有时候最可悲的事情并非到处是反对的声音，而是一种可怕的寂静。日心说刚被提出来的时候，就面临着这样一种尴尬的处境。

为什么我们今天认为的具有革命性的日心说在当时并不受重视呢？这主要有两个原因。首先，日心说和当时人们的常识相违背，因此，人们只是把它当作不同于地心说的数学模型，而非描绘星球运动规律的学说。其次，哥白尼的日心说模型虽然比托勒密的地心说模型简单，但是没有托勒密的模型准确，因此，大家也不觉得它有什么用。1582年，教皇格里高利十三世颁布了新的历法（格里历），完全是出于经验把历法调整得更准确，[1]与哥白尼的新理论并无关系。既然不重要，自然就没有多少人关注它，支持日心说的人也就更少了。

不过，半个多世纪之后，哥白尼所担心的惊涛骇浪终于到来了，因为一位意大利神父迫使教会不得不在日心说和地心说之间做出二选一的选择，他就是乔尔达诺·布鲁诺（Giordano Bruno，1548—1600）。在中国，布鲁诺因为多次出现在中学课本中而家喻户晓，他在过去一直被宣传为因支持日心说而被教会处以火刑，并且成了坚持真理的化身。事实上，虽然上述都是事实，并且在布鲁诺之后的很长时间里，教会也是反对日心说的，但是这几件事加在一起并不足以说明“因为教会反动，反对日心说，于是处死了坚持日心说的布鲁诺”。真相是，布鲁诺因为泛神论触犯了教会，同时到处揭露教会的丑闻，最终被作为异端处死。而布鲁诺宣扬泛神论的工具则是哥白尼的日心说，这样，日心说也就连带被禁止了。

应该说，布鲁诺是一个很好的讲演者，否则教会不会那么惧怕他。但是，科学理论的确立靠的不是口才，而是事实，因此，布鲁诺对日心说的确立事实上没有起到多大作用。第一个拿事实说话支持日心说的科学家是伽利略。1609 年，伽利略自己制作了天文望远镜，发现了一系列可以支持日心说的新的天文现象，包括木星的卫星体系、金星的满盈现象等，这些现象只能用日心说才解释得通，地心说则根本解释不通。这样一来，日心说才开始被科学家接受，而被科学家接受是被世人接受的第一步。

1611 年，伽利略访问罗马，受到了英雄般的欢迎。由于有美第奇

---

① 格里高利十三世将多出来的 10 天直接从日历中删掉，并且在未来每 400 年减掉 3 个闰年，这就是我们今天的公历。

家族在财力和政治上的支持，伽利略的研究工作进展得非常顺利。同年，他准确地计算出木星卫星（4 颗）的运行周期。出于对美第奇家族的感激，伽利略将这 4 颗卫星以美第奇家族成员的名字命名。①

正当伽利略在天文学和物理学上不断做出成就时，当时的政治环境已经对他的研究非常不利了。从文艺复兴开始直到 16 世纪末，罗马的教皇都是一些懂得艺术、行事温和的人，其中有 4 位本身就来自美第奇家族。1605 年，来自美第奇家族的利奥十一世教皇去世了，这标志着这个影响了欧洲几百年的家族对政治的影响力开始式微。17 世纪初，罗马教廷的权威由于受到来自北方新教（宗教改革后的路德派和加尔文派）的挑战，开始变得保守，并开始打击迫害持异端思想的人。在这个背景下，1616 年，教会裁定日心说和《圣经》相悖，伽利略也因此受到指控。不过，教会并没有禁止将日心说作为数学工具教授。1623 年，伽利略的朋友乌尔班八世（Pope Urban VIII，1568—1644）当选为教皇，新教皇对这位大科学家十分敬重，反对 1616 年对他的指控，至此，事情似乎要出现转机。乌尔班八世希望伽利略写篇文章，从正反两个方面对日心说进行论述，这样既宣传了科学家的思想，也维护了教会的权威。伽利略答应了，但是等他把论文写完，却惹了大祸。伽利略在他的这篇大作《关于托勒密和哥白尼两大世界体系的对话》中，让一个叫辛普里西奥（Simplicio，即头脑简单到白痴的意思）的人为地心说辩护，所说的话也是漏洞百出，伽利略甚至把乌尔班八世的话放到了辛普里西奥的嘴里。这样一来，他彻底得罪了教会。[10]

当时，美第奇家族的家长费尔南多二世（Ferdinando II de' Medici，

① 今天这 4 颗卫星被称为伽利略卫星，而不是美第奇卫星。

1610—1670）是伽利略的保护人，虽然他多方周旋试图保护伽利略，但是仍无济于事。伽利略在生命最后的10年回到佛罗伦萨的家中，著书立说，于1642年走完了他传奇的一生。

几乎与伽利略同时代，北欧的科学家第谷（Tycho Brahe，1546—1601）和他的学生开普勒（Johannes Kepler，1571—1630）也开始研究天体运行的模型。最终，开普勒在他的老师第谷几十年观察数据的基础上，提出了著名的开普勒三定律，将日心说的模型从哥白尼的很多圆相互嵌套改成了椭圆轨道模型，这样他就用一根曲线将行星围绕恒星运动的轨迹描述清楚了。开普勒的模型如此简单易懂，而且完美地吻合了第谷的观测数据，这才让大家普遍接受了日心说。

当然，开普勒在天文学家中并不是特别聪明的，可以说他的一生是一个错误接着一个错误，但是他的运气特别好，最终找到了正确的模型。从这件事可以看出，信息（天文观测数据）对科学的重要性，一方面是因为科学的假设都需要信息来验证，另一方面提出新的模型也离不开掌握前人所没有的信息。无论是托勒密提出大小圆嵌套的地心说模型，还是开普勒提出椭圆的日心说模型，都得益于数据。

不过，以开普勒的理论水平，是无法解释行星围绕太阳运动的原因的，更无法解释为什么行星围绕太阳运行的轨迹是椭圆的。这些问题要等伟大的科学家牛顿去解决。

● ● ●

科学对于技术发展的作用是非常明显的。如果没有纯粹的、抽象的科学，我们学习不同的技艺就需要花很长时间，而改进技艺就更加困难了。比如我们设计一个杠杆，如果不知道它的物理学原理，可能需要很多次试错，下次条件变了还需要重新做实验。但是当这个原理被总结出来后，我们花一个小时就能学会，然后就可以灵活地使用一辈子。我们可以从技术进步的过程总结出，科学对文明程度的要求很高，这也是东西方直到公元前 500 年左右才达到第一次科学和文化繁荣顶点的原因。这个时间也被称为世界文明的轴心时代。

信息对科学发展的作用是巨大的，这从天文学发展的全过程就能看出。直到今天，各国还在建造越来越强大的望远镜和射电装置，以收集来自宇宙的信息。当然，与信息相关的技术也就必然在科技发展和文明进程中起到巨大的作用。从信息论角度讲，与信息相关的最重要的因素有两个：信息的产生和传播。当一个文明能够产生大量新的知识时，它就会领先于其他文明。当一个文明能够迅速传播知识，并且能够很容易获得其他文明的成就时，它也会比其他文明发展得更快。这一点在中华文明、古希腊与古罗马文明、伊斯兰文明以及后来的文艺复兴中都得到了体现。布鲁内莱斯基和科西莫·美第奇能够将工程技术提高到一个全新的高度，在很大程度上也受益于古希腊、古罗马和伊斯兰文明的传承。

人类在走出中世纪的停滞，经历了文艺复兴之后，将迎来创造知识和信息的另一个高峰期。

第三篇 近代科技

文艺复兴之后，世界科技的中心从阿拉伯又回到了欧洲。大部分学者认为，那是欧洲近代文明的开始。从但丁和薄伽丘生活的年代算起，至今大约 700 年，这 700 年又可以分为时间大致相等的两个阶段，即工业革命之前和工业革命之后。在工业革命之前，技术的发展并不算快，却是人类历史上科学发展最重要的时期，大部分近代的学科都是在那个时代诞生的。我们在中学学到的大部分科学知识，包括数学、物理学中的力学和光学、化学、一部分生理学和天文学等，都是那个时期科学家们的发现以及对经验的总结，因此，那是人类历史上的科学启蒙时代。至于为什么科学在那个时代开始突飞猛进地发展，有很多原因，其中一个原因就是人类掌握了一整套有效且系统地发展科学的方法，其中具有代表性的方法论就是笛卡儿总结的科学方法。可以说，方法论的改进对科研效率的提升厥功至伟。如果我们用信息这把标尺来衡量当时的文明程度，就会发现在信息源这边，信息量是呈爆发式增加的，因此，那个时代是科学史上的第二个高峰。但是在科学的传播和普及上，那个时代与古希腊、古罗马时期相比，并没有明显加快，知识精英阶层和民众在掌握信息方面的差距仍然巨大。

科学在启蒙时代聚集了一个多世纪的势能，到 18 世纪末终于迸发出巨大的能量，整个世界为之一变。正如前言中所说，人类历史上迄今为止最伟大的事件就是工业革命。从历史的维度看，欧美在工业革命之后两个世纪的发展速度远远超过前面的 2000 多年，而在中国，自全面开始工业化并进入商业文明之后，40 年也办成了历史上近 2000 年办不成的事情。从今天人们对未来的信心来看，几乎所有的人都相信明天会比今天更好，这种自信是因为工业革命之后，世界的财富、人类的生活质量和科技的水平在不断上升。事实上，在工业革命前，人们并没有这种自信。

工业革命何以对世界产生如此大的影响？从表面上来看，由于机器的使用，使得人类能够控制和利用的能量呈数量级增加，以至能够创造出我们根本用不完的物质财富。因此马克思和恩格斯才会讲："资产阶级在它的不到一百年的阶级统治中所创造的生产力，比过去一切世代创造的全部生产力还要多，还要大。"① 从更深层的原因看，工业革命及其之后，人类的发明创造从一种自发状态进入一种自觉状态。在工业革命之前，人类的发明几乎无一例外是靠长期的经验积累，这个过程非常缓慢，有时需要经历几代人的时间。在科学启蒙时代之后，以瓦特（James Watt，1736—1819）为代表的发明家主动利用科学原理进行发明，从此改变人类生活的发明在短时间内不断涌现。此后，科学和发明的关系常常表现为科学先于发明几十年。我们可以把它理解成信息的剧增带动了能量利用水平的飞跃。

---

① 马克思，恩格斯 . 共产党宣言［M］. 北京：人民出版社，2015.

第五章　科学启蒙

如果说17世纪之前欧洲的科学家还是凤毛麟角，硕果也仅仅是日心说，那么到了17世纪之后，欧洲开始迎来科学成就大爆发的时代。接下来的一个世纪，可以说是整个欧洲的启蒙时代。是什么原因促使了科学的大爆发？除了政治、经济的因素外，从信息通道和信息源来看，至少还有两个因素不能忽视，即印刷术的发明使得信息流通的带宽迅速拓宽，以及系统且有效的科学研究方法的诞生，而后者在很大程度上要感谢法国的数学家、哲学家笛卡儿。牛顿说他自己是站在巨人的肩膀上，这个巨人就是笛卡儿。

科学方法论

在中国，人们通常首先把笛卡儿当作伟大的数学家，因为他发明了解析几何，而牛顿和莱布尼茨所发明的微积分就是建立在解析几何基础之上的。的确，解析几何的发明是一件了不起的事情，它将代数和几何结合在一起，也是连接初等数学和高等数学的桥梁。今天，这门课在美国一些高中或者大学里有另一个名称——微积分先修课（Pre-Calculus），这也说明了它的桥梁作用。不过，牛顿说他站在笛卡儿的肩膀上，除了肯定后者在数学上的贡献外，还有更深一层的含义，那就是他自己和同时代的很多科学家之所以能非常高效地发现宇宙的各种规律，也得益于笛卡儿所提出的科学方法论。笛卡儿是一个承前启后的人，在他之前有伽利略和开普勒，在他后面有胡克（Robert Hooke，1635—1703）、牛顿、哈雷（Edmond Halley，1656—1742）和波义耳（Robert Boyle，1627—1691）等人。笛卡儿从前人的工作中总结出科学研究的方法论，对后来自然科学的发展影响深远，直到今天对科研仍有指导意义。我们常说，在科学上要“大胆假设，小心求证”，“怀疑是智慧的源头”，这些论点都出自笛卡儿。

笛卡儿的方法论讲述的是科学研究从感知到新知所应该遵循的过程。他认为，这个过程的起点是感知，通过感知得到抽象的认识，并总结出抽象的概念，这些是科学的基础。笛卡儿举过这样一个例子：一块蜂蜡，你能感觉到它的形状、大小和颜色，能够闻到它的蜜的甜味和花的香气，你必须通过感知认识它，然后将它点燃（蜂蜡过去常被用作蜡烛），你能看到性质上的变化——它开始发光、融化。把这些全都联系起来，才能上升到对蜂蜡的抽象认识，而不是对一块块具体的蜂蜡的认识。这些抽象的认识，不是靠想象力来虚构，而是靠感知来获得。感知，其实就是用手工的方式收集信息。今天我们说通过各种传感器收集来的大数据可以帮助我们改进产品和服务，其实就是利用先进的工具更好地感知世界。从认识论角度讲，它和笛卡儿所说的感知是相通的。

接下来，笛卡儿在他著名的《方法论》(*Discourse on the method*)一书中揭示了科学研究和发明创造的普适方法，并把它概括成4个步骤。

第一，不盲从，不接受任何自己不清楚的真理。对一个命题要根据自己的判断，确定有无可疑之处，只有那些没有任何可疑之处的命题才是真理。这就是笛卡儿著名的“怀疑一切”观点的含义。不管什么权威的结论，只要没有经过自己的研究，都可以怀疑。例如亚里士多德曾说，重的物体比轻的物体下落速度快，但事实并非如此。

第二，对于复杂的问题，尽量分解为多个简单的小问题来研究，一个一个地分开解决。这就是我们常说的分析，或者说化繁为简、化整为零。

第三，解决这些小问题时，应该按照先易后难的次序，逐步解决。

第四，解决每个小问题之后，再综合起来，看看是否彻底解决了原来的问题。

如今，不论是在科学研究中，还是在解决复杂的工程问题时，我们都会采用以上4个步骤。信息产业从业人员可能有这样的体会：做一款新产品，不能被原有的工作限制想法，对新的问题先要分解成模块，然后从易到难完成每一个模块，并对模块进行单元测试，之后将各个模块拼成产品，再对产品进行集成测试，确认是否实现了预想的功能。按照这个方法有条不紊地工作，再难的问题也能解决。

在上述4个步骤中，笛卡儿特别强调“批判的怀疑”在科学研究中的重要性。他认为，在任何研究中都可以大胆假设。其实他的“怀疑一切”的主张就是大胆的假设。但是，求证的过程要非常小心，除了要有站得住脚的证据，求证过程中的任何一步推理，都必须遵循逻辑，这样才能得出正确的结论。

在整个研究过程中，笛卡儿十分讲究逻辑的重要性。虽然不同的人对同一事物的感知不同，但是对于同一个前提，运用逻辑得出的结论必须是相同的。因此，从实验结果得到解释，以及将结论推广和普遍化都离不开逻辑。实验加逻辑，成为实验科学的基础。

笛卡儿将科学发展的规律总结为：（1）提出问题；（2）进行实验；（3）从实验中得到结论并解释；（4）将结论推广并且普遍化；（5）在实践中找出新的问题。如此循环往复。

笛卡儿之前的科学家并非不懂研究的方法，只是他们了解的研究方法大多是自发形成的，方法的好坏取决于自身的先天条件、悟性或者特殊机遇。古希腊著名天文学家喜帕恰斯能发现一些别人看不见的星系，原因之一就是他的视力超常；开普勒发现行星运动三定律是因为从他的老师第谷手里继承了大量宝贵的数据；亚里士多德能成为最早的博物学家，在很大程度上也仰仗于他的学生亚历山大大帝带着他到达世界各地。这些条件常常难以复制，以至科学的进步难以持续。

笛卡儿改变了这种情况，他总结出了完整的科学方法，即科学的研究是通过正确的论据（和前提条件），进行正确的推理，得到正确的结论的过程。后来的科学家自觉遵循这个方法，大大地提高了科研的效率。因此，笛卡儿称得上是开创科学时代的祖师爷。受到他影响的学科，不仅仅是他所研究的数学和光学，还包括很多其他自然科学，比如生理学和医学。

近代科学和古希腊科学有一定的继承性，这主要体现在理性的一面。但是近代科学和古希腊科学又有着巨大的不同，这体现在近代科学强调实验的重要性，特别是进行精确可重复性实验，从“大约”地观察世界进化到“精确”地观察自然现象和实验结果，这是之前各个文明都不曾有过的研究技能。

近代医学的诞生

很多人喜欢把医学分为西医和中医，其实这种分法不是很准确，更准确的分类应该是现代医学和传统医学。今天，如果到西班牙马德里皇宫的医务室看一看，就会发现它几乎就是一个中药铺子，只不过一格格的抽屉换成了一个个玻璃储药罐，里面尽是草药和矿物质，熬汤药的瓦罐换成了玻璃烧瓶。实际上在大航海时代的欧洲，医疗方法和中国传统的医学没有太大区别。

近代医学的革命始于哈维（William Harvey，1578—1657），他生活的年代比中国的名医李时珍（1518—1593）仅仅晚了半个世纪。哈维对医学的主要贡献在于通过实验证实了动物体内的血液循环现象，并且系统地提出了血液循环论。他在1628年发表的医学巨著《关于动物心脏与血液运动的解剖研究》（*Exercitatio Anatomica de Motu Cordis et Sanguinis in Animalibus*，简称《心血运动论》）中指出，血液受心脏推动，沿着动脉血管流向全身各处，再沿着静脉血管返回心脏，环流不息。在书中，哈维还给出了他所测定过的心脏每搏的输出量。

哈维的《心血运动论》和哥白尼的《天体运行论》、牛顿的《自然哲学的数学原理》以及达尔文（Charles Robert Darwin，1809—1882）的《物种起源》，并称为改变历史的科技巨著。其中，哈维《心血运动论》的影响不仅在于提出了一种理论，更在于找到了一种医学研究的方法，使得后来欧洲的医学得以迅猛发展，这也再次说明科学方法对于科学发展的重要性。

在哈维之前，欧洲一直沿用古罗马的医学理论家盖仑建立起来的医学理论。虽然盖仑也做解剖研究，并且发现了神经的作用以及脊椎的作用，但是他并没有搞清楚绝大多数人体器官的功能。盖仑的理论和中国古代的中医非常像，比如认为生命来源于“气”。后来的医学家在此基础上进一步发展，认为脑中有“精气”（pneuma psychicon），决定运动、感知和感觉；心中有“活气”（pneuma zoticon），控制体内的血液和体温；肝脏中有“动气”（pneuma physicon），控制营养和新陈代谢；等等。对于血液的流动，盖仑认为是从心脏输出到身体各个部分，而不是循环的。[1] 也正因为如此，盖仑并不认为人体的血液量是有限的，从而发明了针对病人的放血疗法，这种谬误要了很多人的命。

要给人治病，就要了解人的生理特点，这就是笛卡儿所说的感知。但是，从中世纪开始，在很长的时间里，教会反对解剖尸体，以至在文艺复兴时期，达·芬奇等人还需要盗窃尸体才能进行解剖研究。由于缺乏一手信息，医生对人类器官功能的研究没有什么进展。从这一点也可以看出，如果没有信息，科学是很难进步的。但是在文艺复兴之后，尽管十分艰难，解剖学还是发展起来了。哈维的老师法布里克斯其实通过解剖发现了静脉瓣膜的存在，但他没有思考这个瓣膜有什么功能。因为他和其他医生一样，忠于盖仑的教条，总是想着用旧的理论解释新的发现。在哈维之前，西班牙医生塞尔维特（Michael Servetus，1511—1553）其实已经发现了肺循环，但是他也因为反对三位一体的说法得罪了教会，被处以了火刑。① 此后，直到哈维的年代，欧洲的医学研究并没有

① 过去的说法是塞尔维特因为发现了肺循环而被判处火刑，但实际上真正原因是其反对教会。在被日内瓦政府逮捕后，最初日内瓦的小议会想采用比较温和的判决，但是当各个教区都开始谴责塞尔维特时，日内瓦的小议会就判处了他火刑。当时宗教改革的领袖加尔文是日内瓦的“教皇”，因此，这笔账就永远地算在了加尔文的头上，尽管他并没有下令逮捕塞尔维特。

几百年后，在塞尔维特行刑的山坡上，加尔文派的教徒们立了块石碑，上面写道：我们是宗教改革者加尔文的忠实感恩之后裔，特批判他的这一错误，这是那个时代的错误，但是我们根据宗教改革运动与福音的真正教义，相信良心的自由超乎一切，特立此碑以示和好之意。

重大突破。

哈维发现血液循环的原理其实是从逻辑推理出发的，他彻底摒弃了盖仑的理论，提出了新的理论去契合实验结果。哈维通过解剖学得知心脏的大小，并且大致推算出心脏每次搏动泵出的血量，然后根据正常人的心跳速率，进一步推算出人的心脏一小时要泵出将近500磅①血液。如果血液不是循环的，人体内怎么可能有这么多的血液。鉴于这个推理，哈维提出了血液循环的猜想，然后通过长达9年的实验验证了他的理论。[2]

1651年，哈维又发表了他的另一篇大作《论动物的生殖》，对生理学和胚胎学的发展起了很大作用。在这本著作中，哈维否定了过去占主导地位的先成说②：胚胎具有与成年动物相同的结构，只是缩小的版本。他认为，胚胎最终的结构是一步步发育出来的。

这两大发现确立了哈维在近代医学史上开山鼻祖的地位。他首先告诉大家，血液循环这个人和动物在生理上的一大功能的背后机理为：一种特殊的物理运动，而不是盖仑所谓的虚无缥缈的“气”；其次，他纠正了当时医学界对动物胚胎的错误认识。当然，更重要的是，哈维为生理学和医学开创了近代的研究方法，他的发现不是靠研究和解释经典，而是靠逻辑、观察和实验。哈维的研究方法为后来笛卡儿提出方法论提供了启发。哈维在他的书中写道：“无论是教解剖学还是学解剖学，都应以实验为依据，而不应以书籍为依据，都应以自然为师，而不应以哲学为师。”

哈维的成就一开始在天主教势力强大的法国遭到反对，后来由于

---

① 1磅等于0.4535千克。

② 先成说（也称预成说）是关于胚胎发育的一种假说。

笛卡儿的支持，才被大众接受。笛卡儿比哈维小十几岁，一直对这位近代科学的先驱敬重有加。

现代医学的发展也得益于工具的发明和改进。在古代，医学研究的一个巨大障碍在于无法直接观测人体内部的生理活动，只能通过病人的表述、医生号脉、看脸色、感受体温等间接的方法，从侧面了解病人在生理活动上的变化，这样得到的信息常常很不准确，更不用说量化度量了。从 17 世纪开始，随着物理学的发展，各种诊测仪器被发明出来，它们帮助医生了解病人的病情，进行正确的诊断，并提供比以前更好的治疗方法。这些仪器大致可以分为两类：第一类是直接用于人体指标的测量和生理活动观测的仪器，包括温度计、血压计、听诊器、心电图仪等；第二类则是了解生命运动微观特性的仪器，主要是显微镜。两者的本质都是人眼睛、耳朵和手的延伸，以帮助人类获取更多的关于病情的信息。

早在伽利略时期，科学家就发明了温度计①，但是那种温度计并不能准确测量病人的体温。直到大约半个世纪后，法国人布利奥发明了水银体温计，医生才能准确判断病人是否发烧，体温上升了多少。但是，人们对温度变化没有统一的度量方法，在实际应用时很不方便。直到 18 世纪初，荷兰的科学家华伦海特（Gabriel Daniel Fahrenheit，1686—1736）才提出了一种被广泛接受的温度度量标准和相应的温度度量单位，它被英国皇家学会确定为“华氏温标”（Fahrenheit temperature scale），成为当时测量温度的标准。[3]

到了 18 世纪中期，1742 年，瑞典天文学家安德斯·摄尔修斯（Anders Celsius，1701—1744）提出了另一种温度度量标准——“摄氏

① 这种早期的温度计虽然被称为伽利略温度计，但并不是伽利略发明的。

温标”（Celsius temperature scale）。今天华氏温标与摄氏温标共同成为国际主流的计量温度的标准。

刻有温标的水银温度计可以说是人类最早使用的量化测定病情的科学仪器。19 世纪初，听诊器和血压计被发明出来。听诊器的原理并不复杂，它是通过声音感知人体器官的运动，以了解它们的生理状况。在听诊器发明之前，医生有时会趴在病人胸口直接听心跳和肺部运动，但是裸耳的声音分辨率其实是很差的。听诊器最初的发明者是法国医生雷奈克（René Laennec，1781—1826）。[4] 1816 年，他因为要给一位年轻的贵妇听胸部跳动，但不便直接趴到对方胸部去听，无意中发明了听诊器，并且经过 3 年的改进，制造出了比用耳朵直接听效果更好的听诊器。20 世纪后出现了声学显微镜，其实也是利用声波信息探测物质内部结构的缺陷，其原理和听诊器有相似之处。21 世纪，人类测量到宇宙中的引力波，从此可以通过“听”宇宙的声音了解宇宙远方的演变情况。从原理上讲，它们都是通过波动获取信息。

测量血压对诊断疾病的意义早在哈维时代就被认识到了，但是早期测量血压需要打开人（和动物）的动脉血管，这种方法显然无法用于诊断疾病。19 世纪初，法国著名物理学家和医生泊肃叶（Jean Léonard Marie Poiseuille，1797—1869）在研究血液循环的压力时，提出了早期流体力学中重要的泊肃叶定律①，并且受到水银气压计发明原理的启发，发明了利用水银压力计测量血压的原型仪器。今天用的动力黏度单位“泊”（Poise）就源于他的名字。1835 年，哈里森（Jules Harrison）发明了通过脉搏变化测量血压的血压计，我们对哈里森的生

① 泊肃叶定律（Poiseuille’s law），是描述流体流经细管（人的血管和导尿管等）所产生的压力损失，压力损失和体积流率、动黏度和管长的乘积成正比，和管子半径的 4 次方成反比。

平了解甚少，只是通过他在1835年发表的论文了解了他的工作。[5]但是，由于人的脉搏搏动比较弱，这种血压计测量的结果很不精确，于是医生又绞尽脑汁地来改进它。1896年，意大利内科医生罗奇（Scipione Riva-Rocci，1863—1937）发明了今天使用的水银血压计。血压计的使用，不仅使医生能够更方便地诊断病人的病情，而且能够定量地评估病人的病情变化和治疗效果。从本质上讲，各种血压计就是通过间接测量一种容易获取的信息，来推断另一种隐含的信息。而它们之间彼此的联系是通过信息论中一个被称为互信息①的概念建立起来的。只是在19世纪还没有信息论，人们需要通过大量的实验找到容易测量的相关信息，因此测量仪器发明的周期就特别长。今天，由于有了信息论做指导，新仪器发明的周期就缩短了很多。

进入20世纪后，利用X射线技术发明的各种透视设备，可以让医生直接看到人体内的生理变化，疾病的诊断水平有了大幅度提高。所有这些诊断仪器的作用从本质上讲，就是帮助人类获取自身感官无法获得的信息。

人类的很多疾病，是由外界微生物进入人体引起感染造成的。那些微生物非常小，不但肉眼看不见，而且在很长的时间里，人类甚至不知道它们的存在。在了解疾病原因以及寻找救治方法上，对医学和生物学发展贡献最大的一项发明就是显微镜了。有趣的是，显微镜的发明者列文虎克（Antony van Leeuwenhoek，1632—1723）并不是医生，也不是物理学家，而是一位荷兰亚麻织品商人，磨制透镜和装配显微

① 互信息（mutual information）是信息论里一种有用的信息度量，它可以看成是一个随机变量中包含的关于另一个随机变量的信息量，或者说是一个随机变量由于已知另一个随机变量而减少的不确定性。

镜是他的业余爱好。通过显微镜，他第一次看到了许多肉眼看不见的微小植物、微生物以及动物的精子和肌肉纤维。[6] 1673 年，他在英国皇家学会发表了论文，介绍了他在显微镜下的发现，并且在后来成为皇家学会的会员。

显微镜之于医学的重要性，如同望远镜之于天文学。它们有一个共同的特点，就是让人类可以获得肉眼观察不到的信息。后来，显微镜对细胞学说的确立以及病原说的建立起到了关键作用。没有显微镜，法国著名科学家路易斯·巴斯德（Louis Pasteur，1822—1895）和英国的名医约瑟夫·李斯特（Joseph Lister，1827—1912）是不可能发现细菌致病的。[7、8]

最初认识到细菌能够致病的其实不是巴斯德，而是奥匈帝国的医

图 5.1
《路易斯·巴斯德在他的实验室》，收藏于奥赛博物馆

生伊格纳兹·塞麦尔维斯（Ignaz Philipp Semmel-Weiss，1818—1865）。直到19世纪中期，欧洲死于产褥热的产妇比例依然非常高。塞麦尔维斯是维也纳总医院的妇产科医生，但是，就是在这所当时欧洲顶级医院里，产妇发高烧死亡的比例特别高，有些病房甚至高达15%以上。1847年，在一次外出时，塞麦尔维斯发现他所负责的病房，在只有护士替他照顾产妇时，产妇的死亡率居然下降了很多。之前，大家已经注意到，有医生照料的病房里的产妇的死亡率，比只有护士（没有医生）照料的病房里的产妇死亡率要高。塞麦尔维斯想，会不会是经常要解剖尸体做研究的医生把“病毒”带给了病人？于是，塞麦尔维斯开始要求执行严格的洗手制度，这么做之后，产妇的死亡率果然直线下降到5%以下，有些病房甚至到了1%以下。[9]不过，塞麦尔维斯并不知道“病毒”是什么，更没有将生病和微生物感染联系起来。可以说，如果没有显微镜，医生对“病毒”的猜测肯定五花八门。但是有了显微镜，可以看见那些病毒，情况就不一样了。

1862年，巴斯德提出了生物的原生论，即非生物不可能自行产生生物。1864年，他进行了大量的实验，通过显微镜发现了微生物（细菌）的存在，最终将细菌感染与诸多疾病联系在一起。

与此同时，李斯特也提出了外部入侵造成感染的设想。李斯特的父亲是一位医生兼光学仪器专家，发明了显微镜使用的消色差物镜。李斯特本人一直依靠显微镜做研究。1865年，在得到巴斯德理论的支持后，李斯特提出，缺乏消毒环节是发生手术感染的主要原因，并且发明和推广了外科手术消毒技术。今天巴斯德被誉为微生物学之父，而李斯特则被誉为现代外科之父。

接下来，德国著名医生科赫（Robert Koch，1843—1910）在显微镜的帮助下，找到了很多长期困扰人类的疾病，尤其是传染病（比如炭疽病、霍乱和肺结核）的根源，并且发展出了一整套判断疾病病原体的方法——科赫法则。科赫后来被誉为细菌学之父，并且在 1905 年因对结核病的研究而获得诺贝尔生理学或医学奖。

从哈维开始，经过众多医学家和医生近 3 个世纪的共同努力，人类终于搞清楚了自身的结构、各个组织器官的主要功能，以及很多疾病的成因，并且找到了大部分疾病的治疗方法。今天，世界人均寿命比 17 世纪时几乎延长了一倍，除了食品供应越来越充足外，这主要得益于近代和现代医学的进步。在这些进步中，一部分来自医学理论的发展，另一部分则来自诊疗手段的进步。前者受益于科学方法的使用，后者则是靠人类获取信息手段的提升。

开启大航海时代

为什么在中世纪之后的科学复兴是从天文学、力学以及为它们服务的数学领域开始的呢？一个重要的原因是当时航海的需要，这就如同早期天文学和几何学是出于农业生产的需要一样。

人类的迁徙迄今为止有三次飞跃——现代智人走出非洲、大航海和地理大发现，以及太空探索。这三件事虽然在今天看来难度不同，但它们的意义同样伟大。从走出非洲到大航海开始，这中间有几万年的时间，而从大航海到人类登月，只经过了几百年的时间。可见，人类的科技是加速进步的。

整个大航海时代，如果从 1405 年郑和（1371—1433）第一次下西洋开始算起，到 1606 年荷兰和西班牙人登陆澳大利亚，发现了地球上所有已知的大陆，正好是两个世纪的时间。如果从1969年人类登月开始算起，再往后数两个世纪，按照现在不断加速的科技进步速度，人类或许还真能走遍太阳系。关于航天的事情我们以后再讲，在这一节里让我们来看看技术的进步是如何帮助人类实现航海梦的。

人类最早的航海先驱当属澳大利亚的蒙哥人[①]，他们在40000年前的冰期跨过了印度尼西亚与澳大利亚北部之间的海域，到达澳大利亚。至于他们是如何跨海到达澳大利亚的，是使用人力划桨，还是用简易的风帆借助风能，由于没有任何文物留下来，依然是一个谜。不过可以肯定的是，那不是一件容易的事，从中我们也能够看到人类祖先的冒险精神。

有比较详细历史记载的早期航海者是腓尼基人和古希腊人，他们在3000多年前就在地中海自由航行了，足迹遍布整个地中海沿岸。特别是腓尼基人，他们从中东地区出发，在地中海两岸建立了很多殖民点，一直延伸到直布罗陀海峡。腓尼基人在航海中利用的能量应该是由船帆所提供的风能，而不是人划船的动能。

在蒸汽船发明之前，风能是人类唯一掌握的能够在远洋航行时使用的能量，谁善于掌控这种能量，谁就能在海洋上航行得远。当然，为了在茫茫大海中不迷失方向，安全航行，就要准确了解自己当前的位置信息和目标的方位信息。中世纪时期，世界航海能手是阿拉伯人和波斯人，他们能在当时已知的大洋上自由航行，这和他们掌握了上述信息并且善用风能有关。

我们先从信息的角度说说伊斯兰文明在航海方面的贡献。为了能

---

① 蒙哥人今天已经灭绝，他们和今天居住在澳大利亚的原住民没有什么关系。

准确地测定时间和方位，以便能够在准确的时间朝着麦加的方向祈祷，伊斯兰学者发明了很多测量时间和方位的仪器。8世纪时，阿尔-法扎里（Muhammad Ibn Ibrahim Al-Fazari，？—796或806）[1]改进了古希腊人发明的星盘。星盘由一个圆盘及镂空的转盘组成，标有太阳和其他恒星的位置，能确定时间和自己所在的位置。到了9世纪，阿拉伯人发明了几种可以更准确地测定方位的象限仪。虽然象限仪最初被用于测定祈祷的方位，但是很快被用于航海。波斯人在13世纪时开始使用能够准确寻找方向的旱罗盘。旱罗盘不同于中国更早发明的水罗盘，它是一种比较精确的仪器，中间是一根可以转动的磁针，四周是刻有准确方位的表盘刻度。至于他们是从中国人那里学会了使用指南针的技术，还是受到更早发明旱罗盘的意大利人的启发，抑或是自己独立发明的，现在找不出确凿的证据，但有一点是肯定的，阿拉伯人和波斯人很好地把象限仪和旱罗盘用于了航海。此外，伊斯兰文明从印度学会了三角函数的计算方法，并且发展了三角学。在公元9世纪早期，波斯著名学者花剌子米制定了准确的三角函数表，大大降低了在海上测量距离的难度。直到欧洲大航海时代开始之前，阿拉伯人和波斯人一直在航海技术上领先于世界，就连郑和的船队中，都有大量的阿拉伯人。

确定方位后，还需要有动力才能完成航海。在蒸汽船出现之前，季风几乎是唯一能够用来进行远洋航行的能量来源。虽然苏美尔人很早就发明了船帆，但是过去的船帆更像是一个兜风的口袋，只能在顺风时获得动力，逆风时航行就很困难了。公元9世纪，阿拉伯人发明了

---

[1] 阿尔-法扎里可能是阿拉伯人，也可能是波斯人，父亲也是著名的天文学家和数学家。

三角帆，从此，船帆不再是一个兜风的口袋，而是如同一个竖直的机翼，风在帆的前缘被劈开，再流到后缘去会合。由于帆的迎风面凹陷，背风面凸起，便像机翼一样形成了一定的曲度，使得空气在背风面的流速大于迎风面的流速而形成低压区，从而产生逆风而行的动力（这在物理学上被称为伯努利原理）。这时的船帆就成为帆船前进的引擎。阿拉伯人除了发明各种航海的仪器和风帆外，还收集了大量的季风和水文数据，在已知海域，他们的航行可以用顺风顺水来形容。从能量的角度来讲，阿拉伯人通过改进技术和收集信息，为各种条件下的航海找到了能量来源。

不过，尽管有了阿拉伯人发明的各种航海仪器，在海上大致定位并且找到航海的方向没有问题，但是定位的准确度对规避礁石和暗礁还是远远不够的。即便是在近海航行，有灯塔帮助导航，但因为辨不清方位而触礁的悲剧也是经常发生，更不用说跨洋远航了。因此，在哥伦布时代，远洋航行是一件玩命的事情，以至除了要赎罪换取自由的犯人，没有人愿意当开拓远洋贸易和殖民地的水手，甚至是囚犯，在航海中也多次出现造反或者逃跑的情况。在大航海时代，意大利人、西班牙人和葡萄牙人都先后试图解决准确定位的问题，但是都不得要领。

准确定位在今天看来并不复杂，在地球上定位，其实只需要准确地知道经度和纬度这两个数据就可以了。纬度比较好度量一些，因为在地球不同的纬度看到的天空是不一样的，只要使用四分仪或星盘测量太阳或者某颗特定的恒星在海平面上的高度即可推算出。但是测量经度就要复杂许多，因为地球是自转的，天空中太阳或者星辰的某个景象，几分钟后就会出现在 100 千米以外同纬度的地方。因此，从大航海一开始，围绕经度测量技术的研究就没有中断过。在历史上，无论是著名的航海家亚美利哥·韦斯普奇（Amerigo Vespucci，1454—1512，美洲大陆就是以他的名字命名的），还是大科学家伽利略，都花了很大的精力试图解决经度测量的难题。虽然他们提出了一些具有启发性的测量方法，但是都不实用。

1714年，一次海难让英国政府认识到经度测量的重要性，包括牛顿、哈雷在内的大批著名科学家都参与到这项研究当中。哈雷甚至为了翻译阿拉伯人留下的一些科学著作而学会了阿拉伯语。这一年，英国正式通过了《经度法案》，设重奖（20000英镑）给第一个解决经度测量问题的人，这吸引了很多人来研究准确测量经度的方法。

比较容易想到的解决办法是能够同时测量出出发地的时间，以及当前所在地的时间，然后根据出发地的经度、时间差以及地球自转的速度，算出船当前位置的经度。18世纪初，牛顿等英国的科学家发明了六分仪。这种手持的轻便仪器可以测量天体的高度角和水平角，将所得结果和天文台编制的星表对照，就可以测定船舶所在地的当地时间。如果船上有钟表能够准确记录出发地的时间，就可以根据地球自转的速度推算出经度了。然而，准确记录出发地的时间，并不是一件容易的事情，因为船在海上非常颠簸，当时没有钟表能够在那种情况下准确计时。如果装在船上的钟表有一秒误差，测定的距离就会差出500米左右。

最终解决这个难题的并非科学家，而是英国一位自学成才的钟表匠约翰·哈里森（John Harrison，1693—1776）和他的儿子。他们花了近30年时间发明了航海钟，做到了在海上准确计时。1773年，经度委员会将奖励授予了哈里森。今天，在英国格林尼治天文台博物馆内，有关于哈里森的工作的详细介绍，并且保存着当时他制作的几代航海钟，供人们了解经纬度测量的历史（见图5.2）。不过哈里森的航海钟在当时非常昂贵，无法普及。又经过了几十年，在欧洲很多钟表工程师的共同努力下，到了19世纪初才让航海钟的成本下降到船长们能够装备得起的水平，此后航海钟在远洋轮船上迅速得到普及。有了六分仪和航海钟，海上远距离航行变得安全了许多。

航海的安全使得海运成本大大下降，这在客观上促进了随之而来的全球化。1600—1800年，英国跨洋贸易在国民生产总值中的比重增速远远高于欧洲其他强国，并且在1800年前后开始主导全球贸易，这和它领先的航海技术是分不开的。1800年之后，蒸汽船的普及使得海洋运输陡然加速。英国全球贸易量在国民生产总值中的占比增加了两倍左右，从3%（下限估计）~8%（上限估计）增加到18%~25%。[10]

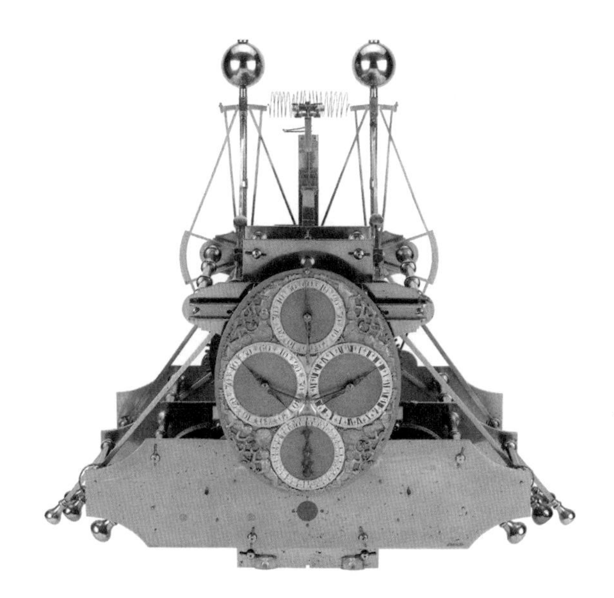

图5.2　哈里森的航海钟

航海技术的关键在于能量的利用与准确测定方位和位置，后者的本质是准确获得信息。能量和信息不仅对航海非常重要，对航天也同样重要。我们在后面还会看到，在阿波罗登月中，最重要的就是火箭技术和控制技术的使用，前者代表能量，后者则依靠信息技术。

在任何一个科技快速发展的时代，都需要在思维方式和方法论上比先前的年代有巨大的飞跃。那些新的思维方式，会用那个时代最明显的特征命名。从牛顿开始的200多年间，最先进、最重要的思维方式就是机械方法论了。

神说，让牛顿去吧！

牛顿在西方社会的地位非常崇高，有些人认为他在世界历史最有影响力的人中可以排第二，仅次于穆罕默德，甚至排在耶稣和孔子之前。在中国，人们通常只是将牛顿看成一个杰出的科学家，而在西方，人们认为他是开启近代社会的思想家。诗人亚历山大·波普在拜谒牛顿墓时写下了这样的诗句：

> 自然和自然律隐没在黑暗中；
> 神说，让牛顿去吧！
> 万物遂成光明。

这被西方人看成是对牛顿一生最简洁而准确的评价。

在牛顿的时代，科学家（当时叫作自然哲学家）大多是教士、贵族或者富商子弟，因为读书是很花钱的，而做研究更是如此。与牛顿同时代的科学家波义耳出身贵族，而哈雷也出生于富商家庭。牛顿来自一个自耕农家庭，如果早出生 100 年，可能就要一辈子务农了。好在当时英国经过伊丽莎白一世时期的发展，教育已经开始普及，因此，牛顿小时候被送到公学读书。虽然中途他的母亲一度想让他回家务农，但当时牛顿所在中学的校长亨利·斯托克看中了牛顿的才华，说服了他的母亲，让他重新回到学校读书，从而改变了牛顿的一生。

1661 年，牛顿进入剑桥大学三一学院（Trinity College，Cambridge），跟随数学家和自然哲学家伊萨克·巴罗（Isaac Barrow，1630—1677）学习。巴罗教授是第一任"卢卡斯教授"，但是他觉得牛顿青出于蓝，很快便将这个位子让给了牛顿。卢卡斯数学教授席位[①]是全世界学术界最为荣耀的教职，在历史上，著名科学家巴贝奇（Charles Babbage，1791—1871）[②]、狄拉克（Paul Dirac，1902—1984）和霍金（Stephen William Hawking，1942—2018）等人都担任过这个位置的教授。

在剑桥大学，牛顿由于成绩出色，获得了公费生的待遇（相当于今天的奖学金），这样就保证了他无须为生计发愁，可以潜心进行科学研究。于是，在短短几年里，牛顿便在科学研究上硕果累累。1664 年，牛顿提出了太阳光谱理论，即太阳光是由七色光[③]构成的，这一年牛顿只有 22 岁。1665 年夏天，剑桥流行瘟疫，牛顿回到家乡伍尔兹索普，在那里度过了近两年的时间，这也是他思想最活跃的时期，做出了近代科技史上很多重要的发现和研究成果，其中包括：发现离心力定律，完成牛顿力学三定律的雏形，明确了力的定义，定义了物体碰撞的动量，

① 卢卡斯数学教授席位（Lucasian Chair of Mathematics）是英国剑桥大学的一个荣誉职位，授予对象为数学及物理相关的研究者，同一时间只授予一人，此教席的拥有者称为"卢卡斯教授"（Lucasian Professor）。

② 巴贝奇是计算机的先驱。

③ 牛顿一开始认为是五色光，后来扩展到今天的七色光。

等等；在数学上，牛顿发明了二项式定理并给出了系数关系表；在研究运动速度的问题时，提出了“流数”的概念，这是微积分的雏形。

这些成果，任何一项放到今天都可以获得诺贝尔奖。因此，后世把 1666 年称为科学史上的第一个奇迹年。

牛顿是历史上罕见的能够建立起庞大学科体系的科学家。1669 年，26 岁的牛顿从他的老师巴罗手里接过了剑桥大学“卢卡斯教授”的职务，随后在这个职位上坐了 33 年。牛顿的研究领域非常广泛，除了数学，还包括天文学、力学、光学和炼金术等。他构建了近代三个大科学体系，即以微积分为核心的近代数学、以牛顿三定律为基础的经典物理学，以及以万有引力定律为基础的天文学。牛顿将这些内容写成《自然哲学的数学原理》(简称《原理》) 一书，成为历史上最有影响力的科技巨著。历史上能够建立起一套完整的理论体系的科学家非常少，比如在数学方面，除了牛顿之外，只有欧几里得、笛卡儿和后来的柯西等少数几个人做到了这一点，高斯（Johann Carl Friedrich Gauss，1777—1855）、欧拉（Leonhard Euler，1707—1783）等人的贡献虽然大，但是并没有创建出完整的学科体系。在物理学方面，只有爱因斯坦、玻尔（Niels Henrik David Bohr，1885—1962）等人做到了这一点。而牛顿则同时在很多不同的领域完成了体系的构建，这在科学史上可能是独一无二的。

牛顿对当时和后世更大、更深远的影响是在思想上，他通过科学成就，改变了人们对世界的认识。

在数学方面，牛顿最大的贡献是发明了微积分，这是今天高等数学的基础。但是在微积分的背后，这个发明的意义更大。在微积分出现之前，数学家研究的对象和解决的问题都是静态的，而牛顿关注到了精确而瞬时的动态计算问题，以及对一个变量长期变化的累积效应的追踪问题。微积分便是解决这两个动态问题的数学工具。此外，牛顿还看到了追求瞬间动态和长期累积效应之间的关系，从而将微分和积分的理论统一起来。从静态到动态，从孤立到统一，数学从微积分开始，由初等数学进入高等数学阶段，这也标志着人类在认识上的一个飞跃。

在物理学方面，牛顿是经典力学的奠基人，他的力学三定律是整个力学的基础。在牛顿之前，科学家发现了很多物理学现象和定律，但是这些知识点是支离破碎的，就如同在欧几里得之前几何学的知识不成体系一样。牛顿是建立起严密的物理学体系的人。而建立一个学科体系，首要的任务是定义清楚各种基本概念。在牛顿之前，那些最基本的物理学概念，包括质量和力，都没有清晰的定义，甚至是相互混淆的。比如人们搞不清楚力、惯性和动能的区别，质量和重量的区别，速度和加速度的区别。今天我们很难想象这一点，但这确实是当时的实际情况。牛顿定义了经典物理学中的这些最基本的概念，比如质量、力、惯性、动能等，然后在此基础上，提出了力学三定律，进而搭建起了经典力学的大厦，再次向世人展示了构建一个学科体系的方法。在牛顿之后，各门自然科学都从知识点向体系化发展。

在光学方面，牛顿提出了完整的粒子说。虽然人类对于光、颜色和视觉的研究可谓历史悠久，比如古希腊的毕达哥拉斯和古原子论的奠基者德谟克利特（约前 460—前 370）等人认为光由物体表面的粒子组成，阿拉伯人和古代中国人①都发现了光的很多特性，但只是零星的

① 中国明末的科学家方以智（1611—1671）在《物理小识》中综合前人研究的成果，对色散现象做了总结。他用自然晶体（或者人工烧制）的三棱镜将白光分成五色。由此认识到，雨后彩虹、日照下瀑布产生的五色现象，以及日月之晕、五色之云等自然现象，都是白光的色散（他的原话是：皆同此理）。

描述，缺乏定量、系统的分析。在牛顿之前或者牛顿同时代，也有不少科学家做过三棱镜实验，观察到光的色散现象，并且考虑了颜色的问题，不过他们的解释都很混乱，发现的知识也不成体系（见图 5.3）。牛顿超越前人之处在于，他通过大量的实验，建立起完整的光学体系，用各种实验证实了他的理论，并且用理论解释了光学的各种现象。有了完整并可以重复验证的学说体系，人类对规律的认识才可能从自发状态进入自觉状态，并且主动运用理论解决实际问题。比如，牛顿完整的光学理论让他得以自由地将已有的颜色混合产生新的颜色，这也是彩色显示器（电视机）、彩色胶卷和彩色数码摄影背后的光学原理。甚至在艺术上，19 世纪绘画艺术中印象派的兴起，也和人类对光学的认识直接相关。

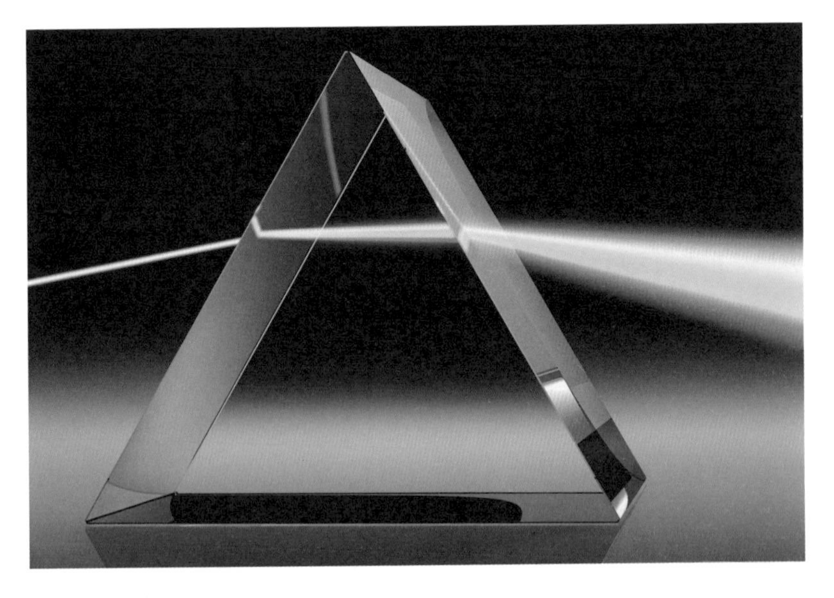

图 5.3　光的色散

在天文学方面，牛顿通过万有引力定律阐释了宇宙中日月星辰运行的规律，也从理论上解释了他的前辈开普勒的行星运动三定律，这对人类的认知意义很大。因为从此之后，宇宙中星体的运行和各种天文现象都变得可预测了，人类从此有了非凡的自信心。与牛顿同时代的科学家哈雷，利用牛顿的理论，准确地预测出一颗彗星回归的时间。虽然他本人没有能够等到它的归来，但是 73 年后，这颗彗星真的回来了。这颗彗星也因此以哈雷的名字命名。在牛顿之前，几乎所有的科学发现都需要先观察到现象，才能发现规律。在牛顿之后，很多发明则是先通过理论的推导，预测可能观察到的结果，然后再通过实验证实。后来，海王星的发现、广义相对论、希格斯玻色子的理论，以及引力场、暗物质、暗能量的理论，都是先由理论推导，然后逐渐被证实的。

需要指出的是，牛顿伟大的发现有着历史的必然性。很多人在讲述科学发明的故事时，总爱强调灵感和有准备的头脑的重要性，其实很多发明和发现都是水到渠成的结果。以万有引力定律的发现为例，大家都喜欢谈论从树上落下的苹果给牛顿带来的灵感，但这个传奇的说法实际上是法国思想家伏尔泰杜撰出来的。牛顿发现万有引力定律是一个很长的过程，并非灵机一动想出来的。更重要的是，与牛顿同时代的很多科学家，包括胡克、哈雷等人，都注意到了行星围绕太阳运动需要一种向心力，即来自太阳的引力，只是这些人没有能力完成理论的建立，[11] 而牛顿显然比他们高明一些。不过，即使没有牛顿，可能用不了多久，也会有其他科学家发现万有引力定律。事实上，哈雷参与了牛顿《原理》一书的出版，并且是该书第一版的出资人。这些事实说明了科技发展的必然性。

牛顿在思想领域最大的贡献在于将数学、物理学和天文学三个原本孤立的知识体系，通过物质的机械运动统一起来，这就是哲学上所说的机械方法论（简称机械论）。在牛顿和后来机械论的继承者看来，一切运动都是机械运动。

今天我们谈起机械论的时候，可能会觉得那是过时的、僵化的思想，但是在启蒙时代，这种思维方式是非常具有革命性的。机械论这个词本身，是牛顿的朋友、著名物理学家波义耳提出来的。牛顿、波义耳等人用简单而优美的数学公式揭示了自然界的规律，他们告诉世人：世界万物是运动的，那些运动遵循着特定的规律，而那些规律又是可以被发现的。只要利用那些定律和定理，就能制造出想要的机械，合成想得到的光，并且了解未来。在牛顿之前，人类对自然的认识充斥着迷信和恐惧，苹果为什么会落地，日月星辰为什么会升起，天上为什么会出现彩虹，这些在今天看似无须解释的现象，在当时的人们看来都是谜。人类只能把一切现象的根源归结为上帝。直到牛顿等人出现，人类才开始摆脱这种在大自然面前的被动状态。从此，人类开始用理性的眼光看待一切的已知和未知。由于牛顿用机械运动解释万物变化的规律显得如此成功，在牛顿之后的两个多世纪里，发明家们认为，一切都是可以通过机械运动来实现的。从瓦特的蒸汽机和史蒂芬森（George Stephenson，1781—1848）的火车，到瑞士准确计时的钟表和德国、奥地利优质的钢琴，再到巴贝奇的计算机和二战时德国人发明的恩尼格玛密码机（Enigma machine），无不是采用机械思维解决现实难题的范例。

机械思维的一个直接结果是知识的高度浓缩和传递的有效性。几个简单的公式就能讲清楚宇宙运行的规律，这种知识表达和传播的效率超出了之前的任何文明。牛顿将几乎所有到他为止人类所掌握的自然科学知识，用他的两本书《原理》和《光学》就概括了。法国启蒙学者伏尔泰去了一趟英国，就将牛顿的理论带回法国，并且由法国著名女数学家爱米丽·布瑞杜尔（Emilie de Breteuil，1706—1749）翻译成法语，这种知识传播的过程要比过去快得多。

在历史上，除了阿基米德等少数人的发明是直接依据科学理论指导外，绝大多数发明是靠长期经验的积累并逐步改进的结果，而这种方式的发明进步速度非常缓慢。在早期文明中，科学发现和技术发明并没有太直接的关系，直到今天，科学家和发明家还通常是两类人。因此，在历史上很多文明对短期看不到结果的科学研究并不是很重视。科学和技术的紧密结合是从牛顿的时代开始的，牛顿本人兼有科学家和发明家双重身份，他在非常年轻的时候就成了英国皇家学会会员，而这并非靠他在数学或者力学上的成就，而是因为他发明了一种望远镜。由于不同颜色的光具有不同的折射率，所以完全靠透镜折射制造的望远镜一旦增加放大倍数，物体就模糊不清。为了避免玻璃透镜的这个先天不足，牛顿采用曲面反射镜取代凸透镜发明了反射式望远镜，它比伽利略的折射式望远镜清晰而且小巧，后来这种反射式望远镜以牛顿的名字命名。今天世界上最大的太空望远镜詹姆斯·韦伯空间望远镜（James Webb Space Telescope，简称 JWST），就是应用牛顿望远镜的原理制造的（见图 5.4）。而且，在牛顿之后，人类有意识地利用科学知识指导实践，这才使得自近代以来科技进步不断加速。西方科技史学家通常把牛顿视为人类科技史上的标志性人物，因为他开启了近代社会和科学的时代。

当然，在牛顿的年代，科学转化为技术的周期还很长，有时需要半个世纪甚至更长时间，今天，这个周期被大大缩短到20年左右。当然，很多人会觉得20年依然很长，但是一项真正能够改变世界的重大发明，从重要的相关理论发表，到做出产品，再到被市场接受，过程极为复杂，20年一点儿也不长。我们在后面会通过一些例子来告诉大家，这样的全过程是如何完成的。

笛卡儿、牛顿等人生活的时代，是人类历史上的科学启蒙时代，再往后要经过半个多世纪，工业革命才真正开始。在半个多世纪里，另一门重要的科学——化学诞生了。

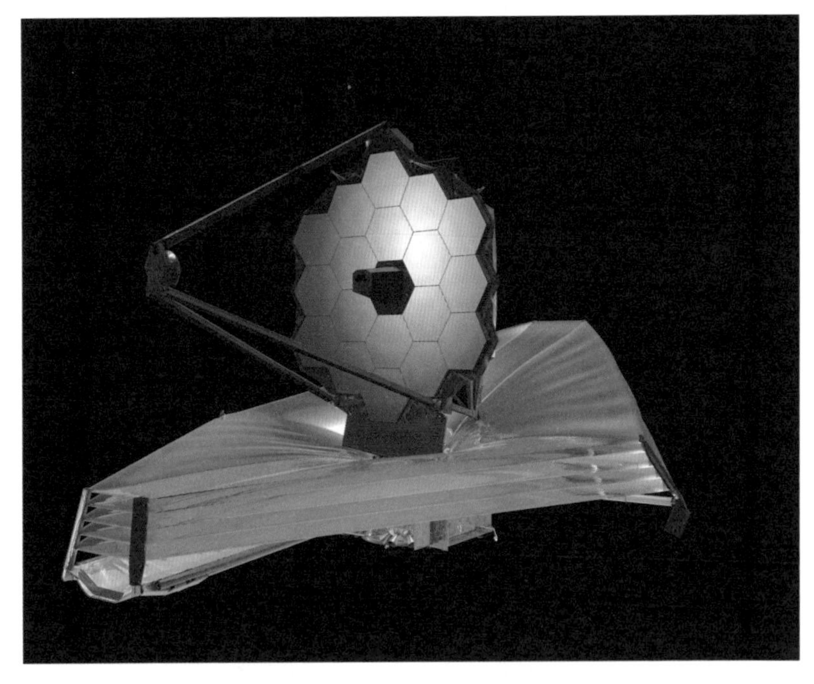

图5.4 詹姆斯·韦伯空间望远镜效果图

炼金术士还是化学家

相比有上千年历史的数学、物理学和天文学，化学的历史非常短，它的产生与另一种历史非常悠久的知识体系——炼金术紧密相关。炼金术在今天的口碑不是很好，因为它被确认为是伪科学，它的很多做法完全不符合科学规范。不过，早期的物理学、医学和天文学（包含占星术）其实比炼金术也强不到哪里去，只是后来它们依靠科学的方法脱胎换骨，而炼金术在采用科学方法之后换了一个名字——化学。

几乎人类各个文明都发展了自己的炼金术，但是在东方和西方，炼金术的定位并不相同。在中国，炼金术是以制造万灵药和长生不老药为目的，因此也叫炼丹术。而在西方，炼金术的目的是将廉价的金属变成贵重的黄金。无论是为了长生不老，还是为了钱财，炼金术背后都有巨大的利益驱动。因此，虽然从来没有成功过，但术士们仍为此前赴后继，乐此不疲。

虽然劳民伤财且不断失败，但炼金术也并非一无是处。在中国，它催生了火药的发明；而在西方，通过炼金术，人们找到了各种各样的矿物质，提炼出了一些元素，并且在这个过程中积累了化学实验的经验和实验方法，从而发明了许多实验设备。

最早从炼金术士转变为化学家的，要算德国商人布兰德（Henning Brand，约 1630—1710）了。1669 年，他试图从人体的尿液中提取黄金（可能因为它们都是黄色的缘故），于是抱着发财的目的，用尿液做了大量实验，意外地发现了白磷。这种物质在空气中会迅速燃烧，发出光亮，因此布兰德给它起名 *Phosphorum*，意思是光亮。其他的炼金术士听到这个消息后百般打探，但是布兰德的保密工作做得很好，在接下来的好几年里，大家对提炼磷的过程毫无所知。后来，德国科学家孔克尔探知这种发光的物质是从尿液中提取出来的，于是也开始做类似的实验，并且在 1678 年成功地提取出了白磷。几乎同时，英国的科学家波义耳也用相近的方法获得了磷。后来，波义耳的学生汉克维茨（Codfrey Hanckwitz）将其商品化，制得大量的磷并运到欧洲其他国家出售，获利颇丰。磷的发现，可以说是从炼金术到化学的一个重要转折点，因为不同的人用类似的方法得到了同样的结果，这个过程是可以验证的。

到了 18 世纪初，德国的炼金术士伯特格尔（Johann Friedrich Böttger，1682—1719）发明了欧洲的瓷器，可以算是当时西方炼金术所取得的一个重大成就。伯特格尔最初的目的是给萨克森国王奥古斯特二世（August II Fryderyk Moncny，1670—1733）炼黄金，但伯特格尔很快发现这件事根本做不到。而当时在欧洲，瓷器的价格和等重量的白银相当，于是，伯特格尔转而开始研制瓷器，因为这同样可以让国王赚钱。伯特格尔前后一共进行了 3 万多次实验，尝试了瓷土中各种成分的配比，以及不同的烧制条件，最终制作出了完美的瓷器，这就是享誉世界的梅森瓷器（Meissen）。

伯特格尔的成功让萨克森国王奥古斯特二世获利颇丰，而在科学上，这件事的意义也很重大。以伯特格尔为代表的 17、18 世纪的欧洲炼金术士在研究方法上已经和他们的前辈有所不同。他们有意无意地采用了科学的方法，不仅详细记录了实验过程和结果，而且通过使用量杯、天平、比重计和各种简单的测量工具对实验进行定量分析。有了这些记录和分析，后人便可以重复前人的实验结果。伯特格尔当年的实验记录都保存在德国德累斯顿档案馆里。伯特格尔不仅记录了成功的经验，还记录了失败的教训，这让后人可以在前人实验的基础上发展科学，获得叠加式的进步。对比之下，早期文明的很多发明缺乏完整的记录，因此免不了“发明，失传，再发明，再失传”的轮回，比如现在已经无法获知宋代的汝瓷是如何烧制的。过去的发明，即便有一些记录留下来，也只有成功的经验，没有失败的教训。因此，后人想改进工艺非常困难，比如今天的中药厂，也不敢保证炮制的丸药就比明清宫廷里制作的更好。而如果想进行改进，又要重复前人的失败，难以获得叠加式的进步。

当然，从炼金术过渡到化学是一个漫长的过程。在这个过程中，扮演重要角色的，就是化学的奠基人、著名科学家安托万·拉瓦锡（Antoine Lavoisier，1743—1794），他在化学界的地位堪比牛顿在物理学界的地位。

由于早期的科学研究并非有利可图的事情，因此从事研究科学的人，要么是对科学抱有极大兴趣的人，比如培根或者牛顿，要么是不愁生计的有钱人。拉瓦锡就属于后一类。他是法国末代王朝的贵族，从来不缺钱，他做化学实验只是为了探索自然的奥秘，而不是为了赚钱。拉瓦锡一生的贡献很多，比如发现了空气中的氧气，并且提出了氧气助燃的学说；证实并确立了质量守恒定律；制定了化学物质的命名原则；制定了今天广泛使用的公制度量衡。这里面任何一项都足以让人名垂青史。我们先从他的第一项贡献说起。

在拉瓦锡之前，学术界流行着“燃素说”，即物质能够燃烧，是因为其中有所谓的“燃素”，燃烧的过程就是物质释放燃素的过程。但是，如果这样，很多现象就无法解释，比如给炉子鼓风火就能烧得更旺，把油灯的罩子盖严灯就会灭。当时的人们不知道空气中的氧气不仅能助燃，还是燃烧所必需的。最终发现氧气能够助燃的其实是英国科学家约瑟夫·普利斯特里（Joseph Priestley，1733—1804）。1774 年，他在加热氧化汞时，发现了一种气体，这种气体不仅能使火焰燃烧得更旺，还能帮助呼吸。遗憾的是，燃素说在普利斯特里脑子里根深蒂固，因此，他始终在化学的大门外徘徊，没有迈进去。后来普利斯特里到了法国，向拉瓦锡介绍了自己的实验，拉瓦锡重复了普利斯特里的实验，得到了相同的结果。但是拉瓦锡不相信燃素说的解释，因为他通过定量分析和逻辑推理发现了燃素说的逻辑破绽：如果燃烧是由物质中的燃素造成的，那么燃烧之后，灰烬的质量应该减少，然而事实上，燃烧的生成物质量是增加的，这说明一定有新的东西加入了燃烧的产物中。拉瓦锡在实验中有一个信条：必须用天平进行精确测定来检验真理。正是依靠严格测量反应物前后的质量，他才确认了在燃烧的过程中，空气中的一种气体加入了进来，而不是所谓燃素分解掉了。

图 5.5 拉瓦锡实验室

1777年，拉瓦锡正式把这种气体命名为氧气（oxygen）。随后，拉瓦锡向巴黎科学院提交了一篇题为《燃烧概论》（Mémoire sur la combustion en général）的报告，用“氧化说”阐明了燃烧的原理。他在报告里阐述了氧气的作用，即首先必须有氧气参与，物质才会燃烧。[①]拉瓦锡还指出，空气中除了含有氧气，还有另一种气体，因为燃烧时空气中的气体没有用光。“氧化说”合理地解释了燃烧生成物质量增加的原因，因为增加部分就是它所吸收的氧气的质量。在研究燃烧的过程中，拉瓦锡确定了精确的定量实验和分析在自然科学研究中的重要性。

在研究燃烧等一系列化学反应的过程中，拉瓦锡通过定量实验证实了极其重要的质量守恒定律。这个定律并不是他的独创，在拉瓦锡之前，很多自然哲学家与化学家都有过类似观点，但是由于对实验前后的质量测定不准确，这一观点无法让人信服，因此只是一种假说。拉瓦锡通过精确的定量实验，证明物质虽然在一系列化学反应中改变了状态，但参与反应物质的总量在反应前后是相同的。由于有了量化度量的基础，拉瓦锡用准确的语言阐明了这个原理及其在化学中的运用。质量守恒定律奠定了化学发展的基础，今天学习化学的人都知道化学反应的方程式两边需要平衡，这一切都来自质量守恒定律。

拉瓦锡所有的研究工作，都遵循了笛卡儿的科学方法。科学从近代到现代，就是科学家靠科学方法，通过实践不断确立起来的。

正如牛顿建立了经典物理学的体系一样，拉瓦锡建立起了化学的

① 今天人们依然对谁最先发现氧气有争议，从时间来讲应该是普利斯特里，但是从认识到氧气是一种有自己属性的物质来讲则是拉瓦锡。科技史学家托马斯·库恩（Thomas Kuhn）在他的《科学革命的结构》一书中专门用这个例子说明准确定义一种发明的时间和地点是非常困难的。

体系。一个科学体系的建立，首先要将各种概念定义清楚。1787 年，拉瓦锡和几位科学家[①]一起编写并发表了《化学命名法》(*Méthode de nomenclature chimique*)。在这本书中，他们制定了化学物质的命名原则和分类体系。在拉瓦锡之前，化学家对同一种物质叫法不一。拉瓦锡等人指出，每种物质必须有一个固定名称，而且该名称要尽可能地反映出物质的组成成分和特性。比如我们说食盐，虽然大家知道它是什么东西，但是从名称中无法知道它的成分和特性。在化学上，它被称为氯化钠，这样，我们就知道它有两种元素，氯和钠，而且是一种氯化物（盐类）。今天化学课本中使用的各种化学物质的名称，都遵循拉瓦锡等人给出的命名原则。为了科学地描述化学反应，拉瓦锡发明了化学方程式。如果没有化学方程式，我们今天描述化学反应就会既不简洁也不清晰。

建立一个科学体系，还需要把那门科学基本的原理和方法确定下来。1789 年，拉瓦锡发表了《化学基础论》(*Traité élémentaire de chimie*)。在这本学术专著中，拉瓦锡定义了化学“元素”的概念，总结出当时已知的 33 种基本元素[②]和由它们组成的常见化合物，以及各种化学反应的方法和结果。这样，以前各种零碎混乱的化学知识点就组成了系统的学科。至此，化学作为一门独立的学科被确立下来。

从炼金术发展到化学，从根本上说，定量实验和定量分析非常关键，这使得对于各种化学反应的研究由感性上升到理性。这种研究方式，可以被看成是准确收集信息的过程。当然，要做到这一点，也为

---

① 这几位科学家包括戴莫维（L. B. Guyton de Morveau，1737—1816）、贝托雷（Claude-Louis Berthollet，1748—1822）和佛克罗伊（AntoineFrançois，comte de Fourcroy，1755—1809）。

② 尽管一些实际上是化合物而不是真正的单质元素。

了便于所有的化学家（和物理学家）能够在同一个基础上做研究，需要有统一的度量单位。因此拉瓦锡领导了法兰西科学院组织委员会，统一了法国的度量衡，并最终形成了今天全世界通用的公制。这是他对世界最重要的贡献之一，也是他最后一项重大贡献。

拉瓦锡最后的结局非常悲惨。虽然他在法国大革命中支持革命，并且主管当时的法兰西科学院，但是在 1793 年，激进的雅各宾派掌权之后，拉瓦锡的厄运也就开始了，而对他的迫害恰恰来自被誉为“革命骁将”的马拉（Jean-Paul Marat，1743—1793）。马拉虽然是政治家，但是也想获得科学家的荣誉而名垂青史，于是他写了《火焰论》——一本伪科学的大杂烩。马拉把自己的大作提交到了法兰西科学院，希望发表。身为院长的拉瓦锡当然不会理会这种毫无科学价值的著作，这样他就和当时炙手可热的马拉结下了私怨，最终拉瓦锡被判处了极刑。

由于拉瓦锡在欧洲学术界具有极大的影响力，欧洲各国学会纷纷向国会请求赦免拉瓦锡，但是当时的领导人罗伯斯庇尔（Maximilien Robespierre，1758—1794）不仅无动于衷，反而迅速处死拉瓦锡等一批科学家，他给法国各界的回答是：“法国不需要学者，只需要为国家而采取的正义行动！”[12]

1794 年 5 月 8 日，也就是革命法庭做出判决的第二天，拉瓦锡被送上了断头台。他泰然受刑而死，据说行刑前他和刽子手约定自己被砍头后尽可能多眨眼，以此来确定头砍下后是否还有知觉。后来拉瓦锡的眼睛一共眨了 15 次，这是他的最后一次科学研究。不过这一说法不见于正史。在那个动乱的年代，法国很多知识精英被送上了断头台，或者被逼死，比如著名的科学家孔多塞（Marquis de Condorcet，1743—1794）等人。而就在拉瓦锡遇害几个月之后，暴君罗伯斯庇尔也被送上了断头台，在他的头颅被砍下的那一刻，观看的群众鼓掌长达 15 分钟，以表示喜悦之情。

对于拉瓦锡之死，著名的数学家拉格朗日（Joseph Louis Lagrange，1736—1831）痛心地说："他们可以一眨眼就把他的头砍下来，但他那样的头脑再过 100 年也长不出一个来了。"在罗伯斯庇尔被处决后，法国为拉瓦锡举行了庄重而盛大的国葬。

拉瓦锡不仅在化学发展史上建立了不朽功绩，还确立了实验在自然科学研究中的重要地位。拉瓦锡说，"不靠猜想，而要根据事实"，"没有充分的实验根据，决不推导严格的定律"。他在研究中大量地重复前人的实验，一旦发现矛盾和问题，就将它们作为自己研究的突破点，这种研究方法一直沿用至今。无论是在学术上的成就，还是在方法论上的贡献，拉瓦锡都无愧于"化学界的牛顿"和"现代化学之父"的美名。

● ● ●

在人类科技发展史上，科学和技术的发展通常是一致的，但是在不同地区、不同历史阶段，它们会有严重的错位。在东方大部分时期，技术的发展优先于科学，这或许和东方的实用主义有关。在西方的古希腊、古罗马时期，二者的发展基本上是一致的，到了中世纪早期，二者则同时停滞了。在随后长达上千年的时间里，中国在技术上明显领先于欧洲。不过，欧洲自中世纪后期和文艺复兴以来，一系列的历史事件导致了它在科学上的积累和进步，其中包括大学的诞生、文艺复兴、印刷术的出现、宗教改革等。这些和信息的产生、传播直接关联，并且在知识和信息积攒到一个临界点时，激发了科学的大繁荣。这个时期就是欧洲近代的科学启蒙时期，从笛卡儿开始一直延续到法国大革命之前。

即便在科学快速发展的启蒙时期，科学的进步也不是匀速的。在科技史上有几个关键性的拐点，牛顿的奇迹年（1666 年）便是其中一个。在这之后的两个世纪里，很多自然科学学科一一建立起来，包括现代医学和生理学、物理学和天文学、高等数学，以及化学。

不过，欧洲在技术上的进步要比科学上有所延迟。在牛顿那个年代，欧洲人虽然在产生新的知识上已经明显领先于东方人，但是在航海之外的其他地方，在能量的利用上并不比东方人领先。直到 17 世纪，经过英国农业革命，欧洲在农耕技术上才赶上中国。欧洲经济的落后情况直到英国工业革命开始之后才得到改变。从那时起，技术终于跟上了科学前进的步伐，一场影响人类历史的技术革命开始了。

第六章　工业革命

在欧洲科学启蒙时代之后，人类迎来了技术的大爆发，从而引发了工业革命，世界文明的进程瞬间加速，整个世界为之一变。今天，我们所有人都在享受工业革命的成果。

中国在农耕文明时期，人均收入在长达2000年的时间里没有本质的变化。中国在1978年改革开放之前还是一个农业国，按照世界银行的统计指标，当时的人均GDP只有156美元，低于历史上大部分和平时期，甚至只有撒哈拉以南非洲国家的1/3，这也是邓小平同志讲再不努力就要被开除球籍的原因。但是到了2016年，中国的人均GDP已经高达8100美元。其根本原因就是在工业革命中，起主导作用的是科学技术，而在农耕文明社会，经济总量很大程度上取决于人口的数量，技术的作用相对次要，甚至气候的作用都比科技的作用要大。

工业革命不仅带来了财富的剧增，而且让人们的整体生活水平有了大幅度的提高。图6.1给出了全世界各大洲进入工业时代之后人均寿命的增长情况。在农业时代，人类的平均寿命只有30~35岁，而工

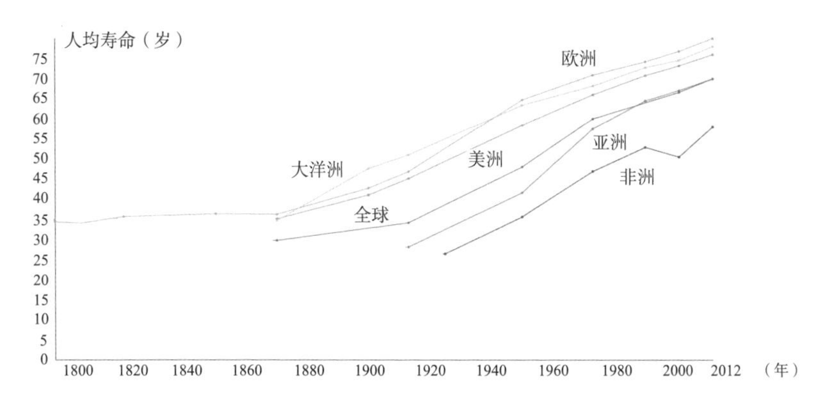

图 6.1　工业革命后全世界各大洲（不含南极洲）人均寿命的增长情况

业革命开始以后，逐渐增加到了 65~70 岁，大致翻了一番。可以毫不夸张地说，相比工业革命，任何王侯将相的丰功伟绩都显得微不足道。因此，在世界历史中，最有意义的其实就是科技进步史。

工业革命（或者更准确地说，源于英国的第一次工业革命）的本质是一次动力的革命，采用机械动力取代人力和畜力制造商品。在工业革命之前，手工业发展的瓶颈就是动力不足，要多制造商品，就需要多雇人，而人能够提供的动力是有限的，从土地中解脱的人数也是有限的。因此，工业发展非常缓慢，工业商品总是供不应求。工业革命解决了动力问题，工人所提供的不再是简单的劳力，而是技能，在机器的帮助下，一个人能够抵得上过去几个人甚至几十个人。这就使得生产效率剧增，同时也在人类历史上第一次出现了商品供大于求的情况。

工业革命为什么会始于 18 世纪中后期？为什么会出现在英国？这有历史的必然性，比如英国长期以来的民主传统，通过全球贸易已经积累了一个世纪的财富，重商主义的国策使得它有动力提高劳动生产率，牛顿等人的贡献也帮助英国人在思想上完成了变革的准备，等等。还有一个非常重要的原因，就是人的因素，即需要有一批人开启工业革命的大门。这批人恰巧在18世纪末聚集在了英国的伯明翰，逐渐形成了后来改变世界的精英团体——月光社（Lunar Society，见图6.2）。

图6.2 月光社在伯明翰的旧址

月光社与工业革命

对于大多数中国读者来说，“月光社”这个名称非常陌生，但是在18世纪英国和美国很多名人的传记中都会提到这个组织，因为它聚集了当时西方世界的技术精英，而且对欧美的工业革命产生了巨大的影响。有的人可能会觉得它像是一个神秘组织，其实它既神秘也不神秘。

说它神秘是因为这群人会在月圆的晚上相聚在伯明翰某个人的家里，而且聚会者是经过严格挑选的。说它不神秘，是因为这只是一个民间的科学团体，其成员并不做什么神秘的事情，只是讨论科学和技术而已。之所以选择月圆之夜聚会，是因为当时没有路灯，要靠月光照明，故取名月光社。

月光社并没有明确的成立时间，它的历史可以追溯到 1757 年或者 1758 年。当时伯明翰的工厂主马修·博尔顿（Matthew Boulton，1728—1809）和他家的私人医生老达尔文（Erasmus Darwin，1731—1802）经常在一起讨论一些科学问题。老达尔文是一名医生，也是科学家。事实上，进化论早期的一些想法就来自老达尔文，而写《物种起源》的查尔斯·达尔文是他的孙子。后来，博尔顿和老达尔文又聚集了伯明翰地区其他的技术精英，办起了月光社。

1758 年，正在英国出差的美国科学家本杰明·富兰克林（Benjamin Franklin，1706—1790）应邀加入了月光社，并且在回到美国之后，还和英国的月光社会员一直保持通信往来。几年后，又有几位重量级的科学家和发明家加入进来，其中包括瓦特、地质学家韦奇伍德（Josiah Wedgwood，1730—1795），以及前面讲到的普利斯特里等人。此外，现代化学之父拉瓦锡以及美国《独立宣言》的起草人、科学家杰斐逊（Thomas Jefferson，1743—1826）也相继加入。当然，在这群人中，直接开启工业革命大门的是瓦特，他和博尔顿为第一次工业革命提供了动力来源——蒸汽机。

其实讲瓦特发明蒸汽机的说法并不准确。蒸汽机在瓦特之前就有了，瓦特是改进了蒸汽机，或者说他发明了一种万用蒸汽机，让蒸汽机被广泛应用。

最早发明蒸汽机的是英国工匠托马斯·纽卡门（Thomas Newcomen，1664—1729）。1710年，他发明了一种固定的、单向做功的蒸汽机，用于解决煤矿的抽水问题，[1]这是人类第一次能够利用生物能和自然能（风能、水能）以外的动力。但是，纽卡门发明的蒸汽机非常笨拙，而且适用性差，效率低下，因此，从来没有能走出英国，其意义更多是象征性的。在随后的半个多世纪里，没有人能够改进它——这不是因为工匠们不想改进，而是他们根本就不知道如何改进。在牛顿和瓦特之前，一项技术的进步需要非常长的时间来积累经验，或者说获得信息和知识的过程非常漫长，常常要持续几代人。

瓦特和他之前的工匠都不同，他是通过科学原理直接改进蒸汽机，而没有靠长期经验的积累。虽然各种励志读物把他描写成没有上过大学，仅靠自己的努力实现成功逆袭的人物，但这其实是对瓦特生平的误解。瓦特生长在一个中上层家庭，学习成绩优异，从小就爱摆弄各种机械，只是因为后来父亲破产，他才失去了上大学的机会。由于他天资聪颖，善于修理各种机械，因而得以进入苏格兰的格拉斯哥大学，并当上了修理仪器的技师。在格拉斯哥大学，他利用工作之便，系统地学习了力学、数学和物理学的课程，并与教授讨论理论和技术问题。因而，瓦特后来改进蒸汽机的想法不是来自经验，而是来自理论，这和当年牛顿发明反射式望远镜的过程很相似。

1763年，格拉斯哥大学的一台纽卡门蒸汽机坏了，正在伦敦修理，瓦特得知后请求学校取回了这台蒸汽机，并亲自修理。很快，瓦特就把这台蒸汽机修好了，但是它的效率实在太低。瓦特仔细分析了原因，发现这种蒸汽机的活塞每推动一次，气缸里的蒸汽都要经历先冷凝然后再加热的过程，使得80%的热量耗费在维持气缸的温度上。此外，这种蒸汽机只能做直线运动，不能做圆周运动。瓦特决定改进蒸汽机，他将冷凝器与气缸分离开来，并且在1765年制造了一个可以运转的模型，然后他就离开了大学，专心研制新的蒸汽机。

不过，设计出模型和造出蒸汽机是两回事。首先，资金就是一个大问题。所幸的是，当时一位名叫约翰·罗巴克（John Roebuck）的工厂主给了瓦特资金上的支持。但是，由于当时金属加工的水平不高，因此活塞和气缸一直做不好，这样8年很快就过去了。到了1773年，罗巴克破产，瓦特依然没有造出蒸汽机。这一段时间正是瓦特一生最不走运的时期，他的太太也撒手人寰，留下5个孩子要抚养。瓦特一度想到俄国去碰碰运气，因为那里正在高薪招聘他这样有经验的技师。这时，瓦特所在的月光社的一位朋友将他挽留了下来，这个人就是后来瓦特终生的合作伙伴马修·博尔顿。

在博尔顿的帮助下，瓦特得以渡过难关。1773年，博尔顿卖掉了自己大部分的生意，全力支持瓦特的研究工作。博尔顿在写给瓦特的信中表明了自己的决心："我将为蒸汽机的诞生创造一切条件，我们将向全世界提供各种规格的发动机，你需要一位助产士来减轻负担，并且把你的孩子介绍给全世界。"最后，博尔顿花了一大笔钱（1200英镑）买到了罗巴克手中的那部分专利份额，[2]从此，他和瓦特开始了他们改变世界的合作。

博尔顿的参与，使瓦特得到了更多的资金、更好的设备和技术上的支持。特别是在制造工艺方面，他们使用了当时英国的工程师约翰·威尔金森（John Wilkinson）制造加农炮的技术，解决了活塞与大型气缸之间的密合难题。终于在1776年，第一批新型蒸汽机制造成功并投入工业生产。博尔顿和瓦特随后赢得了大量订单，以至在接下来的5年里，瓦特常常奔波于各个矿场之间，安装新型蒸汽机。这些生意给博尔顿和瓦特的公司带来了巨大的利润。在挣钱的同时，瓦特依然没有忘记继续改进蒸汽机，除了提高蒸汽机的通用性和效率，瓦特等人还让蒸汽机能够做圆周运动，这样一来，蒸汽机的应用范围就大大地拓宽了。此后，瓦特和他的同事所发明的蒸汽机被称为“万用蒸汽机”。

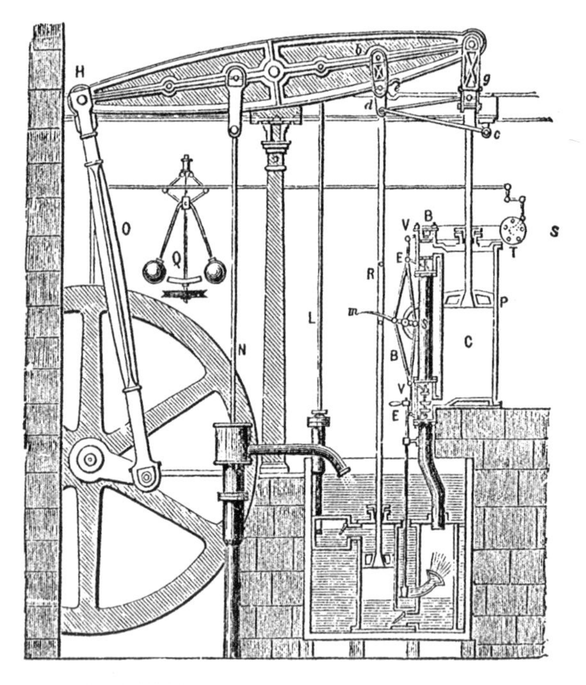

图 6.3　瓦特设计的蒸汽机原理图

在随后的 6 年里，瓦特又对蒸汽机做了一系列改进，发明了双向气缸，极大地提高了蒸汽机的效率，并且使用至今。瓦特还通过使用高压蒸汽阀，提升了蒸汽机的工作压力。所有这些发明结合到一起，使得瓦特的新型蒸汽机的效率达到了纽卡门蒸汽机的 5 倍。当英国国王参观博尔顿和瓦特的工厂时曾经问博尔顿："你们在制造什么机器？"博尔顿回答道："陛下，我们在为全英国提供动力。"事实也是如此，他和瓦特所做的事情是为工业提供动力，而不单纯是一种机器。

蒸汽机的迅速普及与月光社的另一个成员有关，他就是地质学家韦奇伍德。当时，韦奇伍德在英国发现了制造瓷器所必需的高岭土矿，于是转而制造瓷器。在韦奇伍德之前，德国、奥地利和法国都有了自己的瓷器制造业，中国和日本的瓷器也大量卖到欧洲，市场上的竞争已经开始逐渐激烈起来。作为后来者，韦奇伍德原本毫无竞争优势，但他很快后来居上，成了全世界有名的瓷器大王。

韦奇伍德手中有一个秘密武器，那就是他的朋友瓦特发明的蒸汽机。韦奇伍德将蒸汽机引入瓷器制造，开制造业中首次大规模使用蒸汽机之先河。韦奇伍德将黏土的研磨和陶坯的制造等非常费人力的工序用机器取代，把工匠集中在更需要技艺的工序中。工匠的职责分得很细，这使得每个工种的技能都达到了很高的水平。这样，瓷器制造便第一次做到了质量和数量同时提高。而在此之前，增加数量总是以牺牲质量为代价。在随后各个采用蒸汽机的产业中，不仅效率大大提高，而且不同批次的产品在品质上都是一致的，这为后来形成统一定价、统一市场的现代商业奠定了基础。韦奇伍德的后人继承了家族的瓷器业，1812 年，他们将牛骨粉加到高岭土中，这样烧制出来的瓷器更加洁白，由此发明了我们今天使用的骨质瓷器①。骨质瓷器比单纯用高岭土烧制的瓷器更结实，抗撞击力更强，因此可以做得更薄，甚至做到半透明的状态。凭借韦奇伍德等人的贡献，英国人只要花一个先令就能买到一件高品质的瓷

---

① 虽然骨质瓷器在此之前已经有了，但是那些早期的骨质瓷器和今天我们使用的没有什么继承性。今天的各种骨质瓷器均源于韦奇伍德的发明。

器。而在 100 年前，高品质的瓷器还只是王室和贵族的专用品。

瓷器的普及改变了欧洲人的饮食习惯，老百姓的分盘用餐便是从那个时候开始的，因为每个家庭都买得起多套瓷器。从韦奇伍德的时代开始，瓷器首次在世界范围内出现了供大于求的情况。市场竞争日益激烈，一个瓷器厂如果无法持续创新产品的样式、提升产品的品质，产品就会滞销。

瓦特后来可谓名利双收。1785 年，他当选为英国皇家学会会员。后来他和博尔顿将蒸汽机卖到了全世界，加上专利转让的收入，瓦特晚年非常富有。瓦特的成功为英国的发明家树立了榜样——通过自己的发明创造，在改变世界的同时，也改变了自己的命运。后世评价道，牛顿找到了开启工业革命的钥匙，而瓦特则拿着这把钥匙开启了工业革命的大门。

瓦特的成功不仅是技术的胜利，也为人类带来了一种新的动力来源，更重要的是，他掌握了新的方法论——机械思维。在瓦特之后，机械思维在欧洲开始普及，工匠们发明了解决各种问题的机械，从此，世界进入了以蒸汽为动力的机械时代。

至于月光社，它起到了催生工业革命的媒介作用。正是靠这个民间的技术团体，蒸汽机才得以从理论变成产品，并且发挥出改变世界的作用。[①] 从普利斯特里、拉瓦锡到瓦特、博尔顿，再到韦奇伍德，技术和商业的发展脉络是一脉相承的。在那个时期前后，各种科学和技术社团（协会）的出现，对信息的流通厥功至伟。在月光社之前，英国于 1660 年成立了皇家学会，法国于 1666 年成立了皇家科学院，即

① 值得指出的是，普利斯特里的一位身为工匠的亲戚也参加了蒸汽机的制造。

今天的法兰西科学院。在英国，牛顿、胡克、哈雷、波义耳和惠更斯等人的科学成就，在很大程度上受益于皇家学会里经常性的交流；而在法国，皇家科学院也起到了同样的作用。

蒸汽船与火车

如果世界上大部分问题都能变成机械问题，那么，只要制造出各种机械动力的机器，就能让它们替代人从事各种工作。在这种思想的指导下，从 18 世纪末开始，世界上各种机械的发明层出不穷。在这些发明中，很多是蒸汽机的直接应用，例如蒸汽船和火车，而它们都以各自的方式改变了世界。

蒸汽船的发明人罗伯特·富尔顿（Robert Fulton，1765—1815）是一位充满传奇的人物。1786 年，这位年仅 20 岁的美国画家来到英国伦敦，试图以绘画谋生。但意想不到的是，在那里他遇到了改变他命运的贵人——瓦特。虽然富尔顿和瓦特年龄相差很大，而且声望也不可同日而语，但是富尔顿依然和这位开启工业革命的巨匠结成了忘年交。受到瓦特的影响，富尔顿从此迷上了蒸汽机和各种机械。在绘画之余，他学习了数学和化学，这让他有了后来成为发明家的理论基础。在英国期间，富尔顿还遇到了著名的空想社会主义理论家、工厂主罗伯特·欧文（Robert Owen，1771—1858），并且开始为他设计和发明各种机械。

富尔顿在欧洲了解到一些发明家试图利用蒸汽机制造能够自动划桨的船只，包括发明家詹姆斯·拉姆齐（James Rumsey，1743—1792）和他的竞争对手约翰·菲奇（John Fitch，1743—1798），菲奇还因为这种奇怪的发明获得了专利。但是这样设计的蒸汽船效率很低，并没有

图 6.4 菲奇发明的划桨蒸汽船

什么实用价值，却给了富尔顿启发，即利用机械可以推动轮船行驶。

早在 1793 年，富尔顿就向美国和英国政府提出造蒸汽船的计划，但并没有如愿达成。1797 年，富尔顿来到了法国。当时法国已经开始和英国处于敌对状态了，一些发明家正在研制潜水艇和水雷，但是潜水艇的研究一直没有进展。此时的富尔顿在整个欧洲已经是小有名气的发明家，主持研制了世界上第一艘真正可以工作的潜艇（但是还无法用于军事目的）。

在法国期间，富尔顿见到了美国驻法国公使、签署了《独立宣言》的利文斯顿，并且通过他结识了法国的上层官员。当时，拿破仑正要和英国开战，却苦于在英吉利海峡逆风逆流的情况下，无法和强大的英国海军对抗。于是，富尔顿建议使用可以逆风逆流航行的蒸汽船，并获得了法国政府的批准。

富尔顿要比罗姆斯和菲奇聪明得多，他没有让机械简单地模仿人的动作，而是理解了划桨的后坐力可以产生向前的动力这一原理。利用这个原理，他在 1798 年发明了利用螺旋桨驱动的蒸汽船，并且向美国和英国申请了专利。

不过可惜的是，1803 年富尔顿的蒸汽船在塞纳河做实验时沉没了，法国彻底放弃了使用蒸汽船的想法，并嘲笑他的蒸汽船是“富尔顿的蠢物”（Fulton’s folly）。[3] 富尔顿带着遗憾离开了法国。

富尔顿的行为有点像中国战国时代的纵横家，在一个国家不得志，就跑到对手那边。当时，面对在欧洲大陆百战百胜的拿破仑，英国也感受到空前巨大的压力，因此急需富尔顿这样的发明家的帮助。在英国，富尔顿发明了真正实用的水雷，但是富尔顿的理想不是造武器，而是造蒸汽船，这件事他在英国一直没能办成。1805 年，英国在海战中打败法国，英国的危机感消失，富尔顿看到蒸汽船的理想无法在英国实现，只好结束了长达 10 多年的欧洲之旅，于 1806 年回到美国。

回到美国后，富尔顿再次遇到了利文斯顿，并且成了他的侄女婿。利文斯顿不仅是政治家，对科学也感兴趣，并且是纽约有名的富商。有了利文斯顿在资金上和政府关系上的支持，富尔顿研制蒸汽船的进展非常顺利。

1807 年，富尔顿发明的使用机械动力的蒸汽船克莱蒙特号成功地行驶在了哈得孙河上。人们从来没有见过这样一种怪物，不用风帆，没有人划桨，仅靠竖起一根高高的烟囱，就能轰鸣着在水上行驶。经过 32 个小时的逆水航行，克莱蒙特号从纽约抵达位于上游 240 千米远的奥尔巴尼。过去要走完这段水路，最好的帆船一路顺风也要 48 个小时。富尔顿从此揭开了蒸汽轮船时代的帷幕。不久，富尔顿在利文斯顿家族的帮助下，取得了在哈得孙河航行的独享权，并开办了船运公司。1812 年，富尔顿制造出了全世界第一艘蒸汽驱动的战舰，这艘战舰参加了美国对英国的战争。30 年后，蒸汽船完全取代了大帆船。从此，运输业开始迈进蒸汽动力时代，同时，也为全球自由贸易时代的到来做好了准备。

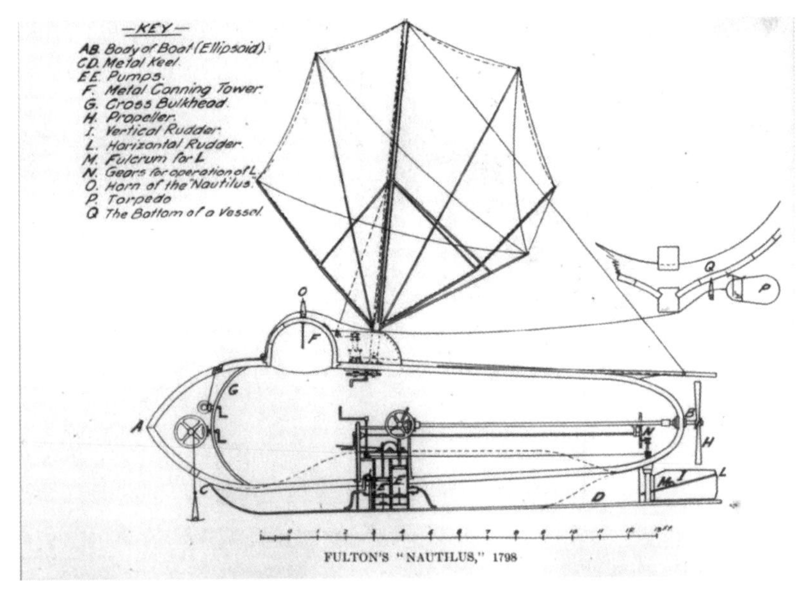

图 6.5　富尔顿设计的蒸汽船

就在富尔顿为制造蒸汽船忙碌时，英国工匠乔治·史蒂芬森于 1810 年开始研制蒸汽动力的机车，也就是今天我们说的火车。1825 年，由史蒂芬森设计的火车载着 450 名旅客在他铺设的铁路上以每小时 39 千米的速度从斯托克顿开往达灵顿，沿途很多围观的群众纷纷扒上火车，到达终点时，旅客人数达到了近 600 人。火车在沿途遇到一个骑马的人，他试图和火车赛跑，但是很快被火车超越并远远地落在了后面。史蒂芬森后来还和他的儿子罗伯特·史蒂芬森（Robert Stephenson，

1803—1859）一起修建了连接利物浦和曼彻斯特两个英国主要工业城市的铁路。英国随后出现了铁路热，从此开始了铁路运输的历史。

图 6.6　史蒂芬森机车

美国虽然是一个后起的工业化国家，但是由于土地广袤，在铁路发展方面很快超过了英国。铁路的发展给美国社会带来了巨大的变化。它把原本相互独立的美国各州，特别是两个工业中心——五大湖地区和东北部沿海地区连接了起来，在全国形成了统一的大市场，这是美国在19世纪末高速发展的基础，也为美国开发西部创造了条件。运输的发展也产生了一些意想不到的结果，比如它迅速摧毁了美国东北部新英格兰地区的农业，因为从南方运来的便宜农产品在市场上更有竞争力。

机械思维的胜利

机械的作用不仅仅体现在运输上，更重要的是提高了各行各业的效率，并且因此带来了社会的变革。1793 年，和富尔顿同岁的耶鲁机械学毕业生伊莱·惠特尼（Eli Whitney，1765—1825），在美国利用物理学知识和机械原理发明了轧棉机，把用手工摘除棉籽的工作交给机器来完成。轧棉机使得摘棉籽的效率提高了 50 倍以上，并因此彻底改变了美国南方种植园的经济结构。轧棉机发明一年后（1794），美国的棉花产量从 550 万磅增加到 800 万磅，1800 年达到 3500 万磅，1820 年更是达到 16000 万磅。到惠特尼去世的 1825 年，棉花产量已达到 22500 万磅。美国南方的棉花开始为新英格兰快速增长的纺织业供应原料，从而大大推动了美国的工业革命。

图 6.7　伊莱·惠特尼的轧棉机

轧棉机的发明不仅改变了美国南方的经济状况，而且给南方摇摇欲坠的奴隶制带来了转机。在此之前，南方的庄园经济已经到了山穷水尽的地步，很多奴隶主开始怀疑奴隶劳动的经济价值和奴隶制的前途。但是轧棉机的发明和棉花产量的剧增使得南方的奴隶制不仅维持了下去，而且得到了进一步发展，这让林肯总统最后不得不通过战争解决奴隶制的问题。

惠特尼后来还发明了铣床，并在为美国军队批量制作枪支时提出了后来被全世界工业界普遍采用的"可互换零件"的概念。[4]现在中国的南方成了世界制造业的中心，最重要的原因是那里逐渐形成了工业成品的零件供应链，以至世界其他人力成本更低的地方很难与之竞争。而供应链本身的有效性，则来自可互换零件。从生产的效率来说，这种方式使用的能耗和人工更少，却可以生产更多的产品。由于在机械发明上的贡献，惠特尼和富尔顿、莫尔斯（Samuel Morse，1791—1872）、爱迪生（Thomas Alva Edison，1847—1931）被誉为美国 19 世纪最伟大的四个发明家。

到了 19 世纪，机械思维已经在欧洲和美国深入人心，人们相信任何问题都可以通过机械的方式解决。各种各样和生活、生产相关的机械发明层出不穷。

19 世纪初，欧洲大陆的钟表匠发明了八音盒（也称为音乐盒），它的动力来自发条。当一排滚动的小锤扫过事先标识好音高的一排簧片时，就能奏出清脆的音乐。后来，瑞士的钟表匠还将音乐盒加进了豪华的机械表中。

1843 年，英国发明家查尔斯·瑟伯（Charles Thurber，1803—1886）发明了替代手写字的转轮打字机，并获得了美国专利。[5]虽然这种打字

图 6.8
怀表中的音乐盒

机并没有真正商品化，但是它意味着几千年来人类通过书写来记录文明的方式，有可能被一种机械运动取代。1870 年，丹麦牧师马林－汉森（Rasmus Malling-Hansen，1835—1890）发明了实用的球状打字机，每一个字母对应一个键。1873 年，美国发明家克里斯托夫·拉森·肖尔斯（Christopher Latham Sholes，1819—1890）发明了今天键盘式的机械打字机，并且在第二年销售出第一批 400 台。

由于打字机打的稿件比手写的更清晰易读，而且便于修改，因此在美国和欧洲的公文打字很快替代了手写，而一批作家也开始使用打字机。马克·吐温是第一批使用打字机的著名作家，他在 1876 年用打字机完成了《汤姆·索亚历险记》的初稿。打字机的出现创造了一个新的职业——打字员，其中绝大部分（95%）是妇女，这让妇女得以从事白领工作。

由于机械的广泛使用，钢材的制造成了瓶颈。1856 年，英国发明家亨利·贝塞默（Henry Bessemer，1813—1898）发明了革命性的转炉炼钢法（贝塞默称之为“不加燃料的炼钢法”），极大地降低了炼钢的能耗和成本，使得钢铁代替了其他便宜但不结实的工业材料，从此人类进入了钢铁时代。在此之前，人类使用铁器已经有几千年的历史，但是铁器是作为工具存在的，而在工业革命之后，钢铁更多的是作为原料用于最终的成品，包括建筑的结构。

从瓦特开始到随后的半个多世纪里，大部分工业领域的发明都来自英国，这让它不仅成了工业革命的中心，也成了全球性的帝国。英国利用自身首屈一指的工业优势，积极推行自由贸易政策。它率先取消贸易限制，通过开放自己的市场来换取国外市场，从而建立起了全球自由主义的经济体系，“英国制造”走向了全世界。

1851 年，英国为了展示其工业革命的成功，在伦敦市中心举办了第一届世界博览会（当时叫 Great Exhibition，今天叫 EXPO）。和历届博览会都会修建一些标志性建筑一样，这次博览会的标志性建筑是著名的水晶宫。它长达 560 多米，高 20 多米，全部用玻璃和钢架搭成，占地 37000 多平方米，里面陈列着 7000 多家英国厂商的产品和大约同样数目的外国商家展品。英国的展品几乎全部是工业品，包括大量以蒸汽为动力的机械，而外国商家的展品则几乎全都是农产品和手工产品。当时，英国女王维多利亚参加了开幕典礼，看到琳琅满目的展品后，只是不断地重复一个词——“荣光”（glory）。就连英国的幽默杂志《笨拙》（*Punch*）也评论说，“这是人类历史上最隆重和喜悦、最美丽和辉煌的展览”。[6]

始于英国的工业革命从本质上说是人类使用动力的一次大飞跃。机械作为新的动力来源不仅取代了人力和畜力，为生产和生活提供了更多更强大的动能，而且作为人类手和脚的延伸，它让人类做到了过去做不到的事情，比如制造需要精密加工的工业品，或者将人和物迅速送达远方。

图 6.9　在伦敦水晶宫举行的第一届世界博览会

永动机不存在

机械革命，特别是蒸汽机的广泛使用，让人类第一次对能量格外关注。在农耕文明时代，社会需要人力和畜力，而在工业时代，人类需要能量，社会发展水平的高低可以直接用人均产生和消耗的能量来衡量。

然而能量都有哪些来源？它们都具有什么形式？不同形式的能量能否相互转化？如果能，它们是按照什么样的规律转化？在工业革命之前，没有太多科学家对这些问题做认真的研究，也不知道能量和机械做功的关系，以致很多人试图制造不需要使用能量也能工作的永动机。当然，这些努力无不以失败告终。全世界最早深入研究热力学问题的，并非大学教授或者职业科学家，而是英国的一位啤酒商。这个人就是我们中学物理课本中提到的大名鼎鼎的詹姆斯·焦耳（James Joule，1818—1889），能量的单位就是以他的名字命名的。

焦耳出生在一个富有的家庭，但他幼时并未被送到最好的小学，然后进入名牌中学和名牌大学。由于身体不好，父母只是将他送到一个家庭学校读书。在16岁那年，焦耳和他的哥哥在著名科学家道尔顿的门下学习数学，后来道尔顿因为年老多病无力继续授课，便推荐焦耳进入曼彻斯特大学学习。毕业后，焦耳开始参与自家啤酒厂的经营，并且在啤酒行业非常活跃，直到他去世前几年把啤酒厂卖掉为止。起初，做科学研究只是焦耳的个人爱好，不过随着他在科学上取得的成就越来越高，他在科学上花的精力也就越来越多。

图6.10
物理学家焦耳

1838 年，焦耳在《电学年鉴》(*Annuals of Electricity*) 上发表了第一篇科学论文，但是影响力并不大。1840—1843 年，焦耳对电流转换为热量进行了大量的实验和研究，并很早就得出了焦耳定律的公式：$Q=I^2Rt$，即电流在导体中产生的热量（Q）与电流（I）的平方、导体的电阻（R）和通电时间（t）成正比例关系。

这个公式是今天电学的基础，焦耳发现它后兴奋不已。不过，当焦耳把研究成果投给英国皇家学会时，皇家学会并没有意识到这是人类历史上最重要的发现之一，而是对这位“乡下的业余爱好者”的发现表示怀疑。

被皇家学会拒绝后，焦耳并不气馁，而是继续他的科学研究。在曼彻斯特，焦耳很快成了当地科学圈里的核心人物。1840 年以后，焦耳的研究扩展到机械能和热能的转换。由于机械能（当时也称为功）相对热能的转换率较低，因此，这项研究成功的关键在于能够精确地测量出细微的温度变化。焦耳宣称他能测量 1/200 摄氏度的温度差，这在当时是无法想象的，所以皇家学会的科学家对此普遍持怀疑态度，并再次拒绝了焦耳的论文。不过，伦敦的主流科学家忘记了焦耳是啤酒商出身，他有着当时最准确的测量仪器，对温度的测量远比他们想象的准确得多。这篇重要的论文后来发表在《哲学杂志》上。[7]

1845 年，焦耳在剑桥大学宣读了他最重要的一篇论文——《关于热功当量》。在这次报告中，他介绍了物理学上著名的功能转换实验，同时还给出了对热功当量[①]常数的估计，即 1 卡路里等于 4.41 焦耳。1850 年，他给出了更准确的热功当量值 4.159，非常接近今天精确计算

① 热功当量是指热力学单位卡与功的单位焦耳之间存在的一种当量关系，焦耳首先用实验确定了这种关系，后规定：1 卡 =4.186 焦耳。

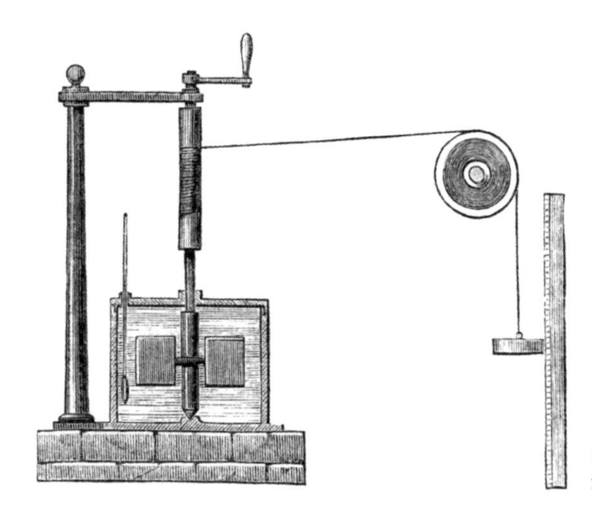

图 6.11
焦耳的热量测量仪

出来的常数值。

几年后，科学界逐渐接受了焦耳的功能转换定律。1850 年，焦耳当选英国皇家学会会员，两年后，他又获得了当时世界上最高的科学奖——皇家奖章。1852 年后，焦耳和著名物理学家威廉·汤姆森（Willian Thomson，1824—1907，又被称为“开尔文勋爵”）合作，完成了很多重大的发明和发现，包括著名的焦耳–汤姆森效应（Joule-Thomson effect），并且至今仍被应用在各种蒸汽机和内燃机引擎的设计中。此外，焦耳还提出了分子运动论，被学术界广泛接受。

在焦耳之前，人类对能量的了解非常有限，甚至一些发明家试图制造不费能量就能工作的永动机。焦耳通过他的研究成果告诉人们，能量（和动力）是不可能凭空产生的，它只能从一种形式转换成另一种形式。因此，像永动机那样的怪想法是不可行的，而人类能做的无非是提高转换的效率。恩格斯曾经这样总结焦耳的成就：“他向我们表明了一切……所谓的位能、热、放射（光或辐射热）、电、磁、化学能，都是普遍运动的各种表现形式，这些运动形式按照一定的度量关系由一种转变为另一种，因此，自然界中的一切运动都可以归结为一种形式向另一种形式不断转化的过程。”

焦耳后来获得了许多荣誉。1889年焦耳去世后，人们在他的墓碑上刻上了热功当量值，以纪念这位伟大的物理学家。同时，人们还引用了《圣经·约翰福音》中的一句话，概括焦耳勤奋工作的一生。

> 趁着白日，我们必须作那差我来者的工；黑夜将到，就没有人能作工了。（I must work the works of him that sent me，while it is day: the night cometh，when no man can work.）

能量守恒定律也被称为热力学第一定律，它证明了能量转换效率大于1的永动机是不存在的。但是是否存在能量转换效率等于1的蒸汽机和内燃机（统称为热机）呢？在焦耳的时代还没有人知道这些动力设备的效率极限是多少。当时还有人建议制造一种从海水中吸取热量，再利用这些热量做功的机器。海水的质量如此之大，以至整个海水的温度只要降低一点点，释放出的热量就足够人类使用了。这个想法，并不违背能量守恒定律，因为它消耗的是海水的内能。因此，人们把这种机器称为第二类永动机。[①] 但事实是，没有人能够让这件事情发生，其中的原因当时也没有人能解释清楚。

最早回答上述问题的是法国工程师萨迪·卡诺（Nicolas Léonard Sadi Carnot，1796—1832），早在1824年，他就开始研究这个问题，并

① 第二类永动机就是从单一热源吸热使之完全变为有用功而不产生其他影响的热机。

且找到了答案。卡诺通过一个假想的卡诺热机，设计了一个特别的热力学循环，给出了热机效率的极限值。但是，当时没有人认为卡诺是个科学家——他的著作无人阅读，他的成果无人承认。

1850 年，德国物理学家鲁道夫·克劳修斯（Rudolf Clausius，1822—1888）明确提出，“不可能把热量从低温物体传递到高温物体而不产生其他影响”，[8] 这被称为热力学第二定律，又被称为“克劳修斯表述”。后来，克劳修斯还发明了“熵”的概念，来描述分子运动的无序状态，并更好地解释了热力学第二定律——任何封闭系统只能朝着熵增加的方向发展。熵不仅被用于解释热力学现象，后来还成为信息论的基础。

1851 年，威廉·汤姆森指出，“不可能从单一热源取热，使之完全变为有用功而不产生其他影响”，这是热力学第二定律的开尔文表述。事实上，克劳修斯和汤姆森的两种表述在理论上是等价的。汤姆森的理论也直接否定了第二类永动机存在的可能性。

19 世纪，物理学家从理论上指出了提高热机效率的方法。直到今天，工程师们在提高汽车和飞机发动机效率时，依靠的依然是一个半世纪前提出的热力学理论。正因为热机工作需要外来的能源，到了 19 世纪末，世界列强开始对能源展开争夺，因为能源关系到国家的发展，甚至是国家的存亡。从 19 世纪后期到今天，很多战争，包括第二次世界大战中的很多战役，都是围绕能源进行的。

细胞学说与进化论

在恩格斯总结的 19 世纪三大科学发现中，除了能量守恒属于热力学范畴，另外两大发现，即细胞学说和进化论，都属于生物学领域。如果说 17 世纪奠定了高等数学和经典物理学的基础，18 世纪奠定了化学的基础，那么 19 世纪则奠定了生物学的基础。

自古以来，人类就试图搞清楚两件事：我们所生活的宇宙的构成，以及我们自身的构成。有趣的是，人类对外部世界的了解似乎比对自身的了解更多。到了 19 世纪，人类已经了解了构成宇宙的星系和构成世界的物质，却对构成生物生命的基本单元所知甚少。

最早系统地研究生物学的学者当属亚里士多德，他依据外观和属性对植物进行了简单的分类整理。中国明朝的李时珍通过研究植物的药用功能，对不少植物做了分类，但是其研究也仅限于植物的某些药物特性。对外观、生物特征和一些物理化学特性的研究，属于生物学研究的第一个阶段，即表象的研究。当然，表象的研究通常只能得到表象的结论。按照今天的标准来衡量，无论是亚里士多德还是李时珍，对动植物的研究都有很多不科学、不准确的地方。

对生物第二个层面的研究是通过探究生物体内部的结构，以及内部各部分（如器官）的功能，了解整个生物体的活动，乃至生命的原理，这就要依赖解剖学了。尽管从出土文物和一些文字记载来看，早在美索不达米亚文明和古埃及文明时期，人类就开始了解剖学的研究，但是由于缺乏对细节的记载，我们无法判断当时解剖学的研究水平。

人类真正取得一些解剖学的成就，是在古希腊时期。今天，一些书中将希波克拉底（前 460—前 370）作为解剖学的鼻祖，其实在他所处的年代，古希腊的解剖学已经比较普及，只不过希波克拉底记载了当时的解剖学成就，如古希腊人对人的运动系统，包括骨骼和肌肉的研究。事实上，在希波克拉底前后的几十年间，古希腊的雕塑水平有了质的飞跃，这和解剖学的进步密切相关。此外，古希腊人还通过解剖学了解了人和动物一些器官的功能，比如肾脏的功能、心脏中三尖瓣等组织的功能等。不过，总的来说，人体解剖在古希腊属于一种禁忌，大量解剖人体是不可能的。

到了古罗马帝国中期，古代医学理论家盖仑绕开人体解剖的禁忌，通过解剖狗等动物来间接了解人的器官和它们的作用。盖仑的这种想法很聪明，但是狗的生理结构和人的毕竟不完全一样，因此，盖仑的理论有很多谬误。所幸的是，盖仑对每一次的研究和诊断都有详细记录，据说一生写了上千万字的医学文献，这些资料后来传到了阿拉伯，又传回到欧洲，对后来的医学研究有非常大的价值。因为即使盖仑的结论错了，大家也能够从他的手稿中找到原因。虽然手稿在传播的过程中丢失了很多，有些因为翻译错误无法还原他当初的文字，但是到 19 世纪，依然保留下 300 多万字的文稿。莱比锡的医生兼医学史家库恩（Karl Gottlob Kühn，1754—1840）花了十多年时间，整理和出版了盖仑的 122 卷医学手稿——《盖仑文库》[9]。《盖仑文库》被分成 22 卷，超过 2 万页，其中经过整理后的仅索引就多达 600 多页。今天一些人嘲笑盖仑的手稿中存在一些常识性错误，但是当我们面对这残存的 122 卷手稿时，不得不对这位一生孜孜不倦、严谨治学的学者表示由衷的敬佩。

在古罗马帝国分裂之后，世界医学的中心从欧洲转移到了阿拉伯帝国及其周围地区。当时这些地区对人和动物器官功能的研究比古希腊和古罗马时期又进了一步。

文艺复兴之后，生理学研究的中心又转回欧洲，包括达·芬奇等科学先驱在内，很多科学家偷偷地进行解剖学的研究，从而对人类自身和动物（比如鸟类）的结构有了比较准确的了解。但是，真正开创近代解剖学的是生活在布鲁塞尔的尼德兰医生安德雷亚斯·维萨里（Andreas Weselius，1514—1564），他于1543年完成了解剖学经典著作《人体的构造》（*De humani corporis fabrica*）一书，系统地介绍了人体的解剖学结构。[10]在书中，维萨里亲手绘制了很多插图。为了绘制得真实，他甚至直接拿着人的骨头在纸上描。这本书①让后来的学者对人体的结构和器官功能有了直观的了解，维萨里也因此被誉为"解剖学之父"。

虽然在解剖学的基础上，现代医学建立了起来，但是通过肉眼只能观察到器官，看不到更微观的生物组织结构（如细胞），更不用说搞清楚生物生长、繁殖和新陈代谢的原理了。这就需要通过仪器的帮助，进入第三个层面的研究，即深入到组织细胞。

1665年，英国科学家胡克利用透镜的光学特性，发明了早期的显微镜。通过显微镜，胡克观察了软木塞的薄切片，发现里面是一个个的小格子，并且把他的所见画了下来。当时胡克并不知道自己发现了细胞（更准确地说是死亡细胞的细胞壁），因此就把它称为小格子（cell），这就是英文细胞一词的来历。虽然胡克看到的只是细胞壁，而没有看到里面的生命迹象，但是人们还是将细胞的发现归功于他。

真正发现活细胞的是我们在前面提到的荷兰生物学家、显微镜的制造商列文虎克。1674年，列文虎克用显微镜观察雨水，发现里面有微生物，这是人类历史上第一次（有记载的）发现有生命的细胞（细菌）。之后，他又用显微镜看到了动物的肌肉纤维和毛细血管中流动的血液。

① 这本书第一次印刷了700本，个别拷贝流传至今，是拍卖价格最高的古书之一。

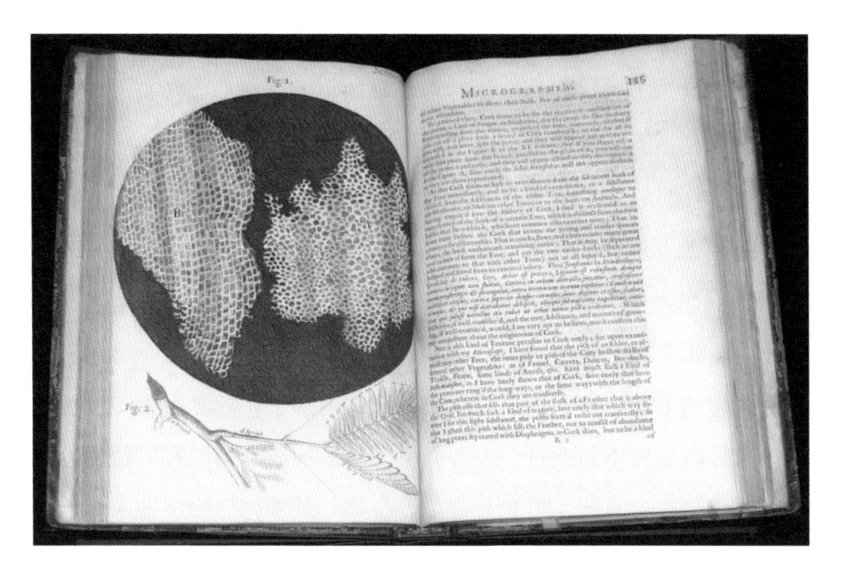

图 6.12　胡克观察到的软木细胞

列文虎克虽然看到了细胞，但是并没有想到它们就是组成生物体的基本单位。直到 19 世纪初，法国博物学家（现在叫生物学家）拉马克（Jean-Baptiste Lamarck，1744—1829）才提出生物所有的器官都是细胞组织的一般产物这样一个假说，[11] 但是拉马克无法证实自己的假说。

1838 年，德国科学家施莱登（Matthias Schleiden，1804—1881）通过对植物的观察，证实了细胞是构成所有植物的基本单位。[12] 第二年，和施莱登交流密切的德国科学家施旺（Theodor Schwann，1810—1882）将这个结论推广到动物界。之后他们一同创立了细胞学说。细胞学说首先在植物上得到验证是有原因的，因为植物有细胞壁，容易在显微镜下观察到，而观察动物细胞就相对难一些。直到后来，施旺在高倍数的显微镜下才发现了动物细胞的细胞核和细胞膜，以及两者之间的液状物质（细胞质）。施旺还得出一个结论：细胞中最重要的是细胞核，而不是外面的细胞壁。这个结论也得到了施莱登的认可。但是为什么细胞核重要，施旺和施莱登也只是猜想而已，他们认为，从老细胞核中能长出一个新细胞。后来，施莱登的朋友内格里（Carl Nageli，1817—1891）用显微镜观察了植物新细胞的形成过程和动物受精卵的分裂过程，发现老的细胞会分裂出新的细胞。在此基础上，1858 年，德国的魏尔肖（Rudolf Virchow，1821—1902）总结出，“细胞通过分裂产生新细胞”。[13]

对生物第四个层面的研究则是在细胞内部了。随着生物知识的积累以及显微镜的不断改进，人类能够了解到构成细胞的有机物，包括它的遗传物质。因此，20 世纪之后，生物学从细胞生物学进入分子生物学的阶段。生物学的历史虽然很长，但是它的发展到了 19 世纪后才突然加速。这里面有两个主要原因：一个是前面提到的仪器的进步，特别是显微镜的进步和普及；另一个则是学术界此时普遍开始自觉运用科学方法论。人们在研究生物的过程中，懂得了要了解一个整体，需要先将它分解成部分单独进行研究，然后再从对局部的认识上升到对整体的认识，也就是认识论中分析与综合的两个过程。

在生物学中，还有两个根本的问题没有解决，那就是为什么一些物种之间存在高度的相似性，以及所有的物种从何而来。早在 18 世纪末，月光社的成员伊拉斯谟斯·达尔文（老达尔文）就提出了进化论的初步想法，但是当时只是假说而已。1809 年，拉马克提出了用进废退和获得性遗传的假说，即生物体的器官经常使用就会变得发达，不经常使用就会逐渐退化，而生物后天获得的特征是可以遗传的。比如为什么长颈鹿长着长脖子，因为它们为了吃到树上的树叶，就不断伸长脖子，于是脖子就越用越长，并且长颈鹿将这个特征传给了后代。

拉马克的学说很容易理解，然而却有很多破绽，容易被证伪，比如，将老鼠的尾巴切掉，它们的后代依然长着尾巴。这说明后天的获得性特征是无法遗传的。那么，有没有更好的理论能够解释生物之间的相似性和进化的原因呢？伊拉斯谟斯·达尔文的孙子查尔斯·达尔文最终完成了这项伟大的工作。

达尔文从小对博物学感兴趣，在大学期间接触到拉马克关于生物演化的主张，毕业后他和一些同学一起前往马德拉群岛研究热带博物学。达尔文发现，在那些与世隔绝的海岛上，昆虫自身形态和大陆上的昆虫有巨大的差异。他经过分析得出的结论是，存活下来的昆虫是为了在海岛特定的环境中生存而改变了自身的特征。这个发现非常重要，导致了他后来进化论中“自然选择”和“适者生存”两个理论的提出。为了进一步研究博物学和地质学，达尔文打算以志愿者的身份跟随小猎犬号的船长、科学家罗伯特·菲兹罗伊（Robert FitzRoy，1805—1865）前往南美洲探险考察。达尔文的父亲认为这纯粹是浪费时间，反对他的计划，不过被达尔文的舅舅韦奇伍德二世（月光社成员、瓷器大王韦奇伍德的儿子）说服，同意达尔文参与了这次导致 19 世纪最重大发现的探险之旅。后来，韦奇伍德二世还成了达尔文的岳父。

1831 年 12 月，达尔文以博物学家的身份参加了小猎犬号军舰的环球考察。达尔文每到一处都会做认真的考察和研究。他在途中跋山涉水，采集矿物和动植物标本，挖掘了生物化石，发现了很多从来没有记载的新物种。通过对比各种动植物标本和化石，达尔文发现，从古至今，很多旧的物种消失了，很多新的物种产生了，并且随着地域的不同而不断变化。[14]

1836 年，达尔文回到英国。整个考察过程历时 5 年之久，远比原来想象的两年要长得多。在考察中，达尔文积累了大量的资料和物种化石，可以说如果没有这些第一手资料，达尔文后来不可能提出进化论。回国之后，他又花了几年时间整理这些资料，并寻找理论根据。6 年后，也就是 1842 年，达尔文写出了《物种起源》的提纲。

但是在接下来的十几年里，达尔文却只字未写，这又是为什么呢？因为达尔文深知他的理论一旦发表，将颠覆整个基督教立足的根本。直到 1858 年，一件事让达尔文不得不立即完成并发表了《物种起源》一书。

这一年，英国一个年轻学者阿尔弗雷德·拉塞尔·华莱士（Alfred Russel Wallace，1823—1913）经过自己在世界各地的考察研究，也发现了进化论，他写了一篇论文寄给达尔文。达尔文收到论文后发现有人也提出了和他类似的理论，非常震惊，不知所措。他咨询了皇家学会的朋友，朋友建议他将自己的想法也写成一篇论文，两篇论文同时在皇家学会的刊物上发表。达尔文将这个建议和自己的论文也寄给华莱士征求意见，华莱士不仅欣然同意，而且表示非常荣幸能与达尔文的论文一同发表。华莱士为了表示对达尔文的支持，便在后来的著作中以“达尔文主义”的提法来讲述进化论。达尔文和华莱士的交往也成了科学史上的一段佳话。

1858 年，两篇讲述进化论的论文在皇家学会的会刊上发表了。1859 年，达尔文出版了人类历史上最具震撼力的科学巨著《物种起源》。达尔文在书中提出了完整的进化论思想，指出物种是在不断地变化之中，是由低级到高级、由简单到复杂的演变过程。对于进化的原因，达尔文用 4 条根本的原理进行了合理的解释：

- 过度繁殖。

- 生存竞争。
- 遗传变异。
- 适者生存。

达尔文的理论一发表，就在全世界引起了轰动。达尔文的理论说明，这个世界是演变和进化来的，而不是神创造的。进化论对基督教产生的冲击，远大于哥白尼的日心说。当时的教会，无论是罗马教廷还是新教派都狂怒了，对达尔文群起而攻之，但是在这狂怒的背后则是恐慌。这种恐慌用今天大数据的观点其实很好解释。哥白尼的理论更像是单纯的假说，当时并没有什么数据支持，大家对它是将信将疑，甚至漠不关心。但是达尔文的进化论不同，它有大量的数据支持，结论又合乎逻辑，因此达尔文的理论从一开始就被很多人接受了。

和教会态度相反的，是以赫胥黎（Thomas Henry Huxley，1825—1895）为代表的进步学者，他们积极宣传和捍卫达尔文的学说。赫胥黎指出，进化论解开了对人们思想的禁锢，让人们从宗教迷信中走出来。进化论和神创论的官司在全世界一直打了上百年，直到 21 世纪，美国最后几个保守的州明确规定，中学教学中要讲授进化论。2014 年，教皇方济各公开承认进化论和《圣经》并不矛盾，进化论才算是取得了决定性的胜利，这时离达尔文去世已经过去 130 多年了。

达尔文的进化论对世界的影响，不仅仅在于回答了物种的起源和进化的问题，而且告诉人们，世界的万物都是可以演变和进化的。这是在牛顿之后，又一次让人类认识到需要用发展的眼光来看待我们的世界。

能量守恒定律、细胞学说和进化论被恩格斯称为 19 世纪的三大科学发现，它们不仅对物理学、生物学和医学本身有重大的意义，而且确立了唯物论的科学基础。

电的发现与存储

如果说直接导致第一次工业革命的技术是蒸汽机技术，那么带来第二次工业革命的技术则是电。今天我们已经无法想象没有电的生活，但是在人类文明开始之后 98% 的时间里，人类生活并不依赖电。虽然电是宇宙诞生之初就有的自然现象，但是直到近代之前，人类根本搞不清楚虚无缥缈的电到底是怎么一回事。

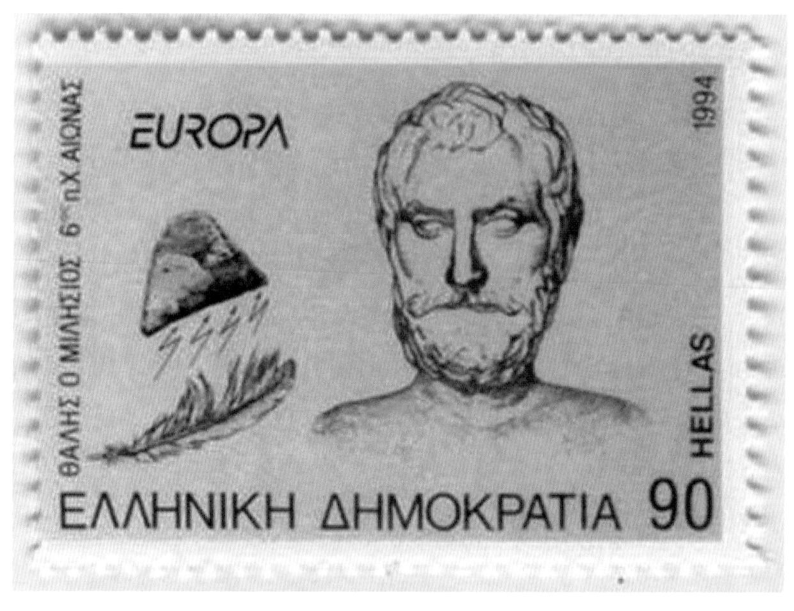

图 6.13 希腊发行的纪念泰勒斯的邮票，左边是琥珀、静电和羽毛

在古代，人们把来自大自然的雷电称为“天上的电”，把在生活中观察到的静电称为“地上的电”。天上的电，是一种连动物都能注意到的自然现象，而地上的电则是人们在生活中注意到的。最早关于

静电的记载，是在公元前 7 世纪到公元前 6 世纪的时候，古希腊哲学家泰勒斯发现用毛皮摩擦琥珀后，琥珀会产生静电而吸住像羽毛之类的轻微物体。电荷一词 electron 就源自希腊语琥珀（λεκτρον，发音是 ēlektron）。后来，人类又发现用玻璃棒和丝绸摩擦会产生另一种静电，它和琥珀上的电性质相反，于是就有了琥珀电和玻璃电之分。1745 年和 1746 年，德国科学家克莱斯特（Ewald Georg von Kleist，1700—1748）与荷兰莱顿地区的科学家米森布鲁克（Pieter van Musschenbroek，1692—1761）分别独立发明了一种存储电荷的瓶子。[15] 后来，人们根据发明家所在城市将这种容器命名为莱顿瓶。莱顿瓶实际上是一种电容器，两个锡箔是电容器的两极，而玻璃瓶本身就是电容器的介质。

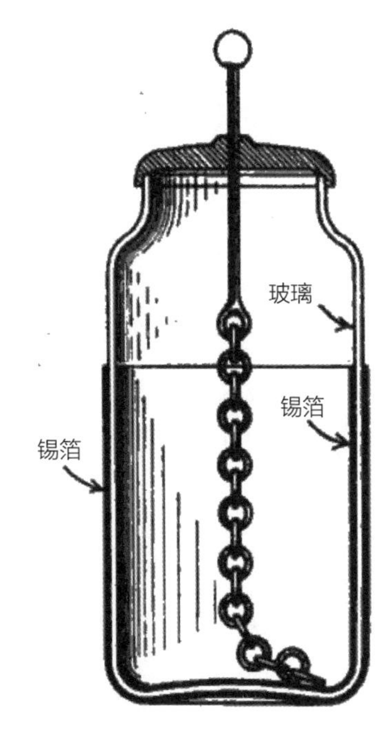

图 6.14
莱顿瓶

天上的雷电和地上的静电所显示出的差异是巨大的，那么它们是否是一回事？在本杰明·富兰克林之前大家并不清楚。提起富兰克林，人们想到的是一位政治家、美国宪法主要的起草者，但他也是那个时代最杰出的科学家之一。富兰克林著名的雷电实验，大家都不陌生。1752 年，他和儿子威廉在一个雷雨天放风筝，风筝线绳靠近手持的一端拴了一把铜质的钥匙。当一道闪电从风筝上掠过，富兰克林用手靠近钥匙，立即感觉到一阵恐怖的麻木感。他抑制不住内心的激动，大声呼喊："威廉，我被电击了！"①随后，他将雷电引入莱顿瓶中带回家，用收集到的雷电做了各种电学实验，证明了天上的雷电与人工摩擦产生的电性质完全相同。富兰克林把他的实验结果写成一篇论文发表，从此在科学界名声大噪。当然，他在电学上的贡献不仅于此，他还有以下诸多成就：

- 揭示了电的单向流动（而不是先前认为的双向流动）特性，并且提出了电流的概念。
- 合理地解释了摩擦生电的现象。
- 提出电量守恒定律。
- 定义了我们今天所说的正电和负电。[16]

更难能可贵的是，富兰克林善于利用科学成果改良社会。根据雷电的性质，富兰克林发明并且在费城普及了避雷针。不久，避雷针相继传到英国、德国、法国，最后普及到世界各地。

富兰克林虽然只在小时候受过两年的正规教育，但是靠着他后来的自学成才以及在科学上的贡献，哈佛和耶鲁大学授予他名誉学位，

---

① 富兰克林的这种做法非常危险。1753 年，俄国著名电学家利赫曼在做同样的风筝实验时，不幸遭雷击身亡。

图 6.15
油画《本杰明 · 富兰克林从天空取电》，
现收藏于费城艺术博物馆

牛津大学授予他名誉博士，他也当选为英国皇家学会会员。

在了解了电的基本性质后，要想进一步研究电的特性并且使用电能，就需要获得足够多的电。显然，靠摩擦产生的静电是不够用的。最早解决这个问题的是意大利物理学家亚历山德罗 · 伏特（Alessandro Volta，又译伏打，1745—1827），他发明了电池。

伏特发明电池是受到另一名科学家路易吉 · 伽伐尼（Luigi Galvani，1737—1798）的启发。后者在解剖青蛙时，发现两种不同的金属接触到青蛙时会产生微弱的电流，他以为这是来自青蛙体内的生物电。但是伏特意识到这可能是因为两种不同的金属有电势差，而青蛙的作用相当于今天我们说的电解质。1800 年，伏特用盐水代替青蛙，将铜和锌两种不同的金属放入盐水中，两个金属板之间就产生了 0.7 伏左右的电压。这么低的电压做不了太多事情，于是伏特将 6 个这样的单元串联在一起，就获得了超过 4 伏电压的电池。有了电池，电学的研究开始不断取得重大突破。[17] 后来，人们用他的名字作为电压的单位，而 Volta 这个意大利语的名字在英语里被写成 Volt，因此，在电学中被翻译成“伏特”。

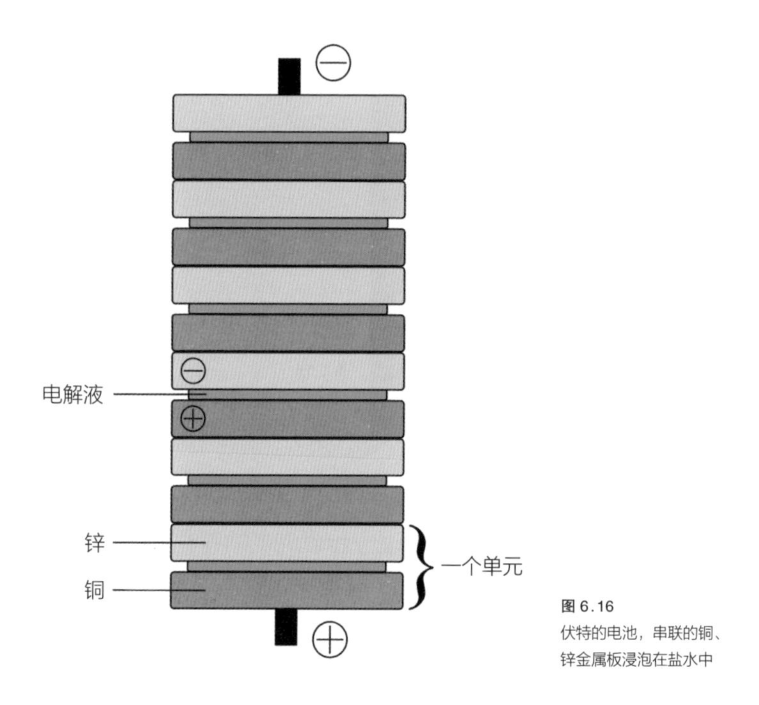

图 6.16
伏特的电池，串联的铜、锌金属板浸泡在盐水中

电池除了在科研和生活中有实际的用途，其实还证实了一件事，就是能量是可以相互转化的。当然，在伏特的年代，大家还不知道这个道理。此外，电池其实还向人类展示出一种新的能量来源——化学能。

化学电池的电量可以做实验，但不足以提供工业和生活用电，因为电池里的电量太少了，而且价格昂贵。要获得大量的电能就需要发电，也就是将其他形式的能源转换成电能。

所幸的是，有了伏特电池，科学家得以了解电学的原理，特别是电和磁的关系，而实现机械能与电能的相互转换，则经历了大约半个世纪的时间。

1820年，丹麦物理学家汉斯·奥斯特（Hans Christian Ørsted，1777—1851）无意间发现了通电导线旁边的磁针会改变方向，并且因此发现了电磁效应。[18]同年，法国科学家安培（André-Marie Ampère，1775—1836）受到奥斯特的启发，发现了通电线圈和磁铁有相似的性质，进而发现了电磁。这是人类在发现天然磁现象之后，首次通过电流产生磁场。安培接下来又完成了电学史上几个著名的实验，并且总结出电磁学的很多定律，比如安培右手定律等。为了感谢这位法国科学家对电学的贡献，人们用安培作为电流的单位。除了对电磁学理论的贡献外，他还发明了测量电流大小的仪器——电流表，也称为安培表。

虽然在富兰克林的时代，美国在电学研究上并不落后，但是在富兰克林之后的半个多世纪里，美国学者之间的交流远没有欧洲频繁，美国当时甚至没有高质量的科学杂志，这使得美国学者在很多电学研究上的成就并不为欧洲同行所知。

19世纪初，普林斯顿大学的教授约瑟夫·亨利（Joseph Henry，1797—1878）在一些电学课题的研究上已经走在了欧洲同行的前面。1827年，亨利独自发现了强电磁现象，并且发明了强电磁铁。亨利用纱包铜线围着一个铁芯缠了几层，然后给铜线圈通上电流，发现这个小小的电磁铁居然能吸起百倍于自身重量的铁块，比天然磁铁的吸引力强多了。今天强电磁铁成了发电机和电动机中最核心的部分。接下来，亨利又在1830年首先发现了电磁感应现象，这比法拉第（Michael Faraday，1791—1867）早了一年。[19]遗憾的是，当时美国处于西方世界的边缘，和欧洲学术界几乎没有交流，以至电磁感应现象的发现在很长时间里被归功于更早发表了研究成果的法拉第。1832 年，亨利又发现了一些自感现象，并且合理地解释了这种现象，比如为什么通电线圈的电路在断开时会有电火花产生。亨利一生有很多发明，包括继电器、发报机的原型（但是他没有申请专利，这个荣誉后来给了莫尔斯）、原始的变压器和原始的电动机。此外，亨利还第一个实现了无线电的传播，这比后来被公认的无线电鼻祖海因里希·鲁道夫·赫兹（Heinrich Rudolf Hertz，1857—1894）早了 40 多年。今天，科学史家认为，亨利在电学上的贡献显然被低估了，但这件事也说明了信息流动对于科学进步和技术传播的重要性。不过科学界并没有埋没亨利的贡献，依然用他的名字命名了电感的物理学单位。

同时期在欧洲，汉弗莱·戴维的学生法拉第在从事着和亨利类似的工作，虽然他的很多发现比亨利稍晚，但是因为他处在当时世界科技的中心英国，因此，他的工作产生了更大的影响。法拉第甚至利用电磁感应原理在实验室里研制出交流发电机的原型，但是并没有制造出发电机。实际上，上面提到的这些电学先驱人物要么是比较纯粹的科学家，比如安培，要么是喜欢理论研究的发明家，比如法拉第，他们中间没有真正来自工业界，并且能够看到电的应用前景的发明家。因此，虽然他们认识到电是一种能量，但是并没有将它和产业革命联系起来。完成将电学理论到生产力转化的发明家来自德、美两国的工业界。

直流电与交流电

电能不会凭空产生，它必须从其他能量转换而来，靠电池这种将很少化学能变成电能的装置，显然不足以满足动力的要求。因此，需要发明一种设备能够将机械能、热能或者水能源源不断地转化为电能，这就是我们今天所说的发电机。世界上第一台真正能够工作的直流发电机是由德国的发明家、商业巨子维尔纳·冯·西门子（Werner von Siemens，1816—1892）设计的。[20] 和之前的发明家不同，西门子本身就是一个企业家，他搞发明更多的是为了应用（用西门子公司官方网站上的说法是“应用导向的发明”）。1866 年，他受到法拉第研究工作的启发，发明了直流发电机，随后就由他自己的公司制造了。从此人类又能够利用一种新的能量——电能，并且由此进入了电力时代。21 年后，即 1887 年，美国著名发明家尼古拉·特斯拉（Nikola Tesla，1856—1943）获得了多

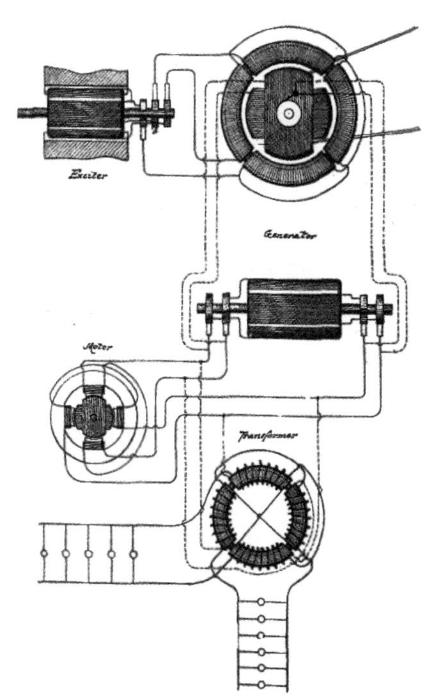

图 6.17
特斯拉的多相交流发电机

相交流发电机的专利权，与他合作的西屋电气公司开始利用特斯拉所发明的多相交流发电机为全美国提供照明和动力用电。

从1820年奥斯特发现电磁感应现象，到西门子发明直流发电机，前后相隔46年，如果再算上特斯拉和西屋电气完成多相交流供电，电真正开始普及的时间则长达67年。有些人质疑那些不能直接投入应用的科学研究，从电的理论到电的应用所经历的漫长过程，其实给出了这个问题的答案，即几乎所有的科学研究最终都能够找到实用价值。当然，67年时间有些长，但是相比第一次工业革命长达一个世纪的准备（从牛顿的时代到瓦特的时代），这个时间并不算太长。今天从理论到应用的时间，又缩短到20~40年左右。

电的使用直接导致了以美国和德国为中心的第二次工业革命。这里要特别说的是美国从电的理论研究，到电的各种应用发明，在当时已经不落后于欧洲，甚至在一些领域遥遥领先，这也是美国最终超越英国的科技基础。在全世界范围，对于电的普及和应用贡献最大的两个发明家，当属爱迪生和特斯拉。

爱迪生至少有三个标签：自学成才、大发明家、老年保守。第一个标签其实意义不大，第三个标签是误解，第二个才是他真实的身份。

在很多的励志故事中，爱迪生被说成一个带有残疾（耳聋）、没有机会接受教育、靠自学成才和努力工作成就一番事业的发明家。这种说法有一定根据，不过需要指出的是，爱迪生的父母并不是没受过教育的底层人，他的父亲是一位不成功的商人，他的母亲当过小学教师。爱迪生虽然只在学校里上了三个月的学，但是他的母亲是一位不错的老师，一直在家里给他应有的教育。爱迪生从小就对新事物好奇，爱做实验，喜欢发明东西，这无疑是他后来获得上千项专利的根本原因。

爱迪生被人谈论最多的事情是他发明了实用的电灯[1]、留声机和电影机等大量电器。爱迪生发明电灯的故事可谓家喻户晓，这也成为众多励志读物的内容。通常大家强调的是爱迪生勤奋的一面，这里不再赘述。我们从另一个角度来看，爱迪生发明白炽灯时是如何解决问题的。

在爱迪生之前，人们已经懂得电流通过电阻会发热，当电阻的温度达到1000多摄氏度后就会发光，但是大部分金属在这个温度下已经融化或者迅速氧化了。因此之前处于研究阶段的电灯不仅价格昂贵，而且用不了几个小时就烧毁了。爱迪生的天才之处在于他能很快意识到那些在实验室里的白炽灯面临的最大问题——灯丝，因为将灯丝加热到1000多摄氏度而不被烧断可不容易。因此，爱迪生首先考虑的就是耐热性。为了改进灯丝，他和同事先后尝试了1600多种耐热材料。他们较早实验过碳丝，但是当时没有考虑碳丝高温时容易氧化的特点，因此没有成功。他们还实验了贵重金属铂金，它几乎不会氧化，而且熔点很高（1773摄氏度）。但铂金非常昂贵，这样的灯泡根本无法商业化。在大量的实验过程中，他们发现将灯泡抽成真空后，可以防止灯丝的氧化。当灯丝工作的环境改变之后（从有空气到真空），爱迪生又回过头来重新梳理他过去所放弃的各种灯丝材料，发现竹子纤维在高温下炭化形成的碳丝是合适的灯丝材料，这才发明出可以工作几十个小时的电灯。当然，碳丝太脆易损，于是爱迪生再次改进，最后找到了更合适并被使用至今的钨丝。在发明白炽灯的过程中，爱迪生不是蛮干，而是一边总结失败的原因，一边改进设计。在科研中，从来不乏勤奋的人，但是更需要爱动脑筋的人，爱迪生就是这样的人。

---

① 电灯在爱迪生之前就已经有了，但是还处在实验阶段，他是第一个发明了商业化白炽灯的发明家。

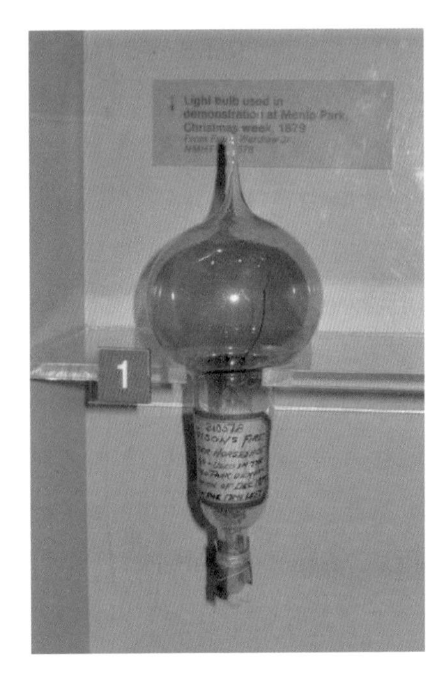

图 6.18
爱迪生的灯泡模型

爱迪生的第三个标签是拒绝使用交流电，而且还发表了很多贬低交流电的不实之词。交流输电的好处是显而易见的，它可以让输电电压变得非常高，以至在输电的过程中电量的消耗可以忽略不计。这就使长距离输电成为可能，电厂也不需要建在居民区旁边了。相比之下，早期直流输电因为电压不能太高，所以输电的过程中电能损失大，并且不能远距离传输。爱迪生坚持使用直流输电这件事，被很多人诟病，并且评价他到了“晚年”，开始变得保守而固执，不愿意接受新事物。其实，事情远不是这么简单。爱迪生确实激烈地批评过交流电的副作用，但如果考虑到交流、直流之争本身不只是技术方案之争，更是商业竞争，就不难理解爱迪生的言论和行为了。

交流发电并不是爱迪生想采用就可以采用的，因为西屋电气和特斯拉的交流输电、发电以及交流发电机技术是受到专利保护的。西屋电气公司采用了特斯拉的技术，为此支付了高额的专利费，除了一次性支付 6 万美元现金以及股票，同时每度电还要再支付 2.5 美元，西屋电气差点因此而破产。而爱迪生在过去做特斯拉老板时与后者有矛盾，两个人从此一生结怨，因此，特斯拉根本不可能让爱迪生低价使用专利。从商业的角度说，爱迪生即使因为输电损失掉一大半电能，也比支付高额的专利费省钱。事实证明，在金融界大佬 J. P. 摩根的帮助下，早期采用直流输电并没有让爱迪生的公司倒闭，倒是出高价使用特斯拉专利的西屋电气公司后来有点不堪重负。最后，经过与特斯拉等人的协商，西屋电气公司以相对合理的价钱（近 22 万美元）买断了他们的专利，[21] 西屋电气才算是活了过来，并使交流电在全世界得以普及和推广。

爱迪生在和特斯拉就输电方式争论时刚刚 40 岁，远没有到“晚年”，这位长寿的发明家活了 84 岁。在 40 岁之后，他的新发明还在不断地涌现。即便在 1930 年，83 岁高龄的爱迪生还发明了实用的电动火车。[22] 因此，他的思想一辈子都不保守，爱迪生不采用交流电只是利益使然。当我们看到爱迪生作为企业家的一面，而不仅仅是发明家时，这一切就都解释得通了。

相比讲究实际的爱迪生，特斯拉则是一个喜欢狂想、超越时代的人。他有很多超前的想法，比如无线传输电力（直到今天才实现）。特斯拉一生有无数的发明，他靠转让专利赚的钱比办公司多得多。然而，特斯拉后来又将所有的钱投入到研究那些至今无法实现的技术上，最后一无所获。他的晚年过得十分悲惨，在他去世前，已经没有人关注这位伟大的发明家了。直到今天，人们才重新给予了他在电的普及方面所应得的荣誉。

电的使用对文明的作用远在蒸汽机之上。蒸汽机主要是为人类提供动力，而电不仅是比蒸汽机更方便的动力，而且改造了几乎所有的产业。今天 80%~90% 的产业在使用电之前就已经存在了，但电使这些产业脱胎换骨，以崭新的形式重新出现。比如在交通、城市建设等方面，得益于电梯的发明，20 世纪初美国的纽约和芝加哥等大城市，摩天大楼开始如雨后春笋般地出现，而有轨电车和地铁也带来了城市公共交通的大发展。立体城市和交通的发展又导致了世界上超级大都市的诞生。

电的作用还远不止作为一种动力，电本身还有一些特殊的性质（如正负极性），利用这些性质可以让物质发生化学变化，比如，将某种化合物变成另一种化合物或者单质。通过电解，人类发现了很多新的元素，比如化学性质活跃的钠、钾、钙、镁等。电解法也改变了历史悠久的冶金业，纯铜和铝就是靠这种方法生产的。此外，电影的出现也改变了古老的娱乐业。电灯的出现不仅方便了照明，还改变了人类几万年来日出而作、日落而息的生活习惯。

在电出现之后，各国又有了一个衡量文明程度的新方式——发电量。和人类之前使用的所有能量都不同，电不仅可以承载能量，还能承载信息，这就导致了后来的通信革命。

通信以光速进行

在人类几千年的文明史上，长距离快速传递信息一直是个大问题。人类的进步史，从一开始就是信息传递方式，或者说是通信方式的发展史。语言、文字和书写系统的发明，写字的泥板、竹简，后来的纸张和印刷术，都是为了信息的传递。直到19世纪初，快马和信鸽还是最快的传递方式。中国古代采用过烽火台传递消息，当边境有外敌入侵时，守军点燃高处的烽火台，远处另一个烽火台的守军看到后，点燃自己的烽火台继续传递该消息。但是从通信的角度讲，烽火台只能传递一个比特信息而已，即有敌情和没有敌情两种情况。另外，它传递的误码率还很高，因为如果谁不小心在两个烽火台的中间点燃了火，就可能引起误判。尽管如此，烽火台在古代还是发挥了巨大的作用。

如何向远距离传递多种信息呢？大航海时代，为了便于船队之间的通信，水手发明了信号旗。今天已经无法确定它的发明者是谁，甚至不知道是哪个国家的水手先发明的，但是可以确定，在16世纪时，英国人和荷兰人已经用信号旗来编码和传递信息了。在随后的英国与荷兰的战争中，英国皇家海军将信号旗语规范化，用11种不同的信号旗相互组合，传达45种信号。海上的信号旗语后来不断发展、不断改进，一直沿用至今（见图6.19）。

在没有遮挡的大海上，信号旗在一定范围内是一种很好的通信方法，但是在陆地上，由于有山峦、森林和城市的阻挡，这种方法无法使用。到了18世纪末，法国一个默默无闻的工程师克洛德·沙普（Claude Chappe，1763—1805）结合烽火台和信号旗的原理，试图设计一种高大的机械手臂来远程传递信息。

沙普在他4个兄弟的帮助下，搭建了15座高塔，绵延200千米，每座高塔上有一个信号臂（见图6.20），每个信号臂有190多种姿势，这样就足以把拉丁文中的每一个字母和姿势一一对应起来（见图6.21）。由于信号塔和信号臂非常高，十几千米外都能看见，因此就可以用它来传递情报。1794年，沙普兄弟展示了这种通信系统，在9分

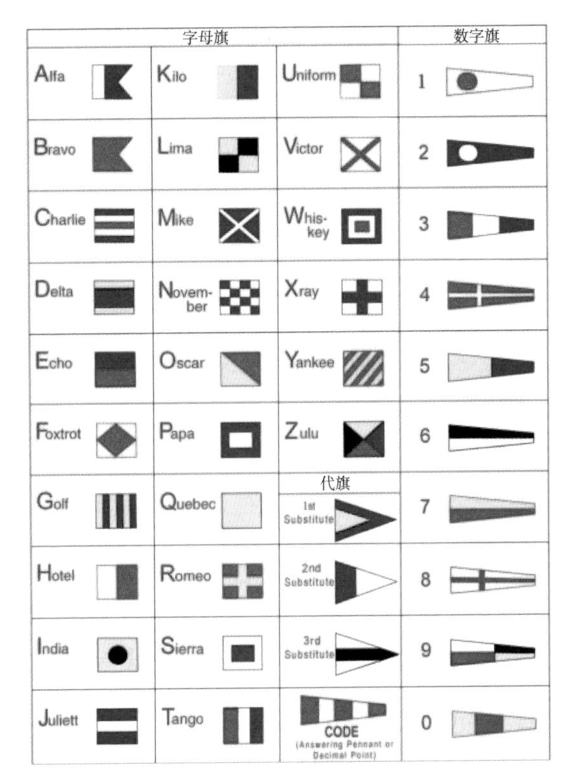

图 6.19
今天国际通用的海上信号旗①

钟内将情报从巴黎传递到了 200 千米之外的里尔。

这种信号塔的造价虽然比较贵，但是当时法国正好在和奥地利等反法同盟国家开战，急需传递情报的系统，于是一口气建造了 556 座，在法国建立起了庞大的通信网。整个网络线路长达 4800 千米，这可能是近代最早的通信网络了。由于信号塔在通信中的有效性，后来西班牙和英国也纷纷建立起自己的系统，但是它们改进了沙普的设计，让信号臂的姿势看起来更清楚。在电报出现之后，信号塔的作用才慢慢消失。

① 第一列、第二列和第三列上半部分代表 26 个英文字母，第三列下半部分代表特殊符号，第四列代表数字 0~9。

图 6.20
沙普设计的信号臂

电报的发明要感谢一位精通数学和电学的美国画家塞缪尔·莫尔斯。虽然提及莫尔斯电报码时我们会先入为主地认为他就该是一个科学家，但是在他的年代，人们认为他是在美国绘画史上占有一席之地的优秀画家，很多名人（包括美国第二任总统约翰·亚当斯）都请他画过肖像画。即使在发明了电报之后，他还是继续以作画卖画为主业。

莫尔斯发明电报码起源于一个偶然事件。1825 年，莫尔斯接了个大合同，纽约市出 1000 美元请他为美国的大恩人拉法耶特侯爵（Marquis de Lafayette, 1757—1834）[①] 画一幅肖像。莫尔斯当时住在康涅狄格州的

① 这位法国贵族在美国独立战争时带领法国远征军和华盛顿将军并肩作战，对美国赢得独立战争厥功至伟。

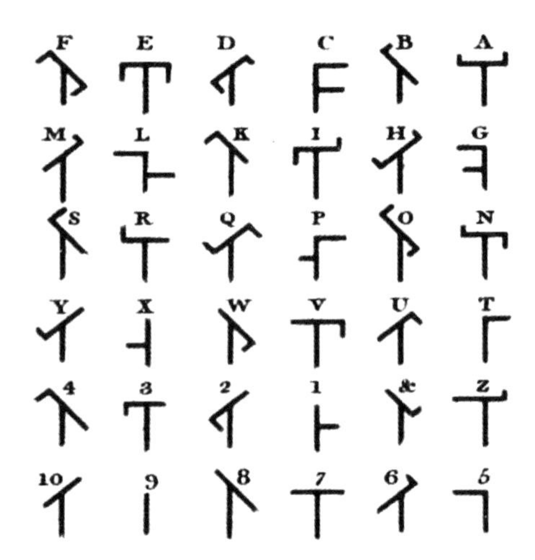

图 6.21 信号臂的姿势对应的字母和数字

纽黑文市，而作画地点是 500 千米外的华盛顿市，但是为了这 1000 美元（相当于现在的 70 万美元）巨款，他还是离家去作画了。在华盛顿期间，莫尔斯收到了父亲的一封来信，说他的妻子病了，莫尔斯马上放下手上的工作赶回家。但是等他赶到家时，他的妻子已经下葬了。这件事对他的打击非常大，从此他开始研究快速通信的方法。

莫尔斯的电学和数学基础扎实，他解决了电报的两个最关键的问题：一是如何将信息或文字变成电信号，二是如何将电信号传到远处。

1836 年，莫尔斯解决了用电信号对英语字母和数字编码的问题，这便是莫尔斯电码。我们在谍战片中经常看到发报员“嘀嘀嗒嗒”地发报，嘀嗒声的不同其实是继电器接触的时间长短不同造成的。“嘀”就是开关的短暂接触，可以理解成二进制的 0，“嗒”就是开关的长时间（至少是“嘀”的 3 倍时间）接触，可以理解成 1。0 和 1 的组合，就可以表示出所有的英语字母。当时虽然还没有信息论，但是人们还是根据常识对经常出现的字母采用较短的编码，对不常见的字母采用较长的编码，这样就可以降低编码的整体长度。图 6.22 是莫尔斯电码的编码方法。

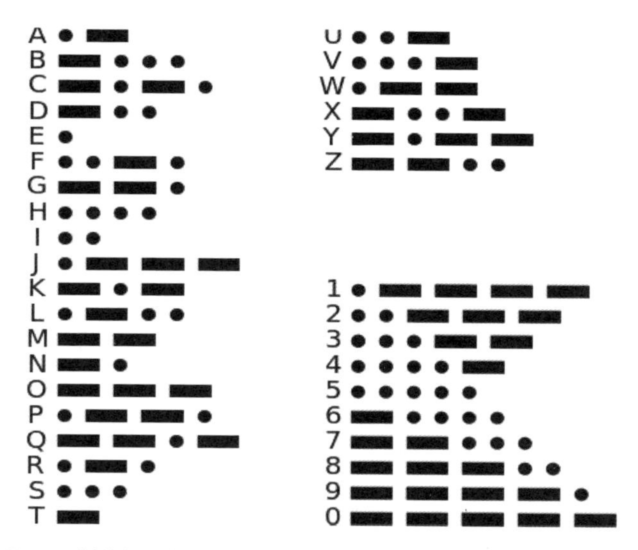

图 6.22　莫尔斯电码对英文字母和数字的编码

在解决了编码之后，1838 年，莫尔斯研制出点线发报机，解决了信号传送问题。这个装置颇为巧妙，当发报人将继电器开关短暂接通后（发出“嘀”声），接收装置上的纸带就往前挪一小格，同时有油墨的滚筒就在纸带上印出一个点；当电路接通较长时间（发出“嗒”声）后，接收装置上的纸带就往前走一大段，同时油墨印出一段较长的线。接收人根据接收纸带上的油墨印迹，对应莫尔斯电码，就可以转译成文字。

就在莫尔斯发明电报的同时，甚至更早一点时间，1833 年，欧洲的发明家威廉·爱德华·韦伯（Wilhelm Eduard Weber，1804—1891）和数学家高斯合作，也发明了类似的装置，并且建立了哥廷根大学和当地天文台的通信。遗憾的是，韦伯后来因为政治原因被当地政府驱逐出境，相应的研究便不了了之了。1837 年，英国发明家威廉·库克（William Fothergill Cooke，1806—1879）和查尔斯·惠斯通（Charles Wheastone，1802—1875）也发明了电报，并且最早实现了商业运营。[①]但是他们的发明使用并不方便，因此，还没来得及普及就被莫尔斯的发明取代了。今天，大家都知道莫尔斯而不知道其他做出类似发明的发明家，因为他是真正让电报实用和普及的人。不过，很多不同国家的人几乎在同一个时间点彼此独立地发明了类似的装置，说明当时的技术积累已经使电报的发明成为历史的必然。

从信号旗到信号臂，再到莫尔斯电报，虽然形式不同，通信的效率不同，但是有两个根本之处是相通的：首先，编码是通信的核心，语言本身就是一种编码。信号旗语、信号臂的姿势和莫尔斯电码，都是将信息进行编码。其次，通信的设施和编码的设计是相匹配的，其功能是将编码信息传递出去。莫尔斯设计的电报系统采用长短结合的方式传递信息，是因为各种信息能够使用“嘀”“嗒”两种信号编码。今天我们基于计算机的数字通信采用“0”“1”编码，是因为我们使用的电路很容易实现高电压（对应 0 或者 1）和低电压（与高压相反，对应另外一个数值）。未来通信的发展也是如此，比如今天非常热门的量子通信，利用量子的叠加状态进行编码，相应的通信设备就需要能够检测这种叠加状态。

1844 年，在通信史上具有划时代意义。这一年美国第一条城际电报线（从巴尔的摩到首都华盛顿）建成，总长约38英里[②]，从此人类进入了即时通信时代。

---

① 库克和惠斯通起步比莫尔斯晚，但是更早投入了商业运营。

② 1 英里等于 1.60934 千米。

最早帮助普及电报业务的是新闻记者，因为只有他们才有大量的电报需要发送。19 世纪 40 年代末，[①] 纽约 6 家报社的记者组成了纽约港口新闻社（美联社的前身），他们彼此之间用电报传送新闻，从此世界各地的新闻社开始涌现。1849 年，德国人路透将原来的信鸽通信改成了电报通信，传递股票信息。两年后，他在英国成立了办事处，这就是后来路透社的前身。1861 年，美国建成了贯穿北美大陆的电报线，以前通过快马邮车将消息从美国东海岸传递到西海岸需要 20 天时间，而通过电报几乎瞬间便可完成了。与此同时，美国的快马邮递从此也退出了历史舞台（见图 6.23）。

图 6.23　小马快递公司（Pony Express）的快递员与正在架设电报线路的工人相遇，象征着两个时代的碰撞

1866 年 7 月 13 日，美国企业家赛勒斯·韦斯特·菲尔德（Cyrus West Field，1819—1892）在经历了 12 年的努力之后，终于成功地铺设完成了跨越大西洋的海底电缆，欧洲旧大陆从此和美洲新大陆连接为

① 具体时间有争议。

一个共同的世界。

除了为新闻通信服务，电报很快也被用于了军事。由于分散在不同地点的军队之间可以很好地通信和彼此配合，德国军事家老毛奇（Helmuth von Moltke the Elder，1800—1891）提出了一整套全新的战略战术，帮助普鲁士和后来的德国称霸欧洲。为了保密，电报还促进了信息加密技术的发展。

对老百姓来说，比电报更实用的远程通信是电话。普通的家庭是不可能自己装电报机的，一般人也不会去学习收发电报。

一般认为，美国发明家、企业家亚历山大·贝尔（Alexander Graham Bell，1847—1922）发明了电话，并且创立了历史上最伟大的电话公司 AT&T（美国电话电报公司，前身叫贝尔电话公司）。不过，为了讨意大利人的欢心，2002 年美国国会认定电话发明人是意大利人安东尼奥·梅乌奇（Antonio Meucci，1808—1889），[23] 他在贝尔之前发明了一种并不太实用的电话原型机。不过，即使在意大利，也没有多少人知道他。这再次说明了对于一项发明来说，最后那个把发明变成产品的人，远比最早想到发明雏形的人重要得多。

贝尔的母亲和妻子都是聋哑人，贝尔本人则是一个声学家和哑语教师。他为了发明一种听力设备来帮助聋哑人，而最终导致了电话的发明。在贝尔之前，梅乌奇和其他发明家也设计过类似电话机的装置，但是都因为传输声音的效果太差，根本无法使用。1873 年，贝尔和他的助手托马斯·奥吉斯塔吉·沃森（Thomas Augustus Watson，1854—1934）开始研制电话。在随后的两年里，贝尔和沃森天天泡在实验室里研究。和很多发明家一样，他们早期总是不断地失败。虽然他们曾成功传输了声音，但是效果也不理想，依然无法使用。当时，全世界有不少人都在致力于发明电话，并且进度相差不多。贝尔能够获得电话的专利，则要感谢他的合作伙伴哈伯德（Gardiner Greene Hubbard，1822—1897）在没有通知他的情况下，于1875年2月25日去美国专利局申请了专利。仅仅几个小时后，另一位发明家伊莱沙·格雷（Elisha Gray，1835—1901）也向专利局提交了类似的电话发明申请。贝尔和格雷不得不为电话的发明权打官司，一直打到美国最高法院，最后，法官根据贝尔提交专利申请的时间更早一点，最终裁定贝尔为电话的发明者。1876年3月7日，贝尔获得了电话的专利（见图6.24）。

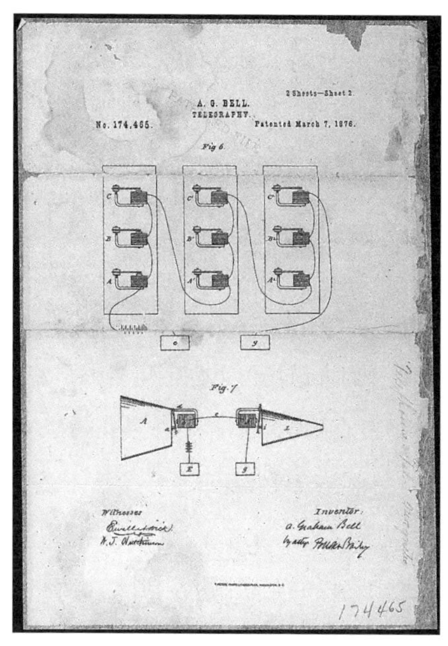

图6.24
贝尔的电话专利

就在贝尔获得专利权的3天后（1876年3月10日），在实验过程中沃森忽然听到听筒里传来了贝尔清晰的声音："沃森先生，快来，我想见到你！"这是人类第一次通过电话成功地将语音传到远处。接下来，这两个年轻人又没日没夜地干了半年，几经改进，1876 年 8 月，终于研制出世界上第一台实用的电话机。贝尔和格雷几乎同时发明电话，再次说明当相关技术积累到一定程度，电话的发明就成了必然。即使没有贝尔，人类也将进入电话时代，只是时间上或许晚一点而已。

贝尔对人类的贡献不仅在于发明了实用的电话，而且还依靠他精明的商业头脑，推广和普及了电话。1877 年，波士顿架设了全世界第一条商用电话线。同年，贝尔电话公司成立。1878 年，贝尔和沃森在波士顿和纽约直接进行了首次长途电话试验，并获得成功，这两地之间相隔 300 多千米。1915 年，从纽约到旧金山长途电话的开通，则将相隔 5000 多千米的美国东西海岸连到了一起。到 20 世纪初，世界除南极之外的各大洲都有了四通八达的电话网。原本要几天甚至几个月才能传递的信息，瞬间便可以通过电话通知对方；原本必须见面才能解决的问题，很多可以通过电话解决了。

通信技术的提高和快速发展的交通，极大地促进了市场经济的发展。虽然早在 18 世纪 70 年代，亚当·斯密（Adam Smith，1723—1790）就预言，精细的劳动分工和统一的大市场可以创造更多的财富。但是由于交通和通信的障碍，这个预言直到 100 多年后才真正得以实现。自由贸易的发展，又使得各国的金融系统彼此连成了一个整体。

直到今天，电信产业依然是全世界最大的产业之一，2016 年它的产值高达 3.5 万亿美元。相比之下，我们热议的互联网产业则要小得多，它同期的市场规模只有 3800 亿美元，相差几乎一个数量级。

电信产业其实只是通信的一部分，广播、电视，乃至整个互联网也都属于广义的通信领域。这些产业之间的关系是这样的：

- 单向一对一的通信——电报。

- 双向一对一的通信——电话。
- 单向一对多的通信——广播、电视等。
- 双向多对多的通信——互联网。

有意思的是，实现它们的难度恰好也是上面的次序。因此，我们不难想象，当电报和电话两种通信方式被发明之后，接下来就轮到广播和电视了。在介绍这两项发明前，我们先讲与它们紧密相关的无线电。

无线电技术的发展有赖于麦克斯韦（James Clerk Maxwell，1831—1879）的电磁学理论。和之前很多电磁物理学家（如法拉第）不同的是，麦克斯韦的理论水平极高，因此，他建立了理论非常严密的电磁学理论。1865 年，麦克斯韦在英国皇家学会的会刊上发表了《电磁场的动力学理论》，并在其中阐明了电磁波传播的理论基础。第二年，德国物理学家赫兹通过实验证实了麦克斯韦的理论，证明了无线电辐射具有波的所有特性，并发现了电磁波的波动方程。

1893 年，特斯拉在圣路易斯首次公开展示了无线电通信。1897 年，特斯拉向美国专利局申请了无线电技术的专利，并且在 1900 年被授予专利。[24] 然而，1904 年，美国专利局又将其专利权撤销，转而授予了意大利发明家马可尼（Guglielmo Marconi，1874—1937）。这种事情在历史上很少见，而背后的原因则是马可尼有爱迪生的支持，此外他还获得了当时钢铁大王、慈善家安德鲁 · 卡内基的支持。1909 年，马可尼和卡尔 · 费迪南德 · 布劳恩（Karl Ferdinand Braun，1850—1918）因“发明无线电报的贡献”分享了诺贝尔物理学奖。1943 年，美国最高法院重新认定特斯拉的专利有效，但这时特斯拉已经去世多年了。

说到无线电发明权之争，就不能不提俄罗斯伟大的发明家波波夫（Alexander Stepanovich Popov，1859—1906）。他在无线电领域做了很多开创性的研究，但是今天，除了俄罗斯，世界上没有人承认他是无线电的发明人，而把这个荣誉给了马可尼。这不仅因为马可尼有专利在手，更因为马可尼所发明的远不止无线电的收发装置，而是一整套实用的无线电通信解决方案。人类后来使用的无线电技术就是在他的工作的基础上发展起来的，和其他发明人的工作没有什么关系。此外，马可尼成功地将无线电广播商业化，因此，将发明无线电的荣誉授予马可尼是公平的。

特斯拉和马可尼的技术最初是用于无线电报，但是很快就被用在了民用收音机上。1906 年，加拿大发明家范信达（Reginald Fessenden，1866—1932）在美国马萨诸塞州实现了历史上首次无线电广播，他用小提琴演奏了《平安夜》，并且朗诵了《圣经》片段。同年，美国人李·德·福雷斯特（Lee de Forest，1873—1961）发明了真空电子管，电子管收音机随即诞生。不过，全世界第一个定期播出的无线电广播节目直到 1922 年才由马可尼研究中心实现。①

在无线电技术诞生之后，苏格兰发明家约翰·洛吉·贝尔德（John Logie Baird）受到马可尼的启发，利用无线电信号传送影像，并在 1924 年成功地利用电信号在屏幕上显示出图像。[25] 15 年后（1939），通用电气的子公司 RCA 推出了世界上第一台（黑白）电视机。又过了 15 年（1954），RCA 推出了第一台彩色电视机，世界从此进入了电视时代。

技术进步的作用是全方位的，它不仅能创造财富，也能改善我们的生活，甚至能左右政治。

1960 年，在美国大选前期，举行了历史上第一次有电视转播的总统候选人辩论，由当时的副总统、共和党候选人尼克松对阵民主党候

① 当时马可尼的公司已经被通用电气收购，成为后者的一个子公司。

选人肯尼迪。当时收听收音机的听众认为尼克松占了上风，但是收看电视的观众看到肯尼迪轻松自若、谈笑风生，而大病初愈的尼克松却显得苍老无力，天平在不知不觉中就倒向了肯尼迪。从此之后，电视开始左右美国的政治，以至所有的候选人都要投入巨额的电视广告费。这种情形一直持续到 2016 年的总统大选，互联网取代电视起到了更有效的宣传作用。

从有了语言文字开始，人类在信息交流上有几次大的进步，包括书写系统的出现、纸张和印刷术的发明等，每一次都极大地提高了知识和信息的传播速度，不过这种“速度”会受限于信息的承载介质（如竹简、纸张）的物理移动速度，即信使的移动速度。但是，当电用于通信之后，人类的通信就以光速进行了，这不仅使信息的传输变得畅通有效，也使科技的影响力快速地向全世界传播。

● ● ●

从 18 世纪末到 19 世纪末，人类经历了两次工业革命，世界因此完成了从近代到现代的过渡。这两次工业革命都有代表性的核心科技，第一次是蒸汽机，第二次是电。围绕这两项技术，相应的新技术不断涌现，原有的产业开始改变，并以一种新的形态出现，同时也诞生了新的产业，后者我们会在后面讲到。两次工业革命的另一个特点是让人类彼此之间的距离迅速缩短，这既表现在交通工具的进步缩短了真实的距离，更表现在电用于通信后，人们之间虚拟的距离几乎为零。你可以想象这样一个场景：一小群走出非洲的人类原本是一家，但是在随后的几万年里很少走动来往，到了 19 世纪末，分开了几万年的人类又开始走亲戚了，他们甚至可以在电话两旁随时听到对方的声音，这是一种多么让人感动的场景！

第七章　新工业

机械动力需要新的能量，而新的能量又催生出新的工业。

在 19 世纪上半叶，煤是工业生产中最重要的能量来源。但是煤的使用受到很多限制，同时也带来严重的污染。比如，使用煤的蒸汽机十分笨重，只适合作为大型机械的动力，不可能成为汽车、飞机等必须使用轻便发动机的交通工具的动力来源。电虽然使用很方便，但是不能凭空产生，只能从其他能量形式转换而来，同时需要有电线传输，因此电的使用依然有一定的局限性。石油的出现，以及使用石油产品的内燃机的发明，在很大程度上解决了上述问题。石油不仅是一种新的能源，还让化学工业成为世界经济的支柱产业之一。当然，作为工业革命的结果之一，人类彻底进入了热兵器时代。

石油：工业的血液

在大量使用了木材和煤之后，人类在第二次工业革命时开始使用第三种可供燃烧的能源——石油。相比木材和煤炭，石油有两个显著的优点：使用便利和能量密度高。这给社会的方方面面带来了一系列革命，我们将再一次看到能量利用的水平和文明进步之间的关系。

人类发现和使用石油的历史其实很久远。早在公元前10世纪之前，古埃及人、美索不达米亚人和古印度人已经开始采集天然石油。在美索不达米亚的楔形文字泥板上，记载着在死海沿岸采集天然石油的事情，不过，准确地说应该是“以天然形态存在的石油沥青”（我们知道，现在的石油沥青是原油加工过程中的副产品）。早期文明并不是将石油当作能源来使用，而是将天然沥青作为一种原材料。在古巴比伦，沥青被用于建筑，而在古埃及，它甚至被用于制药和防腐。木乃伊的原意就是沥青。在阿拉伯帝国崛起时，当地人用沥青铺路，建设帝国的中心巴格达。

中国在西晋时开始有关于石油的记载。到南北朝时，郦道元（？—527）在《水经注》中介绍了石油的提炼方法，这应该是世界上最早关于炼油的记载。此后，在北宋沈括的《梦溪笔谈》中，也有利用石油的记载。

作为能量的来源，石油首先被用于战争而不是取暖或者照明。公元前6世纪，阿契美尼德王朝（前550—前330）的波斯人开始打井取石油，然后很快将它用于战争中的火攻。居鲁士二世（Cyrus II of Persia，前600年至前598年间—前530年）在攻取巴比伦时，他的部将用沥青点火，烧毁固守在房屋内进行抵抗的巴比伦人的建筑。在随后的2000多年里，很多文明都有将石油用作火攻武器的记载，但是大家并不用它做燃料或者照明，因为原油燃烧时油烟太大，而且火苗不稳。

石油真正被广泛地用于照明，要感谢加拿大的发明家亚伯拉罕·格斯纳（Abraham Gesner，1797—1864）和波兰发明家伊格纳齐·卢卡谢维奇（Ignacy Lukasiewicz，1822—1882）。他们于1846年和1852年先后发明了从石油中低成本地提取煤油的方法，从此，使用煤油照明不再有上述问题。卢卡谢维奇等人的方法其实是利用石油中不同成分有不同沸点的原理，加热原油将各种成分分离。

1846年，在中亚地区的巴库发现并建成了世界上第一座大型油田，当时巴库出产世界上90%的石油。1861年，世界上第一座炼油厂建成。19世纪末，在北美大陆的许多地方都发现了大油田，煤油很快取代蜡烛成为西方主要的照明材料，并且因此形成了一个很大的市场。也就是在这个时期，约翰·洛克菲勒成了世界石油大王——他控制了美国的炼油产业，并因此间接地控制了原油的开采、原油和成品油的运输，以及成品油的定价。

石油成为世界主要的能源来源之一，是靠内燃机的发明。通过内燃机和汽油（或者柴油）来提供动力，比采用蒸汽机和煤更方便、更高效，也更清洁。因此，从19世纪末开始，全世界的石油用量剧增。19世纪中期（1859），美国的石油年产量只有2000桶，[①] 但是到了1906年，就达到了1.26亿桶，半个世纪增加了6万多倍，石油成了继煤炭之后又一种重要的化石燃料。

石油作为世界主要能源的登场时间，和两次世界大战的时间基本吻合，因此，它不仅成了各方争夺的战争资源，也决定着战争的走向和结果。第一次世界大战前夕，担任英国海军大臣的丘吉尔敏锐地认识到，油比煤做军舰动力更有优越性，它让军舰更快、更灵活，也更省人力。于是，他决定把英国的海军优势建立在石油之上，所有舰船

① 一桶石油大约是120升。

燃料都以油代煤，并且在他的任期内完成了这种转变。后来的战争进程证明，丘吉尔非常远见卓识。当时英国本身不产油，因此它一直设法控制着中东地区的石油资源，直到二战结束之后很长一段时间。在第二次世界大战中，一些重要的战役都和争夺石油有关，比如苏联和德国围绕争夺巴库油田的一系列战役，日本进军南太平洋争夺石油资源的诸多战役等。在二战期间，同盟国的石油总产量高达 10 亿吨，而轴心国只有 6600 万吨，不到前者的 7%。因此，石油紧缺也是轴心国战争失败的一个重要原因。

从 19 世纪末开始，煤虽然还是世界上最重要的燃料，但石油的用量一直高速增长。到了 20 世纪 70 年代，人类意识到石油是一种有限的原料，如果不节省使用，很快就会耗尽，因此在 1973 年石油危机之后，石油的使用增速开始放缓。除中国外，世界主要产油国产量没有根本性变化。2017 年，美国原油产量为 37 亿桶，基本上和 1970 年持平。沙特阿拉伯和俄罗斯的石油产量与美国相当。这三大产油国的产量和 20 世纪 70 年代初（1973 年石油危机之前）相比没有什么变化，[1] 而伊朗则只有当年峰值的一半。

不过，虽然世界上原油产量没有增加，但是人们对它的依赖程度却非常高。由于石油的能量密度高，燃烧迅速，因此今天世界上 90% 的运输动力依然来自石油。如果飞机使用煤作为动力燃料，恐怕一半的载重量要用在所携带的煤上，而且起飞前还要经过长时间预热。

石油工业带来的另一个结果是极大地促进了化学工业的发展，这是因为石油本身是许多化学工业产品的原料。

虽然化学品的制造（比如酿酒、酿醋）和使用早在公元前就有了，但是它变成工业，并且和科学的发展联系起来，则是在 19 世纪。由于钢铁工业的迅速发展需要炼焦炭，从而产生了大量被称为煤焦油的废物，于是化学家在研究煤焦油的特性时，发展出了化学工业。

1856 年，英国 18 岁的化学家威廉·亨利·珀金（William Henry Perkin，1838—1907）在提取治疗疟疾的特效药奎宁时，偶然发现煤焦油里的苯胺可以用来生产紫色的染料，[2] 于是他申请并获得了苯胺紫制造的专利。由于当时染料的价格昂贵，各国化学家竞相利用煤焦油研制染料，很快发明了各种颜色的合成染料，形成了一个新的庞大的产业——有机化学工业。之后，随着石油和天然气的廉价供应，有机化学家找到了比煤焦油产量更高、使用更方便的化工原材料，从此开启了石油化工工业。利用石油合成塑料的方法便是在这样的背景下发明出来的。

图 7.1　用煤焦油生产染料

今天使用最广泛的聚乙烯塑料（用于制造食品袋、薄膜、餐具），虽然被发明出来的时间较早，但是产品化的时间反而晚。

1898年，德国科学家佩希曼（Hans von Pechmann，1850—1902）在一次实验事故中无意合成出今天常用的塑料——聚乙烯（又称为PE）[3]。但是由于生产聚乙烯的原料“乙烯”在自然界中很少，因此无法大规模生产，所以这项偶然的发现被搁置一旁。

1907年，出生于比利时的美国科学家贝克兰（Leo Baekeland，1863—1944）发明了用苯酚和甲醛合成酚醛塑料的方法。这种塑料不仅价格低廉，而且耐高温，适用范围广，从此开创了塑料工业，而贝克兰也被称为“塑料工业之父”。[4]

19世纪末20世纪初，俄国和美国的工程师先后发明了通过裂解从石油中提炼乙烯的技术。随后在20世纪20年代，标准石油公司（Standard Oil）开始从石油中提取乙烯。1933年，英国的帝国化学公司（ICI）再次无意中发现了从乙烯到聚乙烯的合成方法。[5]因为有了充足的原材料供应，聚乙烯材料得以广泛应用。在此之后，人类以石油为原材料，发明了各种各样的新材料，大致可以分为塑料、合成橡胶与合成纤维三大类。

塑料是今天全世界使用最多的材料之一，每年的使用量约为3亿吨，人均40千克，其中中国占了全球塑料使用量的1/4左右。塑料的种类非常多，常见的就有十几种。今天使用最多的塑料除了聚乙烯，还有聚氯乙烯（人们常说的PVC，水管、地板、建筑门窗框等都来自聚氯乙烯）。这两种塑料在外观上差不多，但是聚乙烯无毒，可以包装食品；聚氯乙烯有毒，不能作为食品包装。

塑料的诞生还促进了人造革产业的发展。19世纪末，德国率先发明了人造革。人造革一词早期的叫法 Presstoff，就来自德语的 Preßstoff，即塑料复合物的意思。但是这种人造革并不结实，因此没有实际的应用。20 世纪 30 年代，人们用聚氯乙烯和帆布制造出了皮革替代品——人造革。在二战期间，缺少天然原材料的德国大量使用人造革制作军服和军用品，如军装、马鞍和武器的皮套。

除了催生出塑料工业，随着石油化工的发展，人们开始探索用合成材料替代天然材料，合成橡胶应运而生。橡胶最初是源于橡胶树上白色黏稠的分泌物，通过人工采集后，经过凝固、干燥等加工工序，制成弹性固状物，属于天然材料。

人类使用橡胶的历史可以追溯到公元前 16 世纪的奥尔梅克文化（Olmec culture），最早的考古证据来自中美洲出土的橡胶球。后来，玛雅人也学会利用橡胶制造东西，阿兹特克人甚至会用橡胶制作防雨布。

1736 年，法国地理学家孔达米纳（Charles Marie de La Condamine，1701—1774）从美洲带回橡胶的样品。1751 年，他向法兰西科学院递交了一篇弗朗索瓦 · 弗雷诺（François Fresneau，1703—1770）写的关于橡胶性质的论文。这篇论文于 1755 年发表，是历史上第一篇介绍天然橡胶的论文。

天然橡胶如果不经过处理，既不结实，也缺乏弹性。1839 年，美国发明家查尔斯 · 古德伊尔（Charles Goodyear，1800—1860）发明了橡胶的硫化方法，将硫黄和橡胶一起加热，形成硫化橡胶，才让它真正得以使用，[6] 这距离西方人接触到橡胶已经过去了 100 年。然而，古德伊尔并不是一个精明的商人，也不善于利用专利保护自己的发明。因此，在他那个年代，很多人利用他的发明挣到了钱，而他自己却负债累累。不过，古德伊尔对此并不遗憾，他说："生活不应仅仅由美元和美分来衡量，我不会抱怨他人收获我种植的成果。相反，如果一个人播种之后，却没有人收获，才是让人遗憾的事情。”今天世界著名的固特异（Goodyear）轮胎橡胶公司就是为了纪念他而命名的，但是与他或者他的家人其实没有任何关系。

古德伊尔虽然找到了处理橡胶的实用方法，但是对橡胶的化学成分并不清楚。1860年，英国人格雷维尔·威廉斯（Charles Greville Williams，1829—1910）经由分解蒸馏法实验，发现了天然橡胶的单元构成是异戊二烯[①]，这为后来合成橡胶提供了根据。

世界对橡胶大量的需求是在汽车诞生之后。今天世界上那些著名的橡胶公司，包括德国的马牌、意大利的倍耐力、法国的米其林和美国的固特异等公司，都诞生于19世纪末，并且随着汽车工业的发展而发展。然而，天然橡胶只能生长在暖湿地区，世界上大部分国家不适合种植，因此产量非常有限。到了战争年代，如中国、日本或者德国等不出产天然橡胶的国家，就很容易被敌国切断橡胶供应。因此，德国从20世纪初就开始想办法人工合成橡胶。

1909年，德国的科学家弗里茨·霍夫曼（Fritz Hofmann，1866—1956）等人，用异戊二烯聚合出第一种合成橡胶，但是质量太差，根本不可用。第一次世界大战期间，德国的橡胶供应完全被英国人切断。迫于橡胶匮乏，德国人采用了二甲基丁二烯聚合而成甲基橡胶，这种橡胶可以大量生产，而且价格低廉，但是耐压性能不理想，战后便被淘汰了。在随后十多年里，欧美各国合成了种类不同的人造橡胶，但是都因为质量太差，不堪使用。

---

① 事实上，天然橡胶是一种以聚异戊二烯为主要成分的天然高分子化合物。

真正从理论层面解决人造橡胶技术问题的是两位分别获得了诺贝尔化学奖的科学家。20 世纪 30 年代，德国化学家施陶丁格（Hermann Staudinger，1881—1965）建立了大分子长链结构理论[7]，苏联化学家谢苗诺夫（Nikolay Semenov，1896—1986）建立了链式聚合理论[8]。有了这些理论的指导，通过小分子材料聚合大分子材料，人工合成实用的橡胶才成为可能。

在二战期间，由于日本占领了全世界重要的橡胶产地东南亚，美国和苏联加速了合成橡胶的研制和生产。1940 年，美国百路驰（BFGoodrich）公司和固特异公司分别研制出高性能、低成本的合成橡胶，对保证二战时橡胶的供应有很大的帮助。在二战期间，美国合成橡胶的产量从 2000 吨增加到 92 万吨，虽然它们当时依然只占橡胶用量的一小部分，但是已经显示出合成橡胶的广阔前景。

20 世纪 60 年代，壳牌石化公司（Shell Chemical Company）发明了人工合成的聚异戊二烯橡胶，首次用人工方法合成了结构与天然橡胶基本一样的合成天然橡胶，从此人造橡胶可以彻底取代天然橡胶了。今天，全世界每年生产 2500 万吨橡胶，其中 70% 是合成橡胶。

如果说合成橡胶只是对一种天然物的复制，那么尼龙（nylon）① 则是自然界原本并不存在的人造物，它的发明开创了化学工业结合纺织工业的一个新领域。

1928 年，杜邦公司成立了基础化学研究所，负责人是当时年仅 32

① 关于尼龙名字的来历流传着一个误解，即它是纽约（New York，缩写为 NY）和伦敦（London，前三个字母为 LON）的合成词。这个误解的历史几乎和尼龙的历史一样长。事实上，尼龙一词只是卡罗瑟斯和杜邦公司的高层多次讨论后得出的大家都愿意接受的名字。今天，尼龙一词的含义比当初广泛了很多，成了“由煤、空气、水或其他物质合成的，具有耐磨性和柔韧性，类似蛋白质化学结构的所有聚酰胺”的总称。

岁的卡罗瑟斯（Wallace Carothers，1896—1937）博士，他主要从事聚合反应方面的研究。1930 年，卡罗瑟斯的助手发现，采用二元酸和二元胺经缩聚反应而形成的聚酰胺纤维，其化学结构和性能与蚕丝相似，而且这种人造丝弹性比天然蚕丝结实，延展性非常好。[9] 卡罗瑟斯意识到这种人造物的商业价值，于是对高聚酯进行了深入的研究。1935 年，世界上第一种合成纤维诞生了，它后来得名尼龙。令人遗憾的是，1937 年，卡罗瑟斯因抑郁症自杀身亡。1939 年 10 月 24 日，用尼龙制造的长筒丝袜上市，引起轰动。尼龙丝袜当时在美国被视为珍奇之物，有钱人争相购买。而追求时髦的底层妇女，因为买不起丝袜，便用笔在腿上绘出纹路，冒充丝袜。

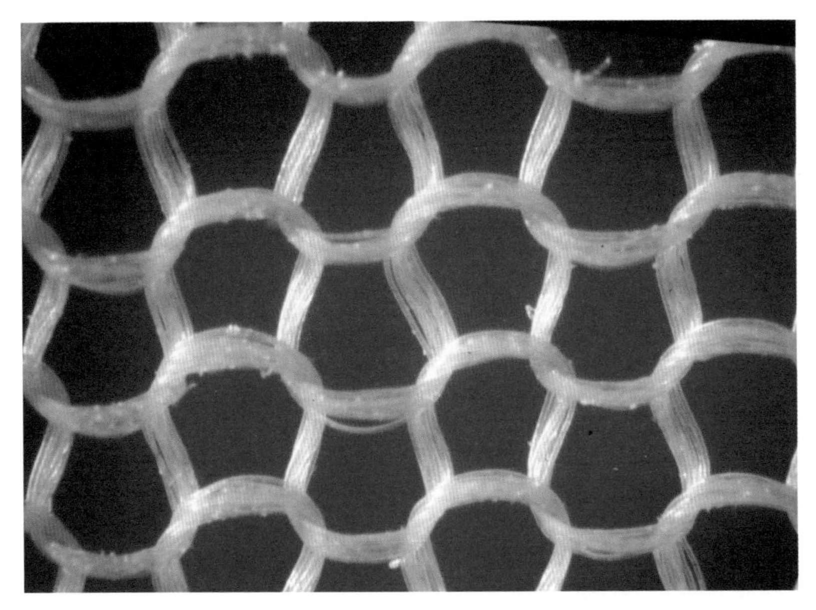

图 7.2　丝袜的放大特写照片

二战时，尼龙被优先用于军工，制造降落伞，并且被美军带到了欧洲。二战后，很多喜欢时尚的法国妇女热衷用制作降落伞的尼龙缝制性感的衣服，她们会为了求得一块降落伞布而结交美国大兵。可见当时尼龙受欢迎的程度。当然，后来人们发现还是棉、麻、蚕丝和羊毛做的衣服穿得舒服，因此，高档的服装已经不再使用尼龙。但是，尼龙的用途却越来越广泛，而且在尼龙之后有越来越多的合成纤维被发明出来。今天，通过合成得到的高质量的超细纤维，很多在性能上已经完全可以媲美纯棉制品。

在石油工业和化学工业的发展过程中，能量这条主线的作用是非常明显的。它们一方面涉及煤和石油这些化石燃料；另一方面，化学工业本身也是高能耗的，在人类没有能力调动足够多的能源之前是无法发展的。

相比之下，信息这条主线的作用是隐性的，但其重要性却不能忽视，因为科技的进步，就伴随着信息的积累和传递。今天，我们见到的每一种天然物质都是经过了 35 亿年历史的进化和筛选才形成并保留下来的，但是自从有了化学工业，我们在短短的一个多世纪里就创造了无数的新物质，其中有些甚至解决了一直困扰人类的“生存问题”。

化学工业助力农业

化学工业的出现，不仅解决了交通、穿衣等问题，更重要的是解决了粮食问题。人类普遍吃得饱，是在出现了化学工业之后。而这里面和吃饭最相关的两类化工产品，就是化肥和农药。

除了使用石油和煤作为原材料外，化学工业的另一个重要的原料来源，居然是空气中含量最高的氮气。1909 年，德国科学家、化工专家弗里茨·哈伯（Fritz Haber，1868—1934）利用氮气和氢气直接合成了氨气，从此开创了化学肥料工业。[10] 不过合成氨刚被发明，很快便爆发了第一次世界大战，这项发明首先被用于制造炸药的原材料“硝酸铵”，以取代智利硝石“硝酸钠”。在“一战”期间，海上霸主英国封锁了德国的海上交通线，试图切断德国的硝石供应，没想到德国人在战场上的炮火依然猛烈，原来他们用硝酸铵替代硝石制作炸药。当时，德国的巴斯夫化学公司（BASF）能日产 30 吨硝酸铵，这让德国有信心将战争持续下去。哈伯也因此获得了“战争化工之父”的称号。

到了二战时期，原材料随处可得的硝酸铵成了制造炸药的必备原料，美国为了给自己和盟国提供军火，生产了大量硝酸铵。由于二战结束得比美国预想的快，二战后美国剩下一大堆硝酸铵无法处理，于是干脆倒在森林里做氮肥。不过一开始直接投放造成了严重的污染，最后美国人将这些硝酸铵再生产，变成无污染的化肥，才解决了这个问题。

哈伯因发明合成氨的方法而获得了 1918 年的诺贝尔化学奖。然而他并没有因此受到全世界的尊敬，相反，由于他在第一次世界大战中负责研制和生产德国的氯气、芥子气等毒气，造成近百万人伤亡，受到了美、英、法、中等国科学家的谴责，而他的妻子因此自杀。今天，全世界对哈伯的态度颇为矛盾。虽然他制造大规模杀伤性武器使得很多士兵丧生，但是今天粗略估算，他发明的制氨法所制造的氮肥，养活了这颗星球上大约 1/3 的人口。[11]

在农业上，化学工业产品除了化肥和农用材料（比如塑料薄膜），最重要的则是农药。它和化肥一起，不仅让人类在 20 世纪解决了温饱问题，并且将农业劳动力在全球劳动力中的比例从一半以上降到了 1/3 以下。

人类使用农药的历史可以追溯到 4500 年前的美索不达米亚文明

时期，当地人对农作物喷洒硫黄来杀灭害虫。[12]后来，古希腊人又通过燃烧硫黄来熏杀害虫。15世纪之后，欧洲人先后用重金属物质、尼古丁以及植物提纯物除虫菊和鱼藤酮等做农药。这些农药不仅成本高，效果差，难以施用，而且对人的伤害很大。最早真正靠化学工业制造出来的有效杀虫剂是DDT（又叫滴滴涕，化学名为双对氯苯基三氯乙烷）。1939年，瑞士化学家保罗·米勒（Paul Hermann Müller，1899—1965）发现了DDT的杀虫作用，并且发明了它的工业合成方法。1942年DDT面市，[13]当时正值二战期间，世界很多地区传染病流行，DDT的使用令疟蚊、苍蝇和虱子得到有效的控制，并使疟疾、伤寒和霍乱等疾病的发病率急剧下降。由于在防止传染病方面的重要贡献，米勒于1948年获得了诺贝尔生理学或医学奖。

DDT的第一大功绩是对于农业的增产作用。由于DDT制造成本低廉，杀虫效果好，而且对人的危害较小，因此很快在全世界普及。DDT等农药的使用对于农业增产立竿见影。二战后，希腊给橄榄树使用了DDT后，橄榄的收成马上增加了25%。DDT对其他农作物的增产，效果也同样明显。

DDT的第二大功绩是在全球范围内消除了传染病。二战后，印度等穷困落后、传染病流行的国家，靠使用DDT杀虫，有效地控制了危害当地人几千年、困扰欧洲殖民者几百年的源于昆虫传播的各种流行病（比如疟疾、黄热病、斑疹伤寒等）。仅疟疾这一种病，印度在使用DDT之后，患病数量就从7500万例减少到500万例。在其他第三世界国家，也取得了类似的效果。据估计，二战后，DDT的使用使5亿人免于危险的流行病。[14]

1962年，DDT的使用让全球疟疾的发病率降到了极低值，世界卫生组织向世界各国建议，在当年的世界卫生日发行世界联合抗疟疾邮票，很多国家都这么做了，这是世界上有最多的国家共同参与的为一项发明发行邮票的活动。然而，也就是在这一年，美国海洋生物学家瑞秋·卡森（Rachel Carson，1907—1964）女士出版了改变世界环保政策的一本著作——《寂静的春天》（*Silent Spring*）。卡森在书中讲述了DDT对世界环境造成的各种危害。由于DDT的广泛使用，它完全进入到全球的食物链中。DDT不能被动物分解，因此在食物链高端的动物体内会形成富集，造成了鸟类代谢和生殖功能紊乱，使得很多鸟类濒临灭绝。如此一来，春天到来的时候，已经很难听到鸟的歌唱了，所以她把著作起名为《寂静的春天》。当然，DDT的受害者不仅是鸟类，也包括吃了受到污染鱼类的人类。《寂静的春天》一书促使美国于1972年禁止了DDT的使用。目前全世界有超过86个国家禁止使用DDT。不过，进入21世纪之后，人类对DDT的认识再次出现翻转，主要是认识到它在消灭非洲和其他贫困地区疟疾方面难以取代的作用。因此，国际卫生组织今天允许那些地区有限使用DDT杀灭疟原虫。DDT从发明到广泛使用，到被大范围禁止的过程，再到有限制地使用，不仅体现出化学工业的发展过程，而且反映出人类对于那些自然界原本不存在的人造物全面认识的曲折过程。

今天，虽然很多人一听到化肥和农药就本能地反感，但是它们在人类文明过程中的进步作用是不可否认的。从本质上讲，化肥和农药的使用，使得太阳能转化为食物的化学能的效率大大提升，使得人类可以用很少的耕地养活大量的人口，这在另一方面对环境也是一种保护。或许未来我们有比使用化肥和农药更好的增产方式，而这有赖于科技的进一步发展。

给轮子加上内燃机

人类的历史在很大程度上是一个不断迁徙的历史。轮子和马车的出现，让人能够更省力、更便捷地到达远方，而火车的出现则进一步提高了交通运输的效率，它不仅速度快、运载量大，也非常适合长距离运输。不过，火车需要在铁轨上行驶，而且只适用于大量的人和货物的运输，缺乏灵活性。因此，在工业革命之后，德国的发明家都在试图发明一种能在城市与乡村间的路上行驶的车辆。

汽车的发明是一个系统工程，橡胶轮胎、火花塞和铅酸蓄电池①的发明对于汽车的诞生都是必不可少的，但它们却不属于汽车的核心技术。对汽车来说，最重要的发明是内燃机。

世界上很多重大的发明都是时代的产物。发明家会在几乎同时独立完成类似的发明，内燃机也不例外。早期发明内燃机或者类似热机的有一大批发明家，这里值得一提的是比利时工程师艾蒂安·勒努瓦（Etienne Lenoir，1822—1900）。1860年，他以蒸汽机为蓝本，发明了一台可使用的内燃机，并获得了专利。但是勒努瓦内燃机的效率仅有2%~3%，因此在商业上没有竞争力，[15]对后世的内燃机也没有产生太大的影响。不过勒努瓦在内燃机中采用了一个感应线圈，实现了自动打火，那便是后来电火花塞的原型。

今天我们说到内燃机时，总要提到奥托这个名字，内燃机做功的过程被称为“奥托循环”，而汽车用的发动机和很多其他的内燃机，都被称为“奥托式发动机”，因为它们的工作原理和德国工程师尼古拉

---

① 1842年，美国发明家古德伊尔发明了硬橡胶轮胎。1858年，法国工程师洛纳因发明了点火的火花塞。1859年，法国物理学家普兰特发明了铅酸蓄电池。

斯·奥托（Nikolaus Otto，1832—1891）当初的发明相似。1862—1876年，奥托发明了压缩冲程内燃机①——先是两冲程（1864），后来改进成了四冲程（1876），并且发明了内燃机的电控喷射燃油（燃气）装置（见图7.3）。奥托内燃机能量转化效率（超过了10%）高于当时效率最高的蒸汽机（8%），因此在随后的17年里，奥托卖出了5万多台四冲程内燃机，而更早发明内燃机的勒努瓦一辈子只卖出700台。[16] 更重要的是，奥托发明的内燃机是后来汽车、飞机和很多其他机械发动机的滥觞。

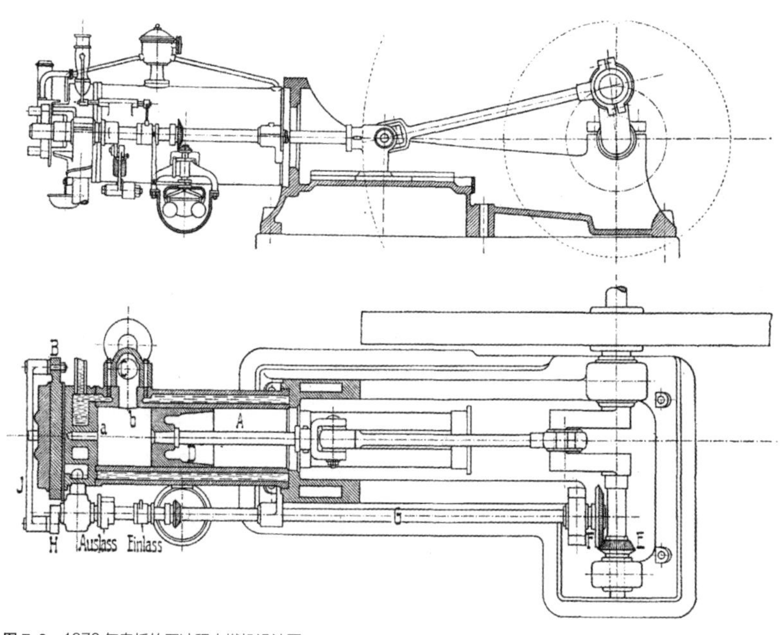

图7.3　1876年奥托的四冲程内燃机设计图

① 当时被称为新奥托马达，德语：Neuer Otto-Motor。

奥托在内燃机方面的发明具有革命性，理应获得专利，而当时他也确实被德国授予了专利，但是这项专利不久就被他的一个同事、德国另一位大发明家戈特利布·戴姆勒（Gottlieb Wilhelm Daimler，1834—1900）给推翻了。[17] 戴姆勒的目的是想将来另立门户，独立研发新的发动机，他担心那些专利阻碍自己的事业发展。在奥托那个年代，总能找到一些类似的发明，因此，戴姆勒推翻专利并不难。从这件事可以看出，很多重大发明常常是技术进步的自然延伸，天才在其中的作用固然很大，但是并非决定性因素。在专利被推翻之后，奥托干脆放弃了几十项内燃机的专利，从而使得内燃机技术得以在全世界普及并被迅速改进。需要指出的是，虽然奥托放弃了所有的内燃机专利，但他的生意并没有受到影响，更没有影响奥托在人们心目中和历史上的崇高地位。

今天我们所说的“奥托式发动机”不是指奥托所发明的那个具体物件，而是对工作原理符合奥托发明原理的各种内燃机的总称。到1939 年第一架喷气式飞机飞上蓝天为止，所有的飞机使用的都是奥托四冲程内燃机。在奥托生活的年代，他已经被德国人置于一个崇高的地位。在他去世后，欧洲和美国在评选最有影响力的历史人物时，总会把奥托排在前 100 名。奥托的儿子古斯塔夫·奥托后来子承父业，创办了德国最早的飞机制造公司，后来又将它转型成为今天的宝马汽车公司。

奥托和他的两个同事——戴姆勒和威廉·迈巴赫（Wilhelm Maybach，1846—1929）——当时最大的分歧在于，是发展固定的、大型的、在工厂里取代蒸汽机的内燃机，还是小型的、适用范围更广的内燃机。奥托倾向于前者，因此，他一直不肯放弃使用煤气的内燃机，而戴姆勒和迈巴赫则更看好体积小、能够高速运转的燃油内燃机。后来，戴姆勒和迈巴赫离开了奥托持有一半股份的道依茨公司，创办了他们自己的公司，二人在1883年发明了燃烧汽油的小型内燃机，并获得了专利。1885年，他们发明了后来被称为老爷钟的实用内燃机，并且安装到了一辆自行车上（见图7.4）。当然，这种内燃机由于功率太小（只有0.5马力），还不足以驱动汽车。一年后，戴姆勒成功地制造出了世界上第一辆使用汽油①内燃机的四轮汽车，并且在年初获得了专利。不过，戴姆勒和迈巴赫当时并不知道，距离他们仅仅60英里的地方，卡尔·本茨（Karl Friedrich Benz，1844—1929）也在做同样的工作——改进内燃机和发明汽车。本茨将自行车的后轮改成并行的两个轮子，将一台奥托内燃机置于后轴上，从而造出了全世界第一辆使用

图7.4　戴姆勒 Reitwagen 机车

① 早期的汽油并非今天的辛烷汽油，而是戊烷和己烷的混合物石油醚（ligroin，一种易燃易爆的轻油产品）。

汽油内燃机的汽车（见图 7.5）。1885 年的一天，本茨夫人将这辆三轮汽车开上了路，成为有记载的第一位驾驶汽车的人，这个时间比戴姆勒和迈巴赫发明出四轮汽车早了几个月。1886 年 1 月，本茨获得汽车发明的专利，于是，他开始制造和出售采用“本茨专利汽车”品牌的汽车，[18] 但是销售情况并不好。一方面是因为本茨的三轮汽车功率小（只有 0.85 马力），不好控制，上坡还要靠人拉，另一方面是因为当时没有高质量的汽油——汽油只是作为溶剂和油污的清洗剂，并在药店出售。同年 7 月，本茨采用了戴姆勒发明的内燃机，汽车性能得到了改进，但同时也引起了一场官司。

图 7.5　本茨发明的三轮汽车

戴姆勒对专利非常看重，他曾经推翻了奥托的专利，当看到本茨采用他的汽油内燃机技术之后，便毫不犹豫地奋起捍卫自己的权利。他将本茨的公司告上了法庭，并且赢得了官司。这样一来，本茨就不得不向戴姆勒支付专利费，这使得本茨公司在很长时间里不得不继续生产使用煤气的汽车。在戴姆勒去世后，两家公司有了很多的合作。1926 年，它们新的主人决定将这两家竞争了 40 年的公司合并，成立了今天享誉全球的戴姆勒－奔驰公司。而戴姆勒的合作伙伴迈巴赫，则成了该公司旗下超豪华汽车品牌。

至于谁是汽车的发明人，直到今天科技史学家依然没有统一的看法。虽然本茨的车先上路，但是这种三轮车并非今天的汽车的直接祖先，而今天四轮汽车的发明人，则是戴姆勒和迈巴赫。另外，将内燃机最初用于交通工具的也是戴姆勒和迈巴赫，因为他们造出了两个轮子的机动车——如果三个轮子的算是汽车，为什么两个轮子的不可以算？在今天的德国，人们并不关心谁是汽车的发明人，毕竟戴姆勒和本茨都是德国人，但是在大洋彼岸的美国，很多人对这两个人都不认可，他们认为是亨利·福特（Henry Ford，1863—1947）发明了汽车，因为福特在 1896 年发明的四轮车不仅比德国前辈发明的同类产品实用得多，而且是今天几乎所有汽车的原型。

人们在汽车发明权方面看法的分歧恰恰说明一个问题——汽车的发明是水到渠成的结果。除了上述发明家，在 19 世纪八九十年代，欧洲大陆和美国还有很多发明家先后独立发明了汽车，比如后来创立了奥迪公司的德国人奥古斯特·霍希（August Horch，1863—1951），创立美国奥斯莫比（Oldsmobile）汽车公司的奥斯（Ransom E. Olds，1864—1950）等人。

这里值得一提的是奥斯莫比公司。1901 年，该公司采用标准化的部件和（静态的）流水作业制造汽车，将汽车售价降到了 650 美元，并且一年产量达到 600 多辆；到了 1902 年，产量猛增到 3000 辆，成为第

图 7.6　福特和他发明的四轮车

一个能够大规模量产汽车的公司。在此之前的 20 年里，欧美虽然诞生了不少汽车公司，但是各公司无一例外都是用手工业的方式制造汽车，产量很低，因此，汽车被视为奢侈品。

在奥斯莫比公司的流水作业装配线获得成功之后，福特在此基础上对其做了进一步改进，将静态的流水线改为动态的，让汽车在装配线上移动，而工人则不用移动位置，从而极大地提高了汽车生产的效率。同时，福特公司在销售上普及了分期付款的方式，使得汽车成为大众商品。1908 年，福特公司推出了首款在移动装配线上生产的福特 T 型车（售价为 825 美元），该车推出后立即风靡全球，到 1927 年停产下线时（售价降到了 300 多美元①），共生产了 15000 辆，这一纪录保持了近半个世纪。

① 1925 年，福特 T 型车的售价达到最低点 260 美元。

T 型车的成功得益于标准化生产不仅让生产成本大幅下降，同时也让质量得到了保障，并且可以迅速改进。福特 T 型车当时的品质甚至优于那些手工制造的高价车。

图 7.7　福特 T 型车

福特等人主导的流水线生产方式对现代工业的影响极大。从 20 世纪开始，流水线进入与制造相关的各行各业，这给社会的经济结构带来了一系列影响。

首先，在管理学和经济学上诞生了一个新名词——福特主义，即采用标准化和流水线大量生产低价工业品，并以此来刺激消费。工业品的成本大幅下降的结果是让工薪阶层能够享受富足的生活，中产阶级数量剧增。第一次世界大战之后，整个西方世界出现了空前的繁荣，然而大家并没有意识到，这种由消费驱动的经济和社会发展背后蕴藏着巨大的危机，比如过度的债务和通货紧缩，这在后来导致了 20 世纪 30 年代的经济大萧条。

其次，大规模流水线生产极大地提高了制造工业品的边际成本，也就是建立生产线、筹措资金、大量招聘工人的成本上升。这两个因素加在一起，导致每个工业领域都很难出现太多的企业。一般来说，在一个细分领域会很快形成赢者通吃的垄断局面。今天，建设一条最先进的半导体存储器生产线仅资金的投入就需要 200 亿美元左右，这还不算技术和人员的投入，因此，全世界只有两条这样的生产线。

最后，产业工人进一步沦为机器的附庸，而工人为了对抗这种趋势，结成了工会。于是，从 20 世纪初开始，大企业内资方和工会的博弈一直贯穿至今，甚至在产业转型、原有产业开始萎缩时，工会的规模仍保持了原状。这导致 20 世纪末和 21 世纪初西方很多产业因为成本过高而加速崩溃。

第二次工业革命和随后汽车的普及改变了人的生活方式，人口也开始从中心城市向四周扩散。但是，要想更快捷、更方便地抵达更远的地方，就需要比火车和汽车更快的交通工具，这就是飞机。

飞上蓝天

像鸟一样飞行是人类很早就有的梦想。从中国古代的风筝，到古希腊人制造的机械鸽，从文艺复兴时期达·芬奇设计的飞行器，到明朝万户陶成道用爆竹制成的火箭，都反映出人们对飞行的渴望。但是，没有科学基础的尝试是难以成功的。

文艺复兴时期，人们才开始理性研究飞行。1505 年，达·芬奇在科学地研究了鸟类的飞行之后，写出了航空科学的开山之作《论鸟的飞行》一书。17 世纪，意大利科学家博雷利（Giovanni Alfonso Borelli，

1608—1679）从生物力学的角度研究了动物肌肉、骨骼和飞行的关系，他指出，人类没有鸟类那样轻质的骨架、发达的胸肌和光滑的流线型身体，因此，人类肌肉力量不足以像鸟类那样振动翅膀飞行。① 博雷利的结论宣告了人类各种模仿鸟类飞行的努力都不可能成功。

18 世纪的热力学成就和工业革命为人类真正的飞行奠定了基础。波义耳和马略特等人的科学研究成果表明，热空气体积大、质量小，可以上升，而纺织工业的发展又带来了更轻巧、更结实的布料，这两件事情促成了热气球的诞生。1783 年 6 月 4 日，法国的孟格菲兄弟（Montgolfier brothers）成功地进行了第一次热气球公开升空表演。同年 11 月，孟格菲兄弟进行了热气球载人试验，两位法国人乘坐热气球上升到 910 米的高空，并飞行了 9 千米，然后安全降落，历时 25 分钟（见图 7.8）。[19] 孟格菲兄弟二人因此当选法兰西科学院院士，而他们的父亲则被册封为贵族。今天，法语中的气球一词 montgolfière 就是他们的名字。孟格菲兄弟后来留下这样一句格言：sic itur ad astra，意思是“我们将这样走到星星那边”。

热气球试飞后不久，人类又开始用较轻的氢气制造气球。1783 年 12 月，两名法国人乘坐氢气球在巴黎首次进行了自由飞行。此后，氢气球发展成了自带动力的飞艇。1893 年，德国著名的飞艇大师斐迪南·冯·齐柏林（Ferdinand Graf von Zeppelin，1838—1917）开始设计大型硬式氢气飞艇。随后他花了好几年时间进行融资、制造飞艇，终于在 1900 年试飞并获得成功。齐柏林飞艇长达 128 米，直径 11.58 米，艇下

① 根据博雷利的计算，一个体重 60 千克的人，至少得具备 1.8 米宽的胸腔才能支持扇动翅膀所需要的肌肉。博雷利将他的这个研究成果写成了《鸟类的飞行》一书，https://archive.org/details/cu31924022832574。

装有两个吊舱，可乘 5 人，采用内燃机驱动，可以长距离飞行。不久，齐柏林的飞艇成了当时最有实用价值的民用和军用飞行器。最成功的齐柏林伯爵号飞艇一共飞行了 100 多万英里，并且在 1929 年 8 月完成了环球飞行。

图 7.8
英国伦敦科学博物馆藏的
孟格菲兄弟热气球模型

直到二战前的 1937 年，飞艇一直在航空工业中占有重要位置。不过，这一年的 5 月 6 日，当时最大、最先进的兴登堡号飞艇在一次例行载客飞行中（从法兰克福横跨大西洋飞往美国新泽西）起火焚毁，造成飞艇上 37 人死亡，[①] 飞艇从此退出了历史舞台。在这之后，虽然热气球作为观光工具还在被使用，但不再是交通工具。

① 97 位乘客中的 36 人及地面上的 1 人。

图 7.9　兴登堡号飞艇

飞机的出现则比飞艇晚得多，因为飞机的比重远远大于空气，要想让这样的飞行器升空并持续飞行，难度远大于把比重小于空气的飞艇送上天。

实现可控制的飞行必须解决三大难题：升力的来源、动力的来源和可操纵性。这些问题并不是哪个发明家能一次性解决的，而是经过了三代发明家共同努力才逐步解决。

第一代发明家以空气动力学之父、英国的乔治·凯利（George Cayley，1773—1857）为代表，他的研究工作主要是在 19 世纪初。凯利受到中国竹蜻蜓的启发，从理论上设计了一种直升机，当然它只存在于图纸上，不可能实现。凯利随后又试图模仿鸟类，设计振翼的飞机，但是不成功。后来他认识到鸟类的翅膀不只是提供动力，还提供升力，更重要的是，他发现空气在不同形状的翼面流过时产生的压力不同，从而提出了通过固定机翼（而非振翼）提供飞行升力的想法。

凯利不仅是一个理论家，更是实践者。1849 年，凯利制造了一架三翼滑翔机，让一名 10 岁的小孩坐着它从山顶滑下（动力来自人用绳子牵引），实现了人类历史上第一次载人滑翔飞行。[20] 4 年后，即 1853 年，凯利又制造出了可以操控的滑翔机，成功地让一位成年人（他的马车夫）实现了飞行。这次飞行的具体时长和距离没有明确记载，但是过程可能有点凶险，因为这位马车夫随后辞职不干了。关于这架滑翔机的设计和当时的一些飞行记录，凯利写成了论文《改良型 1853 年有舵滑翔机》，并且送到了当时世界上唯一的航空学会——法国航空学会。

但是由于当时没有轻便的发动机，也没有能量密度很高的燃料，

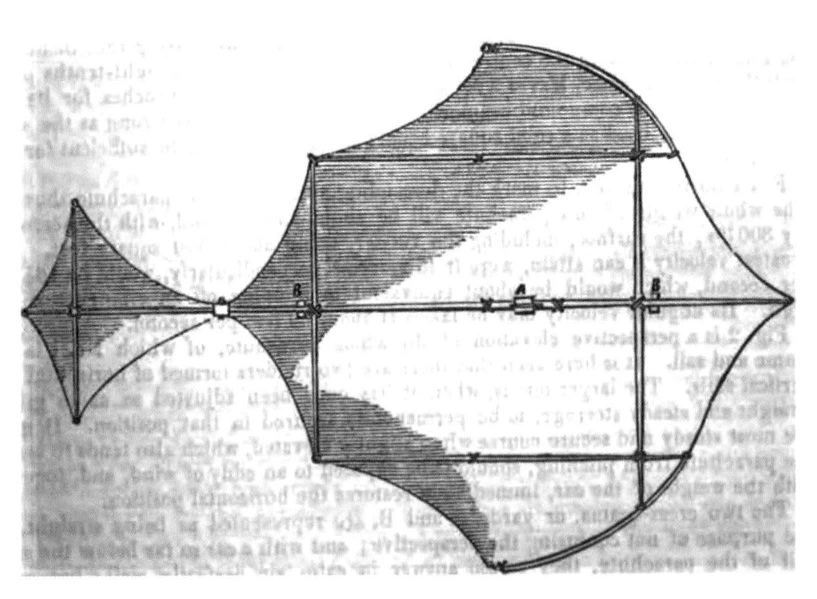

图 7.10　凯利的滑翔机

凯利无法实现自带动力的飞行梦想。1857 年，已经 82 岁高龄的凯利知道自己时日无多，却仍在努力研制轻质量的发动机，但终无所成。所幸的是，凯利对自己的研究工作都有详细的记录，特别是留下了论文《论空中航行》，成了航空学的经典。在这篇论文中，凯利明确指出，升力机理与动力机理应该分开，人类飞行器不应该单纯模仿鸟类的飞行动作，而应该用不同装置分别实现升力和动力，这为飞机的发明指明了正确的方向。

1971 年，英国退役空军飞行员皮戈特（Derek Piggott，1922—2019）中尉，按照凯利留下的笔记仿制了当年的滑翔机，并且在1973年为电视机前的观众做现场表演，[21] 从而证明 100 多年前凯利的记载是真实的。

凯利去世大约半个世纪之后，美国发明家莱特兄弟，即弟弟奥维尔·莱特（Orville Wright，1871—1948）和哥哥威尔伯·莱特（Wilbur Wright，1867—1912）实现了他的遗愿——自带动力的载人飞行。奥维尔·莱特在 1912 年说，他们的成功完全要感谢这位英国绅士写下的飞行器理论。他说："乔治·凯利爵士提出的有关航空的原理可以说前无古人、后无来者，直到 19 世纪末，他所出版的作品毫无错误，实在是科学史上最伟大的文献。"而他的哥哥威尔伯·莱特也说："我们设计飞机的时候，完全是采用凯利爵士提出的非常精确的计算方法进行计算的。"

在凯利之后，第二代飞行器发明家以德国的奥托·李林塔尔（Otto Lilienthal，1848—1896）为代表。和凯利不同，李林塔尔主要是实践家而不是理论家，他是世界上最早实现自带动力滑翔飞行的人，也是最早成功重复进行滑翔试验的人。但是李林塔尔的工作方法有一个天然的缺陷，就是理论研究和准备工作做得不充分，过分依赖一次次载人的飞行试验。不幸的是，李林塔尔在一次试验中丧生了。不过，他的工作对莱特兄弟非常有启发，而他的事迹也激励着这两位美国年轻人的工作。今天，依然有很多德国人认为是李林塔尔最先发明了飞机，柏林的一个机场也是以他的名字命名的。

与凯利和李林塔尔相比，第三代发明家莱特兄弟要幸运得多。他们出生得足够晚，以至凯利的理论和奥托的内燃机都已经为他们准备好了；他们出生得又足够早，飞机还没有被发明出来。当然，光靠运气是制造不出第一架飞机的，莱特兄弟在理论积累和工作方法上不仅全面超越了他们的前辈，也超越了同时代的人。

莱特兄弟非常注重飞机设计在理论上的正确性。他们二人虽然是自学成才，但是系统学习了空气动力学，有着扎实的理论基础，而且做事情非常严谨。兄弟二人后来发现了李林塔尔在计算升力时的误差（多算了 60% 的升力）并且进行了修正，之后又通过试验进行了验证。[22] 这是他们能够成功而李林塔尔失败的重要原因。

在飞机的设计上，莱特兄弟最大的贡献是发明了控制飞机机翼的操纵杆，从根本上解决了飞机控制的问题。[23] 在此之前，凯利没有意识到这个问题，因为当时动力的问题还没有解决，而李林塔尔虽然意识到了控制问题，却没有找到答案。因此，试图让飞行员像鸟类那样通过身体的移动来平衡飞机，是完全不可能的。至此，制造飞机的三个最关键的技术都具备了：升力问题被凯利解决了，动力问题被奥托解决了，控制问题被莱特兄弟解决了。

莱特兄弟最值得一提的是他们超越同时代其他发明家的工作方法。他们为了试验飞机的升力和控制系统，专门打造了一个风洞，在里面进行了大量的试验。莱特兄弟为了改进机翼，尝试了 200 多种不同的翼形，进行了上千次测试。他们用滑轮将砝码和飞机的机翼连接起来，准确地计算各种条件下的升力。此外，他们对如何控制飞机平衡、俯仰和转弯等航空操纵进行了大量的试验。因此，当他们设计的第一架飞机试飞时，他们确信这架飞机一定能飞起来，而且能很好地保持横侧稳定。

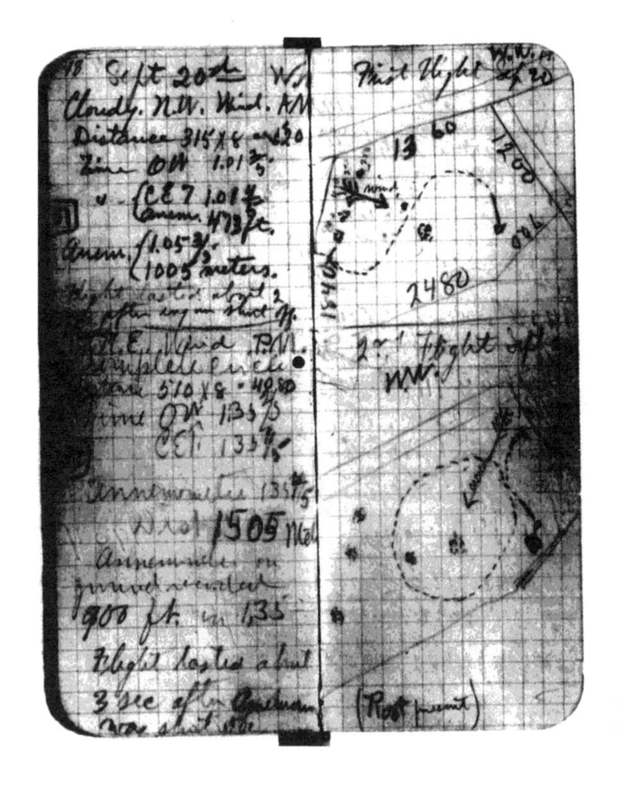

图 7.11
莱特兄弟的工作笔记

莱特兄弟生性谨慎，他们不做足试验是不肯试飞的，而且，即使试飞，也要先进行无人驾驶的试飞。为了试验飞机的转向控制，莱特兄弟在 1902 年进行了 700~1000 次滑翔试验。他们制作的滑翔机在安装了可控尾舵后，进行了上百次试验，这些试验都表现出良好的可操纵性，最长的一次持续滑翔了 26 秒，飞了 189.7 米（622.5 英尺）。[24] 这一年的 10 月 8 日，莱特兄弟彻底实现了真正的飞行转向控制，这是飞行史上一个重要的里程碑。在这之后，他们将精力集中到制作自带动力的飞机上。又经过了一年多的努力，1903 年 12 月 17 日，莱特兄弟在美国西海岸小鹰镇成功试飞了自行研制的飞行者一号。从此，人类进入了飞机时代。

图 7.12　莱特兄弟的第一次飞行试验

就在莱特兄弟发明飞机的前后，世界各国的发明家都在加速研制飞机，但是成功者并不多，很多发明家（包括中国的航空先驱冯如）甚至在莱特兄弟的飞机上天之后，依然付出了生命的代价，主要是因为工作方法落后于莱特兄弟。直到今天，飞机的研究和制造依然是一件极为复杂的事情，需要通过试验获取大量的信息，才有可能设计出能安全、有效飞行的飞机。莱特兄弟通过进行大量安全的、不需要载人试飞的试验，获取了足够多的信息，等到他们真的开始载人试验时，他们设计的飞机已经比同时代人的飞机原型安全许多。

莱特兄弟成功试飞的早期证据只有摄影师拍下的照片（包括摄影师在海滩上无意中拍下的一张），因此，很多人对这件事依然将信将疑。直到 1908 年，莱特兄弟先后在欧洲和美国当众进行了好几次成功的飞行试验，全世界对他们才由质疑转为崇拜。1909 年，美国总统塔夫脱邀请莱特兄弟到白宫做客并为他们授勋。

5 年后，第一次世界大战爆发，战争的需要大大加速了飞机的发展。战后，飞机开始用于民航运输，而它的第一个高速发展阶段竟然是 20 世纪 30 年代西方经济大萧条时期。民用航空的第二个发展高峰是在二战之后的 20 年里，出于战争需要而发展起来的航空技术被用于民航飞机，同时，大量退役战机的飞行员和机械师加入民航服务中。1949 年，德·哈维兰公司制造出了首架喷气式民航客机——“彗星”客机，而波音 707 则成为首款被世界各国广泛使用的喷气式飞机，老式的螺旋桨飞机则只能委身于短途、低客量的航线。

1969 年，波音 747 试飞成功，它随后成了全世界洲际飞行的旗舰飞机。同年，英法合作研制的超音速协和飞机也试飞成功，并且在 1976—2003 年超过 1/4 个世纪里提供了跨大西洋的超音速客运飞行。

自 20 世纪 70 年代以来，人类在各种交通工具上的进步处于相对停滞的状态，直到 20 世纪末电动汽车的兴起和进入新世纪后无人驾驶汽车的出现。

汽车出现在19世纪末，飞机出现在20世纪初，二者都具有其必然性，其中最重要的原因就是提供动力的设备——内燃机被发明出来了。同时，在核能出现之前，能量密度最高的石油成了人类重要的能量来源。当然，热力学理论、空气动力学理论是这些现代交通工具被发明和制造出来的先决条件。

杀伤力跃迁

科技发展的一个重要动力是战争。武器常常代表了一个时代最高的科技水平，因此，科技的发展和武器的进步常常是同步的。

武器的本质是能够有效地把能量施加到对方身上，以摧毁对方。在远古时代，人类的祖先现代智人在竞争中战胜了尼安德特人，考古学家认为，前者已经学会了射箭，而后者没有，武器上的差别是造成后者灭绝的原因之一。在冷兵器时代，弓箭是人类掌握的最有效的远程攻击工具，而要想比弓箭更快速地将能量传递到远方，就需要使用火器了。

唐朝时，中国人发明了火药。根据李约瑟的说法，火药在五代时首次用于战争。[①]1232年，南宋寿春县有人发明了竹筒火枪。南宋陈规著的《守城录》中记载了由铜铁制成的火炮。今天发现的最早的金属大炮是元朝时制造的，在1323年左右。此后，阿拉伯人从中国人那里获得了火药制作技术，也将它应用到军事上，他们将火药置于铁制的管内，以发射箭支。

---

① 李约瑟认为世界上最早在战争中使用火药是在公元919年的中国五代时期。

在中世纪，无论是欧洲还是中国，制作火药兵器的最大问题在于生产不出能够承受火药爆炸力的炮管和枪管。直到14世纪以后，世界上大量装备了火炮、火绳枪和火箭（弓箭）的军队首先在中国出现。当时中国明朝的军队已经会步兵、炮（枪）兵、骑兵配合作战，并在一些战争中使用过（火枪的）三线战法，即第一排士兵射击，第二排准备，第三排填装弹药。但是明朝制造枪炮的技艺并不高，以至明末对外战争时，明军使用的体积小、口径大、射程远的大炮都要从葡萄牙进口。当时，人们根据大炮产地的谐音称之为佛郎机。

在火器的发展历史上，第一个里程碑式的发明是火绳枪，它的发明经历了一个漫长的过程。从15世纪到16世纪，欧洲和中亚（当时的奥斯曼土耳其帝国）不少人都独立发明了这种武器，然后又经过了一系列的改进，才成为能够在战场上广泛使用的武器。[25] 火绳枪的外形很像今天的步枪，但它们是两种不同的东西，彼此最大的区别在于点火方法。由于早期枪管难以解决炸膛的问题，因此枪管都是一个由铸铁制造、前后不通、后部被堵死的铁铳，这样火药和弹丸要从前面装填，而不是像今天的步枪那样从后面填充弹药。火绳枪操作的大致次序是：先从枪管前面装火药，再上铅弹，随后用一根长针从前面伸到枪管里压紧（至此，弹药的填充才算完成）；然后点燃火信；最后是瞄准射击（见图7.13）。为了方便点火，不能采用燧石，射击者要准备一根长长的、慢慢燃烧的火绳，用火绳点火。从这个过程不难看出，早期火绳枪的发射速度是非常慢的。

到了16世纪，火绳枪在欧洲诸国已经普遍使用。1521年，西班牙征服者埃尔南·科尔特斯在征服阿兹特克时，其部队已经使用了火绳枪。1522年，明朝军队在和葡萄牙人进行的西草湾之战中，缴获了对

图 7.13
火绳枪点火射击的过程

方的火绳枪。1543 年，火绳枪（随着“南蛮贸易”[①]）传入日本，当时日本种子岛的藩主种子岛时尧只有 16 岁，他对这种新武器产生了巨大的兴趣，于是让岛上的工匠进行仿制。[26] 此后，在短短 30 年内，日本各地军阀（大名）都普遍装备了火绳枪，用于当时被称为“战国”的混战中。日本在随后的侵朝战争中，也大量使用了火绳枪。

火绳枪在出现后的前 200 年里，射击的准确率和射程都非常有限，

---

① 在日本的安土桃山时代（16 世纪中期至 17 世纪初期），葡萄牙人到日本与当地人进行贸易。由于葡萄牙人来自东南亚沿海，日本沿用中国对那里人的称呼——“南蛮”。由于当时日本无法与明朝进行直接的贸易，葡萄牙人到来后，作为中间人，开启了中、日、葡之间的三边贸易。南蛮贸易让日本接触到欧洲和中国的技术，对后来日本快速步入近代化产生了很大的影响。

打中 50 米远的敌人完全是一个小概率事件，因此，在战争中的杀伤效果还不如弓箭。不过，以火绳枪为代表的火器相比弓箭有三个巨大的优势。首先，它们在发射时所造成的心理震慑效果远远超过弓箭，因此，当西方殖民者与还是用冷兵器的亚洲及美洲军队交锋时，后者见到一片火光烟雾，听到巨大的爆破声，立刻就被吓破了胆。第二个优势是训练士兵使用火枪要比使用弓箭容易得多。第三个优势则是火枪进步的速度非常快，而弓箭在大约 2000 年前就基本定型了，再也没有可以改进的余地。火绳枪在后期射速已经能达到每秒 400~550 米，子弹产生的动能达到 3000~4000 焦耳，能够穿透 3~4 毫米的钢板，武士的铠甲已经挡不住它的子弹了，这是弓箭做不到的。[①] 因此，火器巨大杀伤力的本质在于能够将更大的能量送达远方，形成巨大的破坏力。中国在火器发展之初，比欧洲落后不了多少，但是随着明朝被善于骑射的清朝灭亡，中国的火器发展其实就停滞不前了。虽然到了清朝乾隆年间，八旗兵也大量装备火枪，但是火枪的质量比明末没有明显改进。

火枪在被发明之后的三个世纪里进行了 4 次重大的改进，才成为今天步枪的原型。

第一次改进是从火绳枪到燧发枪（flintlock）。燧发枪的原理是使用转轮打火机（燧发机），带动燧石击打到砧子上产生火星，点燃火药，这样枪手就不需要携带火绳了。燧发枪在 16 世纪就出现了，但是在 17 世纪以后才普及，[27] 因为燧发机的成本较高。

第二次改进是 18 世纪末可燃弹壳枪弹的发明。早期的火枪装填

---

① 即使是过去世界上射程最远、威力最大的英国长弓，射出的箭在飞行末端的速度也不到子弹的 1/5。虽然箭的质量比子弹重，但是产生的动能不到子弹的 1/3，无法穿透 1 毫米的钢板。

弹药是一件极费时间的事情，可燃弹壳枪弹将铅弹和火药做在了一起，这样枪手在射击时只需要携带并直接安装“子弹”即可。

第三次改进是将膛线（rifling）技术用在了枪（炮）管内侧。早期的枪炮由于枪炮管中没有膛线，因此子弹或者炮弹飞行的路线飘忽不定，准确性极差。到了 18 世纪，英国数学家鲁宾斯（Benjamin Robins，1707—1751）从力学上证明，如果子弹旋转飞行，则可以增强稳定性。[28] 在这个理论的指导下，欧洲各国在枪械制造上普遍使用了早在 15 世纪就发明的膛线技术，让子弹在出膛时能够旋转起来。

第四次改进则是将前膛枪改进为后膛枪（rifled breech-loading guns）。后膛枪的发明人是德国的枪械工程师德莱赛（Johann Nicolaus von Dreyse，1787—1867），他在一家普鲁士枪械厂工作时，从一位瑞士工匠那里学到了用撞针引爆火药的技术，后来他回到故乡开始设计后膛枪。1836 年，德莱赛设计出从后面装弹药的针发枪。当时，正在扩军备战的普鲁士军队马上意识到这种新步枪的优越性，于是政府马上买下了他的专利，支持他秘密研制这种武器。1841 年，德莱赛造出了这种针发的后膛枪，随后立即被普鲁士军队采用，而这种枪也因发明的年代而获得了编号 M1841。[29] 普鲁士军队靠后膛枪很快赢得了普丹战争、普奥战争和普法战争的胜利。

火枪的每一次改进，都使得它的便利性、射击的准确性以及杀伤力有所提升，特别是最后一次从前膛枪到后膛枪的改进。后者的杀伤力比前者大了许多。全世界第一次长时间大规模采用后膛枪的战争是 1861—1865 年的美国内战（即南北战争），双方投入了 300 万兵力，有多达 60 万人阵亡——这个数字超过了美国在所有其他战争中阵亡人数的总和，由此可见其威力。不过，相比后来的机枪，单发射击的步枪杀伤力还是小得多。

早在 18 世纪，英国和美国的一些发明家就发明了类似机枪的自动武器，并且取得了很多专利，但是直到 19 世纪末，没有一款机枪能够投入实战。

说到机枪，大家可能会想到马克沁机枪，这是世界上第一款普遍装备部队的全自动机枪。这种机枪的发明人马克沁（Hiram Stevens Maxim，1840—1916）生于英国，但生活在美国。1882 年，马克沁回到英国时，看到士兵射击时步枪的后坐力把肩膀撞得青一块紫一块，他就琢磨能否利用枪射击时的后坐力上子弹。马克沁拿来一支温彻斯特步枪，仔细研究了步枪射击时开锁、退壳、送弹的过程，并在第二年制作出一款新自动步枪，可以利用子弹壳火药爆炸时喷出的气体，自动完成步枪的开锁、退壳、送弹、重新闭锁等一系列动作，实现了子弹的连续射击。这款自动步枪不仅射速快，而且后坐力小（原本浪费掉的能量用于了送弹）、射击精度高。1884 年，马克沁在自动步枪的基础上，采用一条 6 米长的帆布袋做子弹链，制造出了世界上第一支能够自动连续射击的马克沁机枪，并且获得了机枪专利。[30]

马克沁机枪的理论射速为每分钟 600 发，相比当时一分钟不到 10 发的步枪，火力猛烈了许多。但是在它被发明出来的最初几年里，各国军队对它并不感兴趣，因为它结构复杂且容易损坏，枪体笨重不易携带，高速射击使枪管滚烫，需要用水来冷却，很不方便。当然，更重要的原因是当时各国军队的一个原则是省子弹，武器专家认为，射杀一个敌人只要一发子弹，用机枪乱射是浪费子弹。因此直到 1887 年，英国人才试买了 3 挺马克沁机枪。在这个过程中，马克沁一方面改进其机枪，一方面继续到各国推销这种新式杀人武器。

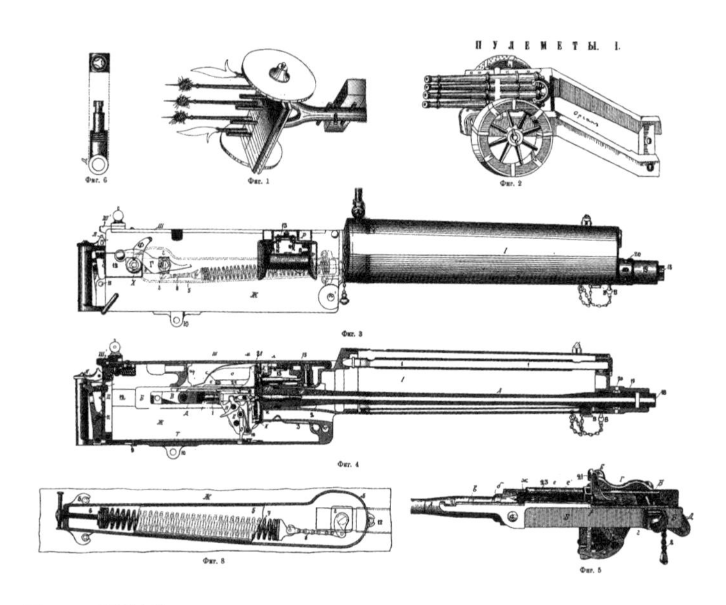

图 7.14　马克沁机枪

马克沁机枪扬名天下是在 1893 年，当时一支只有 50 名英军和几百当地人组成的殖民军队在非洲和祖鲁人的战斗中，用 4 挺机枪击败了一支 5000 人的祖鲁军队，当场击毙击伤 3000 多人。[31] 一周后双方再次交战，一小支英军面对由 2000 来复枪手和 4000 勇士组成的祖鲁军队，靠马克沁机枪击毙了对方 2500 人。在这之后，马克沁机枪受到欧洲各国军队的关注。

20 世纪初，德国皇帝威廉二世观看了马克沁机枪的表演，对这种枪大加赞赏，随后德军大量装备了德国版的机枪 MG08。在第一次世界大战中，马克沁机枪（和它的各种版本的复制品）大显身手，在索姆河战役中，当英法联军数十万人冲向德军阵地时，被德军数百挺机枪扫射，仅在 1916 年 7 月 1 日一天就伤亡近 6 万人，举世震惊。一方面，当时人们认为机枪的出现是人类前所未有的灾难，因为在此之前人类根本做不到如此高效率地屠杀同胞。而另一方面，欧美各国军队又不得不大量装备这种杀人武器，在“一战”结束前，前往欧洲的美国远征军每个团装备了 300 多挺机枪，[32] 而在“一战”之前一个团只有 4 挺。

抛开机枪的危害不说，从物理学原理上说，马克沁机枪的设计非常漂亮。在它之前，射击时子弹壳里火药产生的能量相当一部分变成了射击时的后坐力，不仅在能量上是浪费，而且还影响枪的稳定性，等到射击下一发子弹时，还需要人使用额外动力拉枪栓，因此，在能量的利用上极不合算。由于人拉枪栓的频率不可能太高，步枪输出的功率不可能太大，因此杀伤力有限。马克沁机枪让火药产生的能量，除了变成子弹的动能，剩下的用于子弹上膛，没有浪费掉，而且节省了人力。最重要的是，由于机械做功的效率比人高，因此它输出的功率比步枪大得多，杀伤威力巨大。说到底，这项发明的核心是把一些手工操作步骤变成机械操作，然后巧妙利用能量来驱动机械。

当然，有矛就有盾。两个月后的 1916 年 9 月 15 日，英国在索姆河战场上投入了一种新式武器，这是一个由履带驱动的钢铁怪物，上面的机枪喷着火焰，它就是坦克。这种怪物对德国步兵造成了心理震慑，使他们放弃阵地不战而退。当天，英军向前推进了 4~5 千米，不过由于当时坦克数量很少，英军在索姆河战役中进展并不顺利。

是谁最先发明了坦克至今仍有争议。早在文艺复兴时期，达·芬奇就画出了这种铁甲战车的图纸。虽然有人认为那应该是最早的坦克设计，但是它其实与后来的坦克没有直接关联。在第一次世界大战时期，英国人、法国人和俄国人都独立研制了自己的坦克，今天他们还在争夺坦克的发明权。不过，公平地说，法国人和俄国人设计的原型与达·芬奇的设计一样，与今天的坦克没有太多关联，真正应该被授予坦克发明权的，是英国的斯温顿中校（Ernest Dunlop Swinton，1868—1951），他在1914年就提出了关于装甲履带战车的设想——将履带拖拉机改装成铁甲战车，[33] 不过当时英国国防部对此没有兴趣。1915年，当时的海军大臣丘吉尔了解到斯温顿的构想，觉得非常有价值，于是在海军部成立了陆地战舰的研究机构，同年底，该机构制造出被称为“小威利”（Little Willie）的世界上第一辆装甲履带战车，但是并不实用。后来，英国又对这种新式武器进行了几次改进，直到马克I型出现，才真正用于战场。[34]

图7.15 最早的坦克马克I型

到了“一战”后期，德国人看到了坦克的威力，也研制出了自己的坦克。在第二次世界大战中，德军将坦克的作用发挥到了极致。

比枪更有杀伤力的是大炮。大炮的发展和火枪的发展基本上是同步的，甚至在一开始它们的原理都是相同的，只是大小、作用不同而已。火炮的炮弹是巨大的实心铁球，用于攻坚。今天如果阅读大航海时期的故事，我们经常可以看到多少磅大炮的说法，这个重量指的是火炮射出的铁球的重量。

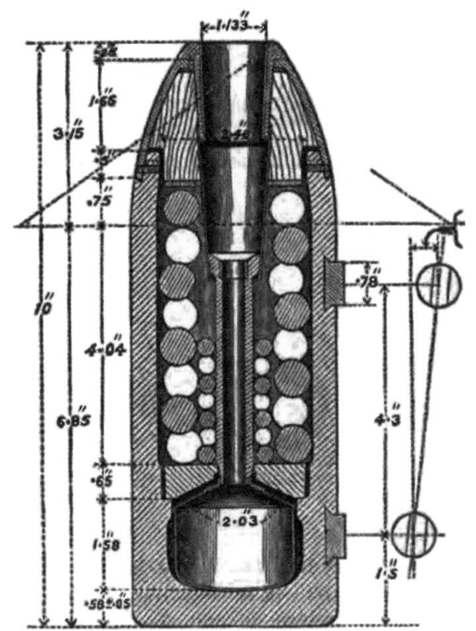

图 7.16
施拉普尔 1870 年的炮弹设计

从弓箭、火枪到大炮，进步方向非常清晰，就是用越来越多的动能打击对方。不过，这三种武器都有一个缺陷，它们的动能都来自发射装置本身，因此，发射时的动能再大，经过长距离的飞行，在空气中也已经被消耗掉大部分了。到了 19 世纪初，弹头能够爆炸的开花炮被英国将军亨利 · 施拉普尔（Henry Shrapnel，1761—1842）研制出来，[35]并在欧洲战场上大显威力。弹头中火药爆炸的杀伤威力极大，比原来高速飞行的实心弹头的撞击杀伤力大得多。开花炮本质上是对炸弹在瞬间产生的巨大化学能的利用。在开花炮出现之后，安全而威力巨大的炸药就成了火炮发展的关键。

炸药和火药是两种不同的东西，前者的爆炸威力要大得多。1847年，意大利人索布雷罗（Ascanio Sobrero，1812—1888）合成了硝化甘油，那是一种爆炸力很强的液体，直接使用极不安全，并且不便于运输携带。1850年，瑞典工程师诺贝尔（Alfred Nobel，1833—1896）从索布雷罗那里学到了合成硝化甘油的技术，并且回到瑞典建立工厂开始生产。1864年，诺贝尔和他的父亲及弟弟对硝化甘油进行实验时发生了爆炸，包括他弟弟在内的5个人被炸死，他的父亲也受了重伤。[36]政府禁止重建这座工厂。不过，诺贝尔并没有气馁，他把实验室建到了无人的湖上。有一次，诺贝尔偶然发现硝化甘油可被干燥的硅藻土吸附，从此发明了可以安全运输的硅藻土炸药——直接将硅藻土混合到硝化甘油和硝石中，俗称黄色炸药。1867年，诺贝尔为这种混合配方申请了专利，并且把这种炸药卖到了瑞典和俄罗斯的很多矿山。英语中的“炸药”一词dynamite就源于希腊文中的力量一词dynamis和英语中的硅藻土一词diatomite。

作为一个和平主义者，诺贝尔制造炸药的初衷并不是为了制造杀人武器，而是为了开矿。当他看到炸药被用于制造军火后，非常痛心，但是已无力阻止。后来，诺贝尔从安全炸药上获得了巨大财富，去世前他将自己的财产捐献出来，设立了著名的诺贝尔奖，根据他的遗嘱，奖金每年发放5项，包括和平奖。

几乎和硝化甘油炸药同时被发明出来的炸药还有TNT（三硝基甲苯）。1863年，德国发明家朱利叶斯·威尔布兰德（Julius Wilbrand，1839—1906）把它作为一种黄色的染料发明出来，[37]而且它早期的用途也确实不是用来作为炸药，因此，在很长的时间里，英国海关甚至都没有将它列入爆炸物清单。不过到了19世纪末，德国人发现它是非常好的炸药，并于 1902 年开始用它制造炮弹的弹头，从此，它成了最常用的炸药之一。

所幸的是，在今天，无论是硝化甘油炸药还是 TNT，大多被用于和平建设。这些炸药在极短的时间里可以释放巨大的能量，使得采矿、修路、拆除旧建筑物都变得非常容易。由于爆破技术的广泛应用，而且准确性和安全性越来越高，大型工程的死亡率相比一个世纪之前在急剧下降。20 世纪 30 年代，美国在修建胡佛大坝（长度约为三峡大坝的 1/8，高度相当）时死亡 112 人，而今天世界上在修建更大规模的各种水坝或者大型工程时，鲜有死亡事故发生，这受益于人类工程爆破技术的发展。诺贝尔等人如果得知今天炸药被更多地用于造福人类，也应该感到欣慰了。

洪堡与教育改革

从近代开始，科技加速发展的一个重要原因是现代大学的出现和发展。广泛而坚实的高等教育为科技进步提供了大量的专业人才，从而让科学发明能够像生产流水线上的产品，持续不断地被创造出来。

到了 19 世纪，大学的发展已经走完了两个阶段。第一阶段是从大学的起源到笛卡儿、牛顿之前，主要目的是传授神学和哲学（包括自然科学）知识，探索世界的奥秘，培养神职人员。虽然当时也有少量的实验科学，但是很多学者的研究都集中在考据经典和自己的思考，其代表人物是基督教的圣徒阿奎纳（Tomas Aquinas，1225—1274），以及牛津大学早期的学者格罗斯泰斯特和罗杰·培根等人。第二阶段是从 17 世纪西方的理性时代到 19 世纪初，实验科学出现并且蓬勃发展，以人为核心的哲学、艺术和文化开始繁荣，大学主要是培养社会精英和科学家（当时被称为自然哲学家）。英国的教育家、牛津大主教约翰·纽曼（John Henry Newman，1801—1890）所提出的通识教育、素质教育和培养精英的理念，概括了当时以牛津和剑桥为代表的西方大学的特点。[38] 纽曼在一次讲演中讲道：

> 先生们，如果让我必须在那种由老师管着、修够学分就能毕业的大学和那种没有教授、考试，让年轻人在一起共同生活、互相学习三四年的大学中选择一种，我将毫不犹豫地选择后者。为什么呢？我是这样想的：当许多聪明、求知欲强、富有同情心且目光敏锐的年轻人聚到一起，即使没有人教，他们也能互相学习。他们互相交流，了解新的思想和看法，看到新鲜事物并且掌握独到的行为判断力。

纽曼认为大学是传播大行之道（universal knowledge）而非雕虫小技的地方。纽曼培养人的出发点是训练和塑造一个年轻人开阔的视野，成为更好的社会上的人，对全人类有益的人，能够名垂青史的人。他追求的是教育的终极理想，支持牛津、剑桥等大学长期坚持的以素质教育为根本的大学教育。①

可以说在大学发展的前两个阶段，大学教育和科学家的工作其实和社会经济生活关系不大。进入 19 世纪后，高等教育的目的逐渐转为直接为社会发展而服务，其代表人物就是普鲁士的政治家和教育家威廉·冯·洪堡（Wilhelm von Humboldt，1767—1835）。洪堡生活的年代，

---

① 纽曼的教育方法要求受教育者有很高的自觉性（俗话说，近朱者赤，近墨者黑）。

正值拿破仑战争[1]时期，当时的普鲁士虽然军事强大，但是政治、经济和文化落后，几乎没有像样的高等教育机构和科学研究，而整个德意志地区更是四分五裂。在拿破仑战争之后，德意志民族崛起的愿望极为强烈，精英阶层开始积极地参与到国家政策的制定中来。在这样的背景下，洪堡被赋予了管理普鲁士“文化和公共教育”的任务。他建立起了一套非常完善的、服务于工业社会的普鲁士教育体系。

和过去培养教士、贵族和社会精英的高等教育理念不同，洪堡提出了“教研合一”的办学精神，并且在由他创立的柏林洪堡大学[2]（最初叫作腓特烈·威廉大学）实践这一办学思想。在这所大学里，教学和研究同步进行。在洪堡的体制中，学生毕业时必须对一个专业有比较精深的了解，这和过去仅仅强调通识教育和知识传授的大学教育完全不同。为了让学生做到这一点，很多专业的学生需要 5 年（而不是英国的 3 年[3]或者美国的 4 年）才能毕业，而最后的两年则要学习非常精深的专业知识。洪堡在世时努力把柏林洪堡大学办成一个样板，然后向整个普鲁士推广。事实上，不仅普鲁士，整个欧洲，甚至欧洲以外的一些地区，很快都开始学习洪堡的做法。

在 19 世纪欧洲的现实环境中，洪堡教育体制的优点非常明显。在

① 拿破仑战争，是指 1803—1815 年由拿破仑领导的一系列战争，这些战事可以说是 1789 年法国大革命所引发的战争的延续。

② 在二战之前，德国只有一个柏林大学，即柏林洪堡大学，历史上出过非常多杰出人才的那所柏林大学即指这一所。但是二战后，柏林大学归属于民主德国。1948 年，联邦德国在西柏林成立了“自由的柏林大学”，于是有了两个柏林大学。东西德统一后，原隶属民主德国的大学采用了柏林洪堡大学的名称，而隶属于联邦德国的大学则采用了“自由柏林大学”的名称。不过，两所柏林大学有合并的迹象，它们的部分院系专业已经开始合并。

③ 英国大学的学制很特别，在校学习 3 年即可获得学士学位，一年后可以再获得文科硕士学位（MA）。这些人在美国和欧洲大陆均被看成是本科毕业。关于英国的学制，读者朋友可以参看拙作《大学之路》。

随后的几十年里，普鲁士培养出了大量各行各业的精英，从昔日的弱国一跃成为欧洲最强国，并且统一了德意志地区。到第二次工业革命时，德国科学家和工程师辈出，重大发明创造不断涌现，在第二次世界大战之前，他们获得了四成左右的诺贝尔奖，这都和洪堡的教育体制直接相关。

在第二次工业革命中，另一个不断涌现发明创造的国家是美国。美国由一个农业国一跃成为经济和科技大国，也和高等教育体制的改革有关。

在19世纪中叶之前，美国的高等教育非常落后，教授的知识老旧，哈佛等教育机构花了很多时间教授并不常用的拉丁文，培养学生如何成为社会精英，但是学生学不到真知识。在教学方法上，教师让学生死记硬背。许多学生在大学学习的课程，无助于激发并培养他们的潜力和才能，也不具备专业性。当时，美国已经全面开始工业化，但是高等教育机构对社会的发展并没有提供太多的帮助。

然而，仅仅过了30年，美国的高等教育就步入世界一流的行列。这一方面是当时社会对高等教育改革的要求，比如把实业界真正关心大学教育的慈善家送进了董事会，取代原来并不关心教育的社会名流和政府官员；另一方面也和吉尔曼（Daniel Coit Gilman，1831—1908）、怀特（Andrew Dickson White，1832—1918）及艾略特（Charles William Eliot，1834—1926）等一批杰出的教育家的努力有关。

吉尔曼成长于美国东部，从耶鲁大学毕业后，他在当地工作了一段时间，就到欧洲考察教育并担任公职。在欧洲长期的游学考察经历，让吉尔曼看到了德国大学开展职业教育的重要意义，同时他也看到了英国大学进行通识教育的好处。最终，吉尔曼形成了他兼顾通识教育和职业教育的全盘设想。回到美国后，吉尔曼先后担任了加州大学的校长、约翰·霍普金斯大学的创校校长，以及卡内基学院（卡内基–梅隆大学的前身）的创校校长。吉尔曼结合德国洪堡教育的模式和英国牛津、剑桥本科教育的特点，在约翰·霍普金斯大学建立起美国第一所研究生院，并把该校办成了美国第一所研究型大学。吉尔曼的教育理念，即"教育学生，培养他们终身学习的能力，激发他们从事独立而原创性的研究，并且通过他们的发现使世界受益"，成了今天美国高等教育的共识。吉尔曼的同学怀特在美国办起了另一所著名的研究型大学——康奈尔大学。随后，很多新的研究型大学在美国出现，而很多老牌的文理学院也转型为研究型大学。

美国另一位具有长期影响力的教育家艾略特则成功地对现有大学进行了改造。艾略特在接手哈佛大学之前，发现它的医学院水平极低，用他的话说就是全美国最差的医学院——不仅没有统一的毕业标准，而且学生只要参加为期 16 周的课程讲座和实习，然后通过一个 10 分钟的、出题完全随意的考试，就可以获得医学学位。[39] 艾略特在担任哈佛大学校长长达 40 年的时间里，克服了很多困难，和当时的教育体制以及董事会进行了艰苦的斗争，最终将哈佛从一个以教授拉丁文为主的近代私塾，变成了世界一流的综合性大学。

艾略特出生于波士顿一个富有的家庭，后来家里的生意破产，他利用最后一笔钱到欧洲考察了高等教育。在欧洲期间，艾略特体会最深的是欧洲高等教育与经济发展之间的关系。他特别推崇当时德国大学直接将实验室的发明用到工业生产的做法，并且形成了改良美国高等教育的全盘思想。回到美国后，艾略特在麻省理工学院担任了几年教授，然后被新的董事会任命为哈佛大学校长，当时他只有 35 岁。艾略特针对美国当时工业迅速发展但高等教育拖后腿的情况，对哈佛进行了一些改革：

- 年轻人不论是学文还是学商，都要学习一些理科知识。
- 在美国那个特定的环境里，高等教育必须能够促进工商业的全面发展，为此，需要培养“实干家和能做出成就的人”，而不是“对他人的劳动十分挑剔的批评家”。
- 启动真正意义上的科学研究，把专业学院（后来的研究生院）和基础教育逐渐分开。

艾略特给美国那些老牌的大学树立了一个改革的样板。在哈佛之后，普林斯顿等一批老牌名校也实现了转型，使得美国到了 19 世纪末在应用研究领域已经领先于世界，到了 20 世纪初，在基础研究领域也赶上了德国和英国。

无论是洪堡、吉尔曼还是艾略特，都强调大学开展独立和原创研究的重要性。他们对大学的改造以及对科技发展的影响力都极为深远，这让大学成了各国的科技中心。进入 20 世纪后，不仅大部分最尖端的科技成就最初出现在大学，而且所有的科技大国都拥有了世界一流大学。

● ● ●

以机械和电气发明为核心的两次工业革命，让人类利用能量的水平成倍提升，这催生出了新的产业，包括石油工业、化学工业、新的制药业、军火工业，并且彻底改变了运输业。

在很长的时间里，东西方文明都是并行发展的，而且水平不相上下，在欧洲处于中世纪时，东方文明的水平甚至超过西方。表 7.1 给出了东西方核心文明区域使用能量的数据，从中可以看出，到 18 世纪，欧洲已经完成了启蒙运动，进入科学时代的时候，东西方依然处于同一水平。欧洲的水平虽然略高于东方，但是考虑到亚洲地区不需要使用过多的能量来取暖，加上亚洲人身形相对矮小，自身消耗的能量少，双方可以用来进行大规模建设的能力其实差不多。

表 7.1　东西方文明核心地区能量的获取量（单位：1000 千卡 / 人）[①]

年代（公元年）	东方	西方
前 3000 年	12	8
公元元年	31	27
1000 年	26	30
1500 年	27	30
1800 年	36	38
1900 年	49	92
2000 年	230	104

但是经过 19 世纪的 100 年，西方世界将之前在科学上积累的成就成功地变成了技术发明，继而变成了生产力，遂全面地超越了东方世界。在这个从科学到技术的转化过程中，现代大学起了关键性的作用。坚实的教育基础为西方的科技进步提供了大量的专业人才，同时也让科学发明如同生产线上的产品，一件件被创造出来。“知识就是力量”这句话开始深入人心。

在 19 世纪的人们看来，当时的科技已经发展到了顶点，一切该发明的东西都发明出来了。然而，如果他们有机会多活 100 年，会发现他们见到的顶峰仅仅是繁荣的起点。当然，在迈向新的顶峰之前，人类要解决科学上的一次危机。

① 伊恩·莫里斯. 西方将主宰多久［M］. 北京：中信出版社，2011.

第四篇 现代科技

直到 19 世纪，人类对世界的了解依然主要停留在宏观层面，也就是肉眼可见的世界。由于我们每天都接触它，因此，对它的了解最为直观，也最容易理解它所显现出的规律。但在显微镜被发明之后，人类发现了肉眼看不到的细胞世界，不过细胞的颗粒度还是相当大，以至于我们看到的它们的运动和变化规律与宏观世界并没有太大的不同。然而，科学的发展使得科学家得以间接地看到一些和我们宏观世界的经验完全不同的现象，这些现象是过去的知识无法解释的，于是，人们在过去的两百年里坚信不疑的经典物理学大厦似乎也开始动摇了。

随着对微观世界以及遥远宇宙认识的不断加深，人类发现过去所了解的关于世界的规律不过是更广泛、更具有普遍意义的规律的特例而已。当人类对世界的认识进入基本粒子层面，我们找到了比石油、煤炭更大的能量来源——原子能。对物质在原子层面性质的认识，也让我们发明了那些处理和传递信息的技术——半导体、无线电和光纤。

人类不仅对外部世界的认识在深入，对自身的认识也是如此。进入 20 世纪后，人类对生物学的研究进入了分子这个层次，其中最重要的成就就是对生命遗传密码的破解，即 DNA 双螺旋结构的发现。从此，人类第一次把信息和生命活动联系在了一起。

在人类进入理性时代之后，科技成就的取得常常伴随着方法论的进步。在人类进入原子时代和信息时代之后，出现了系统论、控制论和信息论，它们和 19 世纪盛行的机械论不同，前者不仅更全面、更完整地看待世界，而且形成了一整套在新时代解决复杂问题的方法。比如利用信息消除不确定因素，利用反馈控制系统的稳定性等，这使得人类在原子能、航天、生物科技（和制药）以及信息科学等新领域以前所未有的速度进步。人类在不到一个世纪的时间里创造的知识的总和，超过了过去自文明开始以来所有的时代。

第八章　原子时代

在 19 世纪与 20 世纪之交，有四种力量维持着技术的快速进步：基础教育的发展、研究型大学的发展和日益广泛的学术交流，欧洲和北美全方位的工业化，拿破仑战争之后近一个世纪的和平红利，以及对知识产权的保护。不过，在学术界，大家遇到了一些似乎跨不过去的坎儿，其中最有代表性的就是所谓的物理学危机。

突破物理学危机

当人类迈入 20 世纪时，物理学的新发现开始与牛顿、焦耳和麦克斯韦的经典物理学发生冲突。这些冲突开始时并不明显，但是随着物理学的发展，矛盾越发突出。比如，黑体辐射谱不符合热力学的预测，迈克耳孙－莫雷实验的结果不符合经典物理学的预测，经典电磁学无法解释光电效应与原子光谱，放射性物质的物理性质似乎与经典物理学的决定论背道而驰。这些矛盾给物理学带来了前所未有的危机，并且动摇了整个物理学的基石。最终，物理学家基本上解决了这些矛盾，而方法并非试图用旧的理论对新的现象进行牵强附会的解释，而是重新建立物理学的基础——相对论和量子力学。从此，物理学进入现代纪元，而这个变革的起点，则是经典力学和电磁学中麦克斯韦方程组的矛盾。

狭义相对论的诞生

以牛顿理论为核心的整个经典力学都是建立在伽利略变换基础之上的。何为伽利略变换呢？我们不妨看这样一个例子：

> 我们坐火车时，假如火车前进的速度是 100 千米 / 小时。如果我们从火车的后部以每小时 5 千米的速度往前走，我们相对铁路旁的电线杆的速度则是 100+5，即 105 千米 / 小时；当然，如果我们以每小时 5 千米的速度从火车前面的车厢往后面走，我们相对铁路旁电线杆前进的速度是 100−5，即 95 千米 / 小时。也就是说，我们前进的速度是我们自己行进的速度叠加上火车这个参照系移动的速度。

这种速度直接叠加的坐标变化就是伽利略变换，因为是他最早严格表述了两个不同的空间参照系（运动的火车和静止的电线杆）下的运动相对关系。伽利略变换符合生活常识，也是经典力学的支柱。

伽利略变换成立有一个前提：空间和时间都是独立的、绝对的，与物体的运动无关——我们在火车上看到的两根电线杆的距离，和在地面上看到的是一样的，而火车上的时钟也和地面上的时钟走得一样快。这些对我们来说似乎是不证自明的常识，因此，无论是在牛顿之前还是在牛顿之后的大约两个世纪里，没有人怀疑过这个常识。而牛顿力学公式在不同的运动参照系（比如匀速运动的火车和静止的地面就是两个不同的参照系）中是相同的，这种性质被称为公式的协变性。在日常生活中，我们见到的物体运动速度都不是很快，这种协变性是完全成立的。

但是到了19世纪末，情况发生了变化。人类开始接触电磁现象，而电磁场传播速度非常快，于是问题便产生了。麦克斯韦在法拉第等人研究工作的基础上，总结出了一组经典的电磁学方程组，也被称为麦克斯韦方程组[①]，其正确性被大量实验所证实，不容置疑。然而，麦克斯韦方程组在不同的惯性参照系中不具有协变性，也就是说，麦克斯韦方程组在不同的参照系下会发生改变，这就和经典物理学产生了矛盾。

为解决这一矛盾，物理学家们最初试图凑出一个解释——他们提出了以太假说[②]。根据这一假说，宇宙中存在一种无处不在的物质以太，麦克斯韦方程组计算得到的电磁波速度（光速）是相对于以太这个绝对的参考系而言的，或者说，相对于运动的以太，光速具有不同的数值。

为了证实这个假说，美国科学家迈克耳孙（Albert Abraham

① 麦克斯韦方程组（Maxwell's equations），是一组描述电场、磁场与电荷密度、电流密度之间关系的偏微分方程。它由4个方程组成：描述电荷如何产生电场的高斯定律，论述磁单极子不存在的高斯磁定律，描述电流和时变电场怎样产生磁场的麦克斯韦－安培定律，描述时变磁场如何产生电场的法拉第感应定律。

② 以太假说认为物体之间的所有作用力都必须通过某种中间媒介物质来传递，因此空间不可能是空无所有的，它被以太这种媒介物质所充满。由于光可以在真空中传播，所以以太应该充满包括真空在内的全部空间。

Michelson，1852—1931）与莫雷（Edward Morley，1838—1923）设计了一个实验，试图证实以太这个虚构的参照系的存在，但是实验的结果却得到了相反的结论：光速和参照系的运动无关，它是一个恒定的数值。这个实验最初是在 1881 年进行的，但在后来的一个多世纪里，迈克耳孙、莫雷以及很多物理学家又多次反复地验证光速，结论都一致，即真空中的光速是恒定的，与参照系无关。这样一来，在行驶的火车上往前照射的探照灯和往后照射的探照灯所射出去的光都是一个速度，而不是人们想象的那样：前者因为速度叠加而更快，后者因为速度相抵消而更慢。[1] 这显然不符合常识，但是无数实验却证明它是对的，对此，物理学家需要给出合理的解释。

为了解释这个矛盾，荷兰物理学家洛伦兹（Hendrik Antoon Lorentz，1853—1928）在 1904 年提出了一种新的时空关系变换，后来被称为洛伦兹变换。[2] 在这个变换中，洛伦兹假设光速是恒定不变的，而在运动的物体上测量到的时间可以被延长，距离则可以被缩短。这当然就解释了为什么光速和运动的参照系速度叠加后，依然等于原来的光速。更重要的是，在这个变换下，麦克斯韦方程组就具有了不同参照系下的协变性，电动力学和经典物理学的矛盾就被解决了。但是，洛伦兹的这个变换完全是他为了拼凑实验结果而想出来的一个数学模型，和我们的常识完全不同，背后是否有物理学的道理，洛伦兹自己也不清楚。除了洛伦兹，当时还有很多科学家在思考洛伦兹变换的物理学意义，比如著名数学家庞加莱（Jules Henri Poincaré，1854—1912）就猜测到洛伦兹变换与时空性质有关，但是大家都在现代物理学大厦的门口徘徊，谁也没有走进去。

最早在这个领域取得突破的是当时瑞士专利局的一个小专利员，

他的名字叫爱因斯坦。爱因斯坦意识到伽利略变换实际上是牛顿经典时空观的体现，如果承认洛伦兹变换，就可以建立起一种新的时空观（这在后来被称为相对论时空观）。在新的时空观下，原有的力学定律都需要被修正，而牛顿定律则成了新的时空变化下的一个低速度的特例。1905 年，爱因斯坦发表了论文《论动体的电动力学》，建立了狭义相对论，成功描述了在亚光速领域宏观物体的运动。这一年，爱因斯坦一共发表了 4 篇划时代的论文，均发表在德国最权威的物理学杂志上，[①] 涉及的内容包括：

- 通过数学模型解释了布朗运动，从此物质的分子说得以确立。
- 提出光量子假说，解释了光电效应，并且提出了光的波粒二象性，使得争论了 200 多年的光的波动说和粒子说得到统一。
- 提出了质能方程，即著名的 $E = mc^2$，它是狭义相对论的核心。
- 提出时空关系新理论，也就是狭义相对论。

因此，1905 年也被称为爱因斯坦的奇迹年，[3] 以及近代物理学的起始之年。如果我们还记得上一次物理学领域的奇迹年是牛顿的 1666 年，那么就可以计算出，这两次奇迹居然相隔了将近 250 年之久。爱因斯坦的这些理论代表人类对世界开启了一次新的认识。以前，人类的认识停留在看得见、摸得着的世界，而爱因斯坦等人将人类的认知范围提升到看不见、摸不着却客观存在的范围，比如说构成世界的分子内部的结构。

---

① 1905 年，爱因斯坦发表的论文远不止 4 篇，但是大部分人说到爱因斯坦奇迹年时会提到下面这几篇论文："On a Heuristic Point of View about the Creation and Conversion of Light"，"Investigations on the theory of Brownian Movement"，"On the Electrodynamics of Moving Bodies"，"Does the Inertia of a Body Depend Upon Its Energy Content?"。

发现物质的本质

物质的原子说（或者分子说）作为假说在古希腊就有了，但那仅仅是假说而已，更像是一个哲学概念，而且一开始人们对分子和原子的定义也不是很清晰，经常混淆这两个概念。近代物质结构的理论和古代的原子说其实没有什么关系。到了18世纪，出现了化学，拉瓦锡等人发现了各种元素，而元素可以构成化合物，但是他们依然不知道化合物分子[①]的概念。1799年，法国化学家约瑟夫·普鲁斯特（Joseph Proust，1754—1826）发现了定比定律，即每一种化合物，不论是天然的还是合成的，其组成元素的质量比例都是整数。随后，英国化学家道尔顿（John Dalton，1766—1844）在得知普鲁斯特的定比定律后意识到，这说明各种物质存在一些可数的最小单位，不会出现半个单位。道尔顿认为，这些最小单位就是原子，而不同质量的原子代表不同的元素。当然，道尔顿还不知道区分分子和原子。

道尔顿的原子论从逻辑上可以解释物质的构成以及各种化学反应的原因，但是他无法通过实验证明这种粒子的真实存在，因为物质的分子小得看不见，即使用显微镜也看不到。

最初通过实验证实分子存在是靠间接的观察。1827年，英国生物学家罗伯特·布朗（Robert Brown，1773—1858）在显微镜下看到了悬浮于水中的花粉所做出的不规则运动，即后来以他的名字命名的布朗运动。布朗起初以为自己发现了某种微生物，但后来证明并非如此。在随后的几十年里，科学家对布朗运动提出了各种各样的解释，最后

---

① 分子由原子构成，是维持物质化学特性的最小单位。原子通过一定的作用力，以一定的次序和排列方式结合而成分子。

大家一致认同，花粉的运动是由构成水分子的随机运动撞击导致的。

当然，这种解释虽然合理，但依然是假说，如果水分子存在，就需要对它们进行定量的度量，才有说服力。1905 年，爱因斯坦推导出了布朗粒子扩散方程，他根据布朗粒子平均的位移平方推导出这些粒子的扩散系数，再根据扩散系数，推导出水分子的大小和密度（单位体积有多少水分子）。虽然爱因斯坦当时的计算结果相比今天更准确的测定来说并不很准确，分子的体积估计过大，运动速度估计过慢，但是他的理论与以往的气体分子运动的理论和实验结果相吻合。从此，分子说才算确立下来。[4] 几年后，法国物理学家佩兰（Jean Perrin，1870—1942）利用爱因斯坦的理论进一步证实了分子的存在，并因此获得了 1926 年的诺贝尔物理学奖。今天，利用柯尔莫哥洛夫的概率论理论，以及随机过程中的邓斯克定理（Donsker’s theorem），能够证实水分子运动导致的花粉布朗运动和观察到的结果（花粉位移的速率和距离）完全吻合。

在了解了分子和原子之后，人们就开始好奇原子是由什么构成的。当然，没有一种直接的方法可以观察原子的内部结构，不过，著名的实验物理学家卢瑟福（Ernest Rutherford，1871—1937）巧妙地找到了一种间接了解原子结构的实验方法。这个方法原理并不复杂。为了说明它，我们不妨打一个比方。假如我们想知道一个草垛里面到底有什么东西——它是实心的，还是空心的，抑或是部分实心的？一个简单的办法是用机枪对它进行扫射。如果所有子弹都被弹了回来，那么我们就知道这个草垛是实心的；如果所有子弹都不改变轨迹穿了过去，那么草垛里面应该就是空的。卢瑟福把原子想象成那个草垛，只不过他用来“扫射”的是一把特殊的枪——α 射线。1909 年，卢瑟福用 α 射线轰击一个用金箔做的靶子，他之所以采用金箔做靶子，是因为金的比重比较大。当时人们猜想它的原子应该比较大，容易被 α 射线命中。卢瑟福在实验中发现，既不是所有的粒子都穿过了金箔，也不是所有的粒子都被弹了回来，其大部分穿了过去，个别的被弹了回来或者被撞歪了（大约占总数的万分之一）。这说明原子核内部既不是完全空心的，也不是完全实心的，而是大部分区域是空的，但是中间有一个很小的实心的核。卢瑟福把中间高密度的核称为原子核，后来发现原子核的周围是密度质量极低的电子云。由于原子核的体积很小，直径只有原子的几万分之一，相当于在足球场中央竖起的一支铅笔，因此，卢瑟福要想找到那些被反射或者溅射的 α 粒子成像的照片，其实非常困难，除了大量拍摄照片，似乎也没有更好的办法。卢瑟福的实验持续了两年左右，一共拍了几十万张照片，才得到足够多的、能够说明问题的 α 粒子被反射和溅射的照片。1911 年，卢瑟福终于完成了这项马拉松式的实验，并且揭开了原子内部的秘密。[5] 后来他因此获得诺贝尔化学奖，并且得以用他的名字命名原子的模型。

为了了解构成原子核的基本粒子是什么，1917 年，卢瑟福又用 α 射线轰击质量较小的氮原子，他发现氮原子核被击碎后得到了一堆氢气的原子核。于是，他得到一个结论：氢原子核是构成所有原子核的基本粒子，这种粒子被称为质子。

卢瑟福的助手查德威克（James Chadwick，1891—1974）进一步发现，氮原子的质量数是 14，也就是说是氢原子核的 14 倍，但它只有 7 个电子。这样一来，很多物理学现象就解释不了了。如果按照具有一个质子、一个电子的氢原子来推算，每个质子所带的正电荷和电子所带负电荷应该相等，才能达到原子携带电荷的中性。但是，如果按照氮原子推算，它的原子核里有 14 个质子，但是外围只有 7 个电子，每个质子的电量只能是电子的一半，这就产生了矛盾。为了解释这个现象，卢瑟福和查德威克认为在原子核中可能会有一种不带电、质量和质子一样大的基本粒子，[6] 他们将它取名为中子，即电荷中性的意思。

因为中子不带电，所以很难通过实验观测到。15 年后，也就是 1932 年，约里奥－居里（Frédéric Joliot-Curie，1900—1958）和伊雷娜·约里奥－居里（Irène Joliot-Curie，1897—1956）夫妇（居里夫人的女婿和女儿）①，用 α 射线轰击铍、锂、硼等元素，发现了前所未见的穿透性强的辐射。不过，他们误以为是伽马射线。卢瑟福与查德威克在得知这个消息后，认为小居里夫妇的解释不合理，他们所发现的应该是自己设想的中子。而远在罗马的埃托雷·马约拉纳（Ettore Majorana，1906—1938）也得出了同样的结论：约里奥－居里夫妇发现了中子却不知道。为了抓紧时间证明中子的存在，查德威克停掉了手中所有的工作，设计了一个证实中子的简易实验，并且不分昼夜地干了起来。查德威克先向《自然》杂志投了一篇简短的论文，从理论上讲述了中子存在的可能性，三个月后（1932 年 5 月），他又通过实验证实了中子的存在并计算出它的质量。至此，原子的模型才变得完美起来。几乎就在查德威克发现中子的同时，美国物理学家欧内斯特·劳伦斯（Ernest Orlando Lawrence，1901—1958）和小居里夫妇，也证实了中子的存在并且计算出了它的质量。在这三组人中，以小居里夫妇的计算最为准确。不过，1935 年，关于中子发现的诺贝尔物理学奖还是授予了查德威克，小居里夫妇则因在放射性研究上的贡献获得了当年

① 外国妇女出嫁后通常随夫姓，而这对夫妇为纪念居里这一伟大姓氏，采取了夫妻双姓合一的方式。

的化学奖，劳伦斯则在 4 年后因为发明回旋加速器获得了诺贝尔物理学奖。

中子的发现再次说明，重大的科技发现常常是水到渠成的结果，而非一两个天才偶然的灵感。即使某个科学家错失了一两次机会，同时代其他的科学家也会得到相应的发现。

质子和中子统称为强子，它们的内部结构一直到 1968 年才被破解，因为在此之前的实验设备不足以将强子打开。1968 年，斯坦福线性加速器中心（SLAC）证实了质子中存在更小的粒子——夸克，从而证实了 4 年前（1964）美国物理学家穆里 · 盖尔曼（Murray Gell-Mann）和乔治 · 茨威格（George Zweig）提出的夸克模型的正确性。[7]

接下来，科学家又想搞清楚夸克的内部是什么，于是他们又用卢瑟福当年的老办法，使用极高速的粒子去轰击夸克，最后发现，夸克内部空无一物。也就是说，夸克是构成宇宙的不可再分的基本粒子之一，事实上，它是高速旋转的纯能量。基于这种认识，物理学家最终构想出一个关于宇宙万物的标准模型，里面包括一些夸克和轻子（比如电子）等基本粒子，它们通过几种作用力结合在一起，形成了宇宙。也就是说，对于物质，不论怎么分，最终总会得到一大堆夸克和一大堆电子之类的粒子。而每一种这样的粒子，其质量都是零，也就是说里面空无一物。因此，宇宙是纯能量的。

讲到这里大家可能会有一个疑问，如果宇宙是纯能量的，那么物质从哪里来？其实早在一个多世纪之前，爱因斯坦就告诉我们 $E = mc^2$，也就是说，我们看到的物质其实只是能量的一种表象而已。当然，这样一来，大家可能更疑惑了，既然能量是虚无缥缈的，如果物质源于能量，那么它为什么会有质量、形状和体积？其实，人类在发现夸克之前，就了解到一些基本粒子的静质量为零，并且试图解释这种现象。1964—1965 年，弗朗索瓦·恩格勒（François Englert）和彼得·希格斯（Peter Higgs）提出了一种解释质量产生的假说——希格斯机制（Higgs mechanism）。根据希格斯等人的理论，宇宙中有一种场（希格斯场），像胶水一样将基本粒子粘在一起，使它们有了质量和体积。这个理论非常完美，因此，物理学界后来接受了这种想法。但是证实希格斯等人的理论，花了近半个世纪的时间。2012 年，欧洲核子中心发现了希格斯玻色子，证实了希格斯场的存在。2013 年，恩格勒和希格斯因此荣获诺贝尔物理学奖。

有趣的是，爱因斯坦的质能关系式最早的表述为 $m = E/c^2$，也就是说，他告诉我们质量的来源是能量，可见其深刻洞察力远超同时代的人。不过，后人将物质转化成能量时，将这个公式写成了 $E = mc^2$。今天我们利用这个公式制造核反应，物质再变成能量，不过是大自然创造宇宙物质的逆过程而已。

爱因斯坦这个简单而深刻的公式，不仅和牛顿第二定律 $F = ma$ 共同被认为是物理学上最漂亮的两个数学公式，而且告诉人类密度最高的能量的来源，即将质量变成能量。

上帝是否掷色子

我们的世界是连续的还是离散的，这是一个本源性的问题。直到 19 世纪末，没有人怀疑过世界的连续性，而数学和各种自然科学的基础也是建立在连续性假设之上的。在连续的世界里，任何物质、时间和空间都可以连续分割下去，分成多小都是有意义的。不过，到了 19

世纪末，物理学家发现，很多现象似乎与宇宙的连续性这个前提假设相互矛盾。

由于各种经典物理学的结论都是建立在严格逻辑推理之上的，而逻辑本身不会有问题，因此，解决这个矛盾的根本途径就是颠覆前提假设，也就是说，在物理学中要引入不连续性。

最早利用不连续性成功解释许多物理学现象的是近代物理学的祖师爷马克斯·普朗克（Max Planck，1858—1947）。在普朗克之前，人们已经发现电磁波（可见光也是一种电磁波）的频率决定了它的能量，比如无线电波、微波和红外线等低频率的射线能量比频率相对高的可见光要小，而紫外线、X 射线和伽马射线这些高频的射线则能量巨大。但是，如果频率继续增加，辐射光谱的能量密度在达到峰值后就会逐渐下降至零。这和经典物理学的理论相矛盾。

1900 年，德国物理学家普朗克提出了一个能够解释光谱频率现象的经验公式，但这个公式完全不可能从经典物理学的公式中推导出，也就是说，它们彼此是矛盾的。于是，普朗克大胆地猜想，经典物理学并不适用于微观世界。[8]

普朗克将我们宏观看到的能量分成很多份，每一份的大小与光的频率有关，但是不能出现半份能量，也就是说，光和其他电磁波的能量都是离散的，而非人们通常想象的那样是连续的。普朗克将这种“份”的概念称为“量子”。[9] 今天我们所说的量子物理中“量子”这个词的概念，最初就是这样产生的。普朗克的这个想法颠覆了我们的认知，非常具有革命性，因此，他被视为 20 世纪物理学的奠基人。

从普朗克的这种想法出发，爱因斯坦进一步提出了“光量子”的概念，很好地解释了困扰人们十多年的光电效应现象。所谓光电效应，是指当光束照射在一些金属表面之后，会使金属发射出电子，形成电流（见图 8.1），这也是今天太阳能电池的原理。最早发现这一现象的是赫兹等人，他们在 1887 年发现光射到金属上能激发出电子，产生电流。[10] 但是有一个现象无法解释，那就是光的频率要足够高（也就是说能量密度足够高）才行，否则，即使光照时间再长也激发不出电子。按照经典物理学能量转换的设想，即使入射光的能量密度不高，只要积累足够长的时间也应该能将电子激发出来，但事实并非如此。1905 年，爱因斯坦在论文《关于光的产生和转变的一个启发性观点》[11] 里提出，光波并不是连续的，它由一个个离散的光量子构成。只有当一个光量子的能量超过从金属中激发出电子所需要的最低能量时，电子才会被激发出来，否则，再多的光量子照射上去都是徒劳的。

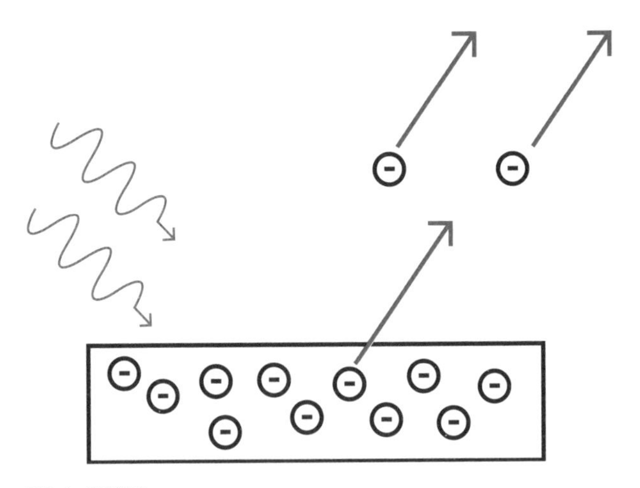

图 8.1　光电效应

爱因斯坦所说的光量子后来被定义为光子，而他的理论很好地解释了自牛顿和惠更斯以来对光的本质的争议——前者认为光是粒子，而后者认为是波动，他们各有道理，也各有缺陷，因此，在随后的250年里，无人能解释光的这些特性。爱因斯坦从量子论出发，指出光同时具有粒子（光子）和波动（电磁波）的特性，这在后来被称为“波粒二象性”，从此给物理学界的250年之争画上了句号。爱因斯坦进一步推测，其他粒子（物质）也应该具有波动性。1924年，法国年轻的科学家路易·德布罗意（Louis de Broglie，1892—1987）在他的博士论文中提出了物质波的理论，[12] 并且很快（1927）被贝尔实验室的科学家证实，德布罗意在博士毕业仅仅5年后（1929）就因此获得了诺贝尔奖。

除了光电效应，20世纪初物理学家看到的很多现象都无法用连续性来解释。比如，当时已经发现原子是由原子核和外围的电子构成的，这看上去和太阳同它周围旋转的行星的关系很相像。但是，电子的运动完全不是连续的轨迹，关于（相对低速的）行星运动的物理学定律，到了微观世界完全不适用了。1913年，丹麦著名的物理学家尼尔斯·玻尔提出了一种基于量子化的、不连续的原子模型，即玻尔模型（也称玻尔－卢瑟福模型）。[13] 玻尔认为，电子占据了原子核外面特定的、不连续的轨道，不同的轨道对应于不同的、非连续的能量级别。

此后，不连续的量子特性逐渐成了物理学界对微观世界的共识。1925年，德国物理学家马克斯·玻恩（Max Born，1882—1970）创造了“量子力学”一词，并且将它成功地应用于解释各种亚原子粒子的特性上。[14] 第二年，海森堡（Werner Karl Heisenberg，1901—1976）、薛定谔（Erwin Schrödinger，1887—1961）等人建立起了完整的量子力学理论。1927年，海森堡发现，在测量粒子动量和位置的时候，如果一个物理量的测量误差变小，另一个则要变大，而测量误差的乘积永远会大于一个常数，这就是著名的“不确定性原理”。不确定性原理并不是说我们测量的仪器不够精确，而是说世界本来就有很多不确定性，想要准确测量是不可能的。[15] 玻尔和海森堡等人认为，“上帝在创造宇宙时有很大的随意性”，随后，物理学界就有了“上帝是否也掷色子”的争论。

当时的物理学界分成两派：一派（哥本哈根学派）以玻尔为代表，认为当你观测一个粒子的时候，就以粒子的形式存在，不观测时就以波的形式存在。这听起来有点匪夷所思，因为物质的存在与否居然取决于人们是否观测它。另一派以爱因斯坦为代表，他们对此提出了质疑。爱因斯坦说道：“玻尔，上帝从不掷色子！”波尔反击道：“爱因斯坦，不要告诉上帝应该怎么做！”这次对话发生在第五次索尔维会议上（见图 8.2），它已经被传为一段尽人皆知的佳话。当时，双方找

图 8.2　第五次索尔维会议聚集了当时世界上最著名的科学家（前排从左到右为朗缪尔、普朗克、居里夫人、洛伦兹、爱因斯坦、朗之万、古伊、威尔逊、理查德森，中排为德拜、克努森、老布拉格、克拉姆斯、狄拉克、康普顿、德布罗意、玻恩、玻尔，后排为皮卡尔德、亨里厄特、埃伦费斯特、赫尔岑、德唐德、薛定谔、费斯哈费尔特、泡利、海森堡、富勒、布里渊）

了各种理论上的证据和可能的解释，但是谁也没有能说服谁。后来，整个物理学界越来越多的人开始接受玻尔等人的量子理论，也就是说，上帝居然也在掷色子。

物理学发展到这一步，已经超出了人们所能观察到的世界，甚至超出了很多人的想象，因此，怎么证实这些理论就成为一个问题。在那些难以理解的理论中，爱因斯坦的广义相对论和他后来投入毕生精力所研究的统一场论，又是最难证实的。

迟到的诺贝尔奖

爱因斯坦在 1905 年发表了狭义相对论后，开始思考如何将引力纳入狭义相对论框架中。1907 年的一天，他坐在瑞士专利局办公室的窗前，看着外面的阳光做起了白日梦。他想象着自己坐的椅子从天而降，以自由落体的加速度跌下来。爱因斯坦想到这里来了灵感。在物理学里，加速度和引力之间只差一个质量（牛顿第二定律），其实是一回事。爱因斯坦进而想到，我们如果在一个封闭的房子里（我们可以想象成一个电梯间），房子因为地球的引力砸到了地上，和上面有一个机器以等同于地球引力的加速度将这个房子拉起来，我们的感受是一样的。因此，他提出了（当时并没有发表）物理学上的“等效原理”，这个原理简单地说就是我们无法分辨出由加速度所产生的惯性力或由物体所产生的引力之间的区别，或者说加速度的惯性力和引力等效。

基于等效原理，爱因斯坦预言了很多物理学现象，包括宇宙中的红移[①]、引力时间膨胀、时空在引力的作用下弯曲、黑洞和引力波的存在等。在随后长达七八年的时间里，爱因斯坦几乎把全部的精力都用在了思考和完善引力的相对性理论上。这中间他走了很多弯路，经历了不少错误，但最终于1915年在普鲁士科学院宣读了他关于引力场方程的重要论文，[②]这便是广义相对论的核心。当时的爱因斯坦已经不再是瑞士专利局那个默默无闻的物理学家，而是德国威廉皇家物理研究所的（第一任）所长、柏林洪堡大学教授、普鲁士科学院院士。

广义相对论是牛顿万有引力定律之后人类最伟大的物理学发现，因此，在1915年以后，物理学家就不断地提名爱因斯坦为诺贝尔奖候选人。然而，广义相对论的思维如此超前，以至当时主流物理学界能够真正理解它的科学家并不多，更不要说证实它了。到了1919年，证实广义相对论的机会终于来了。当时，英国出于修复"一战"后与德国关系的考虑，斥巨资组成了以天文学家亚瑟·爱丁顿爵士为首的观察队，在5月29日日全食那天，测量了太阳引力对金牛座的Kappa Tauri双子星光线的影响，光线的偏差正好符合爱因斯坦的预言，这个结果在当时（几个月后结果发表时）引起了轰动。[16]不过，后来重新审视当时的测量记录时，科学家发现，其实爱丁顿的实验误差是很大的，实验结果能够和广义相对论的预言吻合其实纯粹是巧合。在科学家的不断提名下，1922年，诺贝尔奖委员会终于将前一年空缺的物理学奖授予了爱因斯坦，但是委员会依然没有提到广义相对论。在很长的时间

---

① 当光源远去时，其波长变长，导致光线显得更红，这种现象叫红移。相反，当光源靠近时，波长变短，光线更蓝，被称为蓝移。

② 爱因斯坦关于广义相对论的论文一共有4篇，第一篇是"Fundamental Ideas of the General Theory of Relativity and the Application of this Theory in Astronomy"，关于引力场方程的论文是第四篇，即"The Field Equations of Gravitation"。

里，物理学界依然对广义相对论将信将疑。不过，随着爱因斯坦越来越多的预言被证实，主流物理学界终于接受了爱因斯坦的理论。

爱因斯坦一生成果不断，他在 1917 年又提出了受激辐射的理论，这是我们今天使用的激光的物理学原理。[17] 再往后，爱因斯坦的主要精力用在了和量子力学的论战及证实他的统一场论上。非常遗憾的是，直到去世，爱因斯坦都没能在统一场论方面取得实质性进展。

在统一场论中，很重要的是把引力和其他作用力（诸如电磁力）统一起来。按照爱因斯坦的预言，引力应该和其他作用力一样，有对应的波动，人们称之为引力波。但是爱因斯坦直到去世都没能见到引力波被证实的曙光。2016 年，LIGO ① 团队宣布于 2015 年 9 月 14 日首次直接探测到引力波，随后又陆续多次探测到引力波。[18] 2017 年，雷纳·韦斯（Rainer Weiss）、巴里什（Barry Clark Barish）与索恩（Kip Stephen Thorne）因此获得诺贝尔物理学奖。从 20 世纪 70 年代韦斯开始建设 LIGO 中心算起，这个过程经历了 40 年时间，如果从 1915 年爱因斯坦提出广义相对论算起，恰好一个世纪。

20 世纪初，物理学危机的根源在于物理学的理论基石出了问题，而普朗克、爱因斯坦和玻尔那一代物理学家通过智慧化解了经典物理学理论和物理新发现之间的矛盾，使得物理学在 20 世纪前 1/3 的时间里有了巨大的发展。今天，物理学家将宏观的宇宙和微观的基本粒子统一起来，使得人类对所有可观测到的宇宙有了非常准确的了解。在认识论上，这段历史让人们认识到了科学理论的局限性。在自然科学中，没有绝对正确的定律，我们曾经认为毫无例外普遍适用的规律，

---

① LIGO 是激光干涉引力波天文台（Laser Interferometer Gravitational-Wave Observatory）的英文首字母缩写，由美国国家科学基金会出资，麻省理工学院和加州理工学院联合创办，三方共同管理。

都有它们适用的边界，这也就突破了以牛顿为代表的机械论的思想。

说到这里，大家可能会有一个疑问，人类用一个世纪的时间来证实爱因斯坦那些常人很难理解的理论有什么实际意义吗？其实，今天的很多产品都已经用到了那些理论，比如 GPS（全球定位系统）要想提供准确的位置，就需要用到广义相对论进行修正，今天每一个使用手机的人都受益于爱因斯坦的工作。至于爱因斯坦得以获得诺贝尔奖的光电效应，则是今天清洁能源太阳能发电的基础。他最初提出的激光理论，不仅为我们带来了最快速的通信技术，还是 LED（发光二极管）照明的基础。在爱因斯坦提出的诸多理论中，最早得到应用的是利用质能转换原理的原子能技术，而这得益于战争的需求。

了不起的原子能

20 世纪不仅是人类历史上技术进步最快的一个世纪，也是战争最多的一个世纪。通常，和平的环境更有利于科技的进步，但是在极端情况下，出于对生存的需要，战争也会使特定的技术进步在极短的时间里完成，而这在和平时代是完全做不到的。第二次世界大战期间，美国在对原子能一无所知的前提下，仅仅用了三年半的时间就完成了原子弹的研究和制造，这堪称人类科技史上的奇迹。

正如我们前面所讲，一个简单的衡量人类文明水平的标志，就是我们所掌握的能量的多少。人类文明的基础始于对火的利用，而人类文明的开始，无论是农业的起步还是城市化，都离不开畜力的使用。第一次工业革命和第二次工业革命，从本质上说，都是以动力为核心的革命，核心分别是蒸汽机和电，它们不仅标志着人类掌握了新的动力来源，也改变了几乎所有产业的面貌。

然而，宇宙中最大的能源既不是燃烧化石燃料所产生的化学能，也不是电能，那么，最大的能源在哪里呢？爱因斯坦早在1905年就给出了答案。他在狭义相对论中指出，能量和质量是可以相互转化的，当质量变成能量之后，将释放巨大的能量。不过，实现质量到能量的转变，不是容易的事情。事实上，包括爱因斯坦在内，科学家在随后30多年的时间里并不知道如何完成质能转化。

最早证实爱因斯坦质能转化理论的是德国物理家哈恩（Otto Hahn，1879—1968）和莉泽·迈特纳（Lise Meitner，1878—1968）。迈特纳非常值得一提，她是有史以来最杰出的几位女科学家之一。今天科学界普遍认为，如果不是因为那个年代歧视女性，她应该获得诺贝尔奖。后来，出于对她一生贡献的肯定，以她的名字命名了第109号元素鿏（Mt）。迈特纳一生最大的贡献在于发现核裂变，并证实了爱因斯坦质能转化的理论。

哈恩和迈特纳最初的研究目标并非寻找核裂变的可能性，而是要搞清楚为什么在元素周期表中，92号元素铀之后就不再有新的元素了。我们今天知道的元素有100多种，但是在20世纪初，人类所了解的原子数中最大的元素就是铀了，再往后的元素人类就找不到了。根据卢瑟福的理论，只要往原子核里面添加质子，就应该有新元素，但是科学家的努力都失败了。1934年，美籍意大利物理学家费米（Enrico Fermi，1901—1954）宣布用粒子流轰击铀，“可能”发现了第93、94号元素，这在物理学界引起了轰动。虽然费米本身对此比较谨慎，但是当时法西斯统治的意大利为了显示法西斯制度的优越性，对此做了大量的宣传。[19] 费米也因此获得了1938年诺贝尔物理学奖。当然，费米能获奖的一个重要原因是当时小居里夫人的实验室似乎也证实了费米的实验，但后来又证明他们的实验误差很大，结果并不可信。

当时全世界大部分著名的物理学实验室都试图重复费米的工作，迈特纳和她的老板哈恩也不例外。但是他们做了上百次实验，却一直未能成功。随后就赶上纳粹德国开始迫害和驱除犹太人，拥有犹太血统的迈特纳只好逃往瑞典，哈恩只能独自在德国做实验。不过，哈恩和迈特纳一直有通信往来。1938 年底，哈恩把失败的实验结果送给在瑞典的迈特纳，希望她帮助分析原因。

迈特纳拿着哈恩的实验结果坐在窗前苦思冥想，她看着窗外从房顶冰柱上滴下来的水滴，想到了伽莫夫和玻尔提出过一种不成熟的猜想：或许原子并不是一个坚硬的粒子，而更像一滴水。于是一个念头从她心中一闪而过，或许原子这滴液珠一分为二变成更小的液珠了。有了这个想法之后，迈特纳和另一位物理学家弗里施（Otto Robert Frisch，1904—1979）马上做实验，果然证实铀原子在中子的轰击下变成了两个小得多的原子“钡”（Ba，原子序数 56）和“氪”（Kr，原子序数 36），同时还释放出了 3 个中子，迈特纳证实了自己的想法。随后，当他们清点实验的生成物时，发现了一个小问题，而这个小问题其实是一个重大的发现。原来，生成物的质量比原来的铀原子加上轰击它的中子的质量少了一点点。在德国接受科班教育的迈特纳作风非常严谨，她没有放过这个细节。在寻找丢失的质量时，迈特纳想到了爱因斯坦狭义相对论里那个著名的方程 $E=mc^2$。爱因斯坦预测质量和能量可以相互转换，那些丢失的质量会不会真的由质量转换成能量了呢？迈特纳按照爱因斯坦的公式计算出了丢失的质量应该产生的能量，然后再次做实验，最后证实多出来的能量正好和爱因斯坦预测的完全吻合。

迈特纳兴奋不已，她不仅发现了核裂变，而且证实了核裂变能够产生巨大的能量。

迈特纳和弗里施在《自然》杂志上发表了他们的发现，并提出了“核裂变”的概念。[20] 这篇论文一共只有两页，却有划时代的意义，因为它找到了自然界存在的巨大的力量。

1939 年 4 月，也就是迈特纳和弗里施的论文发表仅仅三个月后，德国就将几名世界级物理学家聚集到柏林，探讨利用铀裂变释放的巨大能量的可能性。出于战略考虑，德国决定不再发布任何关于核研究的成果。不过德国的第一次核计划只持续了几个月便终止了，原因居然是很多科学家都应征入伍了。没过多长时间，德国人又开始了第二次核计划，并一直持续到二战结束。但是由于投入的工程力量远远不足，直到战争结束时，德国整个核计划也没有取得实质性的进展，一直停留在科研阶段。[21]

德国成功地实现了核裂变，并且开始研究原子能武器的消息很快便传到了美国。至于这个消息是如何传到美国的，历史学家大多认为，这要归功于当时到美国访问的丹麦物理学家玻尔。1939 年初，玻尔到美国普林斯顿大学访问，并且在美国首都华盛顿做了一个学术报告，介绍了核裂变成功的消息。在听完玻尔报告的当天，科学家马上从报告会所在的华盛顿赶到几十英里外的约翰·霍普金斯大学，连夜重复并验证了迈特纳的实验，并且获得了成功。[22]

实际上，即便没有玻尔传播消息，美国的科学家也会很快了解到这个划时代的发现，因为迈纳特等人的论文是公开发表在英国《自然》杂志上的，而在美国，许多物理学家一直在关注着核裂变链式反应的可能性。

接下来的事情就是看科学家如何说服美国政府启动核计划了。在这个过程中，发挥最大作用的是爱因斯坦的一位学生、物理学家利奥·西拉德（Leo Szilard，1898—1964），他起草了一封致罗斯福总统的信。考虑到自己的声望还不足以说服总统，他说服老师爱因斯坦一起署名，并且由爱因斯坦想办法将信转交给了罗斯福。罗斯福虽然当即批准了对铀裂变的研究，但是只给了6000美元的经费，将它交给了著名物理学家费米，并让他们在芝加哥大学进行研究。[23]

真正让美国下决心研制核武器的还是战争。1941年底，珍珠港事件①之后，美国才真正开始全民战争动员，并启动了庞大的核计划。由于计划的指挥部最早在曼哈顿，因此也被称为曼哈顿计划。

几乎整个物理学界，包括劳伦斯和阿瑟·康普顿（Arthur Holly Compton，1892—1962）等很多诺贝尔奖获得者，都参与了该计划，政府也为此拨了巨款。美国当时几乎所有最杰出的科学家都参与了曼哈顿计划，并且各自都发挥了巨大的作用。当然，制造能作为武器使用的原子弹和进行核研究完全是两回事，前者要复杂得多。当时，就连玻尔这样的物理学家都不相信能够在短时间内造出原子弹，他说，除非把整个美国变成一个大工厂。

不过玻尔低估了美国的工业潜力，二战时的美国还真是一个大工厂。和德国人不同，美国是把研制原子弹这件事作为一个大工程，而不仅仅是科学研究。既然是工程，就需要有工程负责人，美国非常幸运地挑中了格罗夫斯（Leslie Groves，1896—1970）。最初，军方看重格罗夫斯是因为他懂得工程，并主持建造了美国最大的建筑五角大楼。

---

① 1941年12月7日，日本联合舰队袭击了美国在太平洋的海军基地珍珠港。日本以极小的代价击沉了几乎整个美国太平洋舰队。

事后证明，格罗夫斯不仅会盖房子，还是一位有远见卓识的优秀领导。他从寻找铀材料，到挑选主管技术和工程的各个负责人，再到具体的武器制造，都做得十分出色。最重要的是，他对曼哈顿计划的技术主管奥本海默（Julius Robert Oppenheimer，1904—1967）绝对信任，否则，美国原子弹的研究不可能那么顺利。格罗夫斯对奥本海默可以说言听计从，包括将研制原子弹的实验室建在偏远的新墨西哥州的洛斯阿拉莫斯，都是奥本海默的主意。在整个曼哈顿计划实施的过程中，军方一直对亲共的奥本海默的忠诚表示怀疑，而这位我行我素的科学天才也不断地惹出些小麻烦。每到这种时候，格罗夫斯总是力排众议，支持奥本海默的工作，这才让原子弹的研究得以顺利进行。

至于为什么一定要让奥本海默全面负责原子弹的研究工作，可能考虑到他是当时美国物理学界公认的全才科学家。他不仅精通物理学的各领域，而且对化学、金属学和工程制造有全面的了解。美国参加曼哈顿计划的大科学家非常多，包括劳伦斯、康普顿、费米等诺贝尔奖获得者，但是要用全才的标准来考量，他们都不如奥本海默。在实施曼哈顿计划的过程中，科学家们一致认为奥本海默是一位好导师、好领导，既能把握大局，又了解每一个细节。奥本海默虽然没有得过诺贝尔奖，但是理论水平丝毫不逊色于任何一位诺奖获得者，并且对原子弹的理论贡献超过任何人，这主要体现在他对原子弹临界体积的理论计算上。

虽然实验证实铀原子核在受到一个快速运动的中子撞击后，可以释放出 3 个快中子，然后形成链式反应，但是因为原子核的直径只有原子直径的万分之一左右，中子撞到原子核的概率，就相当于一个盲人往足球场上随便开一枪，恰巧命中了一个小拇指粗细的标准杆的概率。

因此，铀金属需要足够“厚”，一个中子可以穿透很多铀原子，这样它撞上铀原子核的概率就大得多，并让链式反应能够进行。当然，铀金属的厚度和原子弹中铀的质量相关，当质量达到某个临界点，链式反应就会自行进行下去；达不到这个质量，中子撞到原子核的概率就会很小，链式反应进行一会儿就停止了。这个质量在物理学上被称为临界质量。至于这个“临界”是多大，没有人知道，既不能猜测，也无法通过实验来测试，毕竟不能把一堆纯铀堆在一起，看看堆到什么时候会爆炸，因此，唯一的办法就是通过理论计算出来，而奥本海默解决了这个难题。

即使在理论上计算出链式反应能进行下去，也还需要大量的实验去证实，最好的实验办法就是建立一个“可控”的原子反应堆。建造反应堆的任务交给了费米，后来，康普顿也加入了进来。美国当时为了建造一个小型的供实验使用的反应堆（功率只有 0.5 瓦），仅作为减速剂的纯石墨就用掉了 40000 块，每块大约有 10 千克重，即总重量 400 吨左右。在费米和康普顿的带领下，科学家、工程师和学生们经过几个月没日没夜的工作，终于在 1942 年 12 月 2 日建成了人类第一个可以工作的核反应堆。

除了理论和实验的问题，制造原子武器还需要大量的高浓缩的铀 235（或者钚 239）。在天然铀矿中，铀 235 的浓度极低，无法制造武器，而浓缩铀的任务就交给了劳伦斯，他发明了用回旋加速器实现武器级核材料的铀浓缩方法。但是，制造一个大型回旋加速器需要大量的铜。劳伦斯设计的加速器仅线圈就高达 80 米，建造这个线圈大约需要一万吨铜。当时美国的铜都用于制造武器了，很难在短期内调配这么多纯铜。战争并没有给美国更多的时间去准备，为了解决这个难题，劳伦斯想出了一个很疯狂的方法，采用比铜导电性能更好的纯银做线圈的导线。劳伦斯将这个疯狂的想法告诉格罗夫斯，格罗夫斯马上安排人从美联储借出了 14700 吨白银，这占到了美国国库白银储备的 1/3。这批白银直到 1970 年才全部归还国库。[24]

在格罗夫斯和奥本海默的领导下，原子弹的研究工作进展迅速。13 万直接参与者在美国、英国和加拿大 30 个城市同时展开工作，居然在不到 4 年的时间里，完成了制造原子弹这个几乎不可能完成的任务。

1945 年 7 月 16 日，代号“三位一体”（Trinity）的世界上第一颗原子弹试爆成功（见图 8.3）。虽然爱因斯坦早就预言原子弹将释放出巨大的能量，但是没有人知道它真实的威力如何。在引爆前，科学家们打起赌来，他们猜测这颗原子弹的威力从 0（完全失败）到 4.5 万吨 TNT 当量不等。早上 5 点 29 分，一位物理学家引爆了这颗原子弹。

图 8.3　代号“三位一体”的原子弹试爆成功

刹那间，黎明的天空顿时闪亮无比。根据当时在场的人们的描述，它"比一千个太阳还亮"，这成了日后记述曼哈顿计划传记图书的书名。[25] 当时，远在十几千米外的费米博士扬起了一些纸片，根据纸片飞出的距离，最早估算出其爆炸当量在 1 万吨 TNT 以上。很快，更精确的结果出来了，爆炸当量近 2 万吨 TNT。大家都震惊了，奥本海默更是觉得他把魔鬼释放出来了。

接下来的故事大家都知道了，美国在日本广岛和长崎投下的两颗原子弹，促成了日本的投降，当然也成了日本永远的痛。

原子能技术在二战后很快被用于和平目的。1951 年，美国建立了第一个实验性的核电站。1954 年，世界第一个连入电网供电的核电站在苏联诞生。随后，世界各地陆续建立起多个商业运营的核电站。到 2016 年底，全世界有 450 个核电站在运营，提供了全球发电量的 12%，此外还有 60 个正在建设中。从 1939 年人类实现核裂变，到第一个核反应堆开始商业运营，只经过了 15 年时间。相比之下，人类利用火、畜力以及使用化石燃料的过程，都显得非常漫长。从这一点我们能够看出，人类科技进步的速度在加快。需要指出的是，二战本身也极大地推进了人类使用核能的速度。

核裂变的本质是将大质量数的原子通过裂变损失质量、释放能量。在自然界中，还有另一种核反应通过将多个氢、氦和锂这样小质量数的原子聚合成一个大质量数的原子，更有效地释放能量，被称为核聚变。氢弹就是根据核聚变原理制造的。今天，人类虽然可以实现人造核聚变，却无法控制核聚变的反应，因此核聚变产生的巨大能量无法被利用。但是相比核裂变，核聚变不仅产生的能量更多，原材料成本更低，而且从理论上说没有污染。因此，在过去的半个世纪里，人类一直没有中断可控核聚变的研究，但是离商业化发电依然有很长的距离。

在第二次世界大战中，还诞生了很多影响至今的新发明、新技术，其中影响最深远的有雷达、青霉素、计算机、移动通信和火箭，我们在后面会一一讲到。

雷达的本质

在古代，人们就幻想着有千里眼，能够看到交战对方的军事部署和调动情况，这从本质上来说就是为了获取信息。当然，千里眼是没有的，因此双方只能靠效率非常低的哨所、侦察兵和间谍等方式获取情报。后来，望远镜和侦察机的出现让人可以看得更远，但仍然是靠肉眼获取信息，很多重要的信息还是会漏掉。因此，人们一直在考虑能否有一种装置，自动扫描和发现天上地下的敌情。到 20 世纪初，这种装置终于被发明出来，它就是雷达。

早在 1917 年，尼古拉·特斯拉就提出使用无线电波侦测远处目标的概念，并且后来被意大利发明家、无线电工程师马可尼进一步完善为发射无线电波，并凭借“回声”（反射波）探测船只。[26] 在随后的十多年时间里，英国、美国、德国和法国的科学家逐渐掌握了这项技术，并且建立起实用的无线电探测站，也就是今天所说的雷达站的前身。雷达（radar）这个词出现的时间远比实际装置要晚，它是英语 radio detection and ranging 的缩写，在 1940 年才被美国海军使用。但是早在 1936 年，英国为了防范来自德国可能的入侵，在大不列颠岛的海岸就建立了第一个雷达站，并很快又增设了 5 个。

早期的雷达因为无线电发射功率有限，无线电波的频率也不够高，因此侦察范围很小。1939 年，英国物理学家布特（Harry Boot，1917—1983）和兰德尔（John Turton Randall，1905—1984）发明了多腔磁控管[①]，这是一种大功率的真空管，能产生超高频率的电磁波，它后来成了实用雷达中最重要的部件。[27] 这项发明使得英国的雷达技术在二战中领先于世界。当然，雷达的迅速发展和普及在很大程度上是出于二战期间英国和德国之间空战的需要。

1940 年，纳粹德国对英国发动了代号为“海狮行动”的入侵英国本土的计划，但是由于英国使用的雷达所发挥的预警作用，使得飞机数量远不如德国的英国在空战中占据上风，并且最终让“海狮行动”彻底破产。早期的雷达体积很大，非常笨重，只能安装在基地上，也只能起到被动侦察的作用。如果想让它主动侦察敌情，最好能把它送到天上。因此在二战期间，美国和英国花了很大的力气，终于实现了把小型雷达装在飞机上，使得英美空军在和德国空军的较量中占尽先机。不仅在雷达方面，在所有和信息有关的领域，美国都比德国和日本重视得多。二战时，美国有大量的科学家从事信息的收集、破译和处理工作，以至在很多战役中美国和盟国都如同明眼人打瞎子。不过具体到雷达技术，德国还是有可圈可点之处，他们发明了控制火炮的火控雷达。

二战中，雷达技术是各国最高的机密，而在战后，它很快被普及并得到了广泛应用。20 世纪 60 年代，雷达被广泛用于气象探测、遥感、测速、测距、登月及外太空探索等各个方面。科学家还利用雷达

---

① 虽然苏联于 20 世纪 40 年代声称两名苏联学者在 1936 年之前就研制出了多腔磁控管，但是在二战期间，苏联雷达与无线电技术非常落后，甚至在战后还需要进口舰载雷达，因此学术界并不承认苏联的说法。

接受无线电波的特性，发明了只接收信号、不发射信号的射电望远镜，它们也可以被看成是雷达技术的一个应用。2016 年 9 月在贵州落成的、被誉为“中国天眼”的直径长达 500 米的球面射电望远镜 FAST，利用的就是雷达的原理（见图 8.4）。从 20 世纪 50 年代开始，雷达就成为电子工程的一个重要学科。

图 8.4 被誉为“中国天眼”的 500 米口径球面射电望远镜 FAST

从二战开始，军事技术在十几年或者几十年后转为民用，成了科技进步的一个趋势。冷战期间，出于军事目的，雷达技术不断翻新。1971 年，美国国家航空航天局与美国军方合作发明了使用激光脉冲探测与测量目标的激光雷达，使得扫描的精确度大幅提高。1995 年，该技术第一次用于商业目的，被地质勘探局用于测绘海岸线的植物的生长情况。今天，它被广泛应用于无人驾驶汽车。

早期的雷达使用的都是固定频率或者有规律地变化的频率，这样的雷达一旦开启，很容易被对方发现并成为对方攻击的目标。因此在二战期间，具有良好音乐基础的演员拉马尔（Hedy Lamarr，1914—2000）与作曲家安太尔（George Antheil，1900—1959）合作，发明了一种不断变化频率的通信技术，这项技术很快被用于改进雷达，使得对方无法侦察到雷达的频率。这就是移动通信 CDMA（码分多址）的前身，并且成了今天通信中调频编码的基础。

人类在进入 21 世纪后，雷达的应用早已超出军事目的，在生活中几乎无所不在，从很小的倒车雷达、手持测速仪器，到无人驾驶汽车上的激光雷达、检测气象和大气污染的气象雷达，种类非常多。此外，雷达中最关键的部件多腔磁控管，经过改进，就变成了我们今天几乎每个家庭都有的微波炉。

雷达的本质是什么？有人说是千里眼，它能够“看到”远处的目标，甚至能穿透云层。不过从更广泛的意义上讲，雷达的本质是信息的检测，而不是千里眼。比如无人驾驶汽车上的激光雷达就不需要看得很远，但必须做到“眼观六路”，迅速了解周围全方位的信息。今天，大学里雷达专业的正式名称通常是“信息检测”或者“信号检测”，也反映了科技界对雷达本质的认识。

制药业突飞猛进

战争导致大量军人和平民伤亡，为了救治伤员，在战争期间医药研究的效率也达到了空前的高度。在第二次世界大战中，美国仅次于曼哈顿计划的第二大研究计划就是青霉素的研制，为了研制它，美国主要的药厂和很多大学都被动员了起来。当然，这种被誉为万灵药的抗生素的发明，不仅离不开一位英国医生的重大发现，更离不开始于19世纪末的制药业革命。

东西方在很长的时间里在制药学上没有太多的差异，都是利用天然矿物质或者动植物中某种未知的有效成分，或者将各种药物的原材料混合生成新的药物。然而，那些药物的疗效其实很难验证，即使有效，原因也不清楚。例如，早在古希腊医师希波克拉底的时代，人类已经使用柳树皮煮水退烧了，但是并不清楚这种治疗方法的原理，更不用说找到其有效成分。类似地，中国古代虽然记载了用青蒿等草药能治疗疟疾，但是并非所有的青蒿都管用，是哪一种管用、什么成分管用，过去没有人说得清。在化学实验兴起之后，药物学家才开始从天然物中提炼纯粹的药物，制药业的革命由此开始。

从柳树皮到阿司匹林

世界上第一款热销全球的药品是阿司匹林，它的有效成分水杨酸在柳树皮中也有。那么，阿司匹林和柳树皮有什么不同呢？这就要从阿司匹林（Aspirin）的发明过程说起。

1763年，牛津大学沃德姆学院的牧师爱德华·斯通（Edward Stone，1702—1768）首次从柳树皮中发现了有效的药物成分水杨酸，这种物质可以退烧止痛。斯通向当时的英国皇家学会提交了他的发明，但是当时的化学合成技术不发达，他制造不出药品。又过了将近一个世纪，法国化学家格哈特（Charles Frédéric Gerhardt，1816—1856）于1853年在实验室里合成出了乙酰水杨酸。[28] 由于当时还没有完善的分子结构理论，因此，格哈特对这种合成出来的化合物的成分并不十分了解。几年后，格哈特在做实验时不幸中毒去世，对水杨酸的研究也就自然终止了。

事实上，水杨酸是不能直接服用的，从它的名字就可以看出它是一种酸，对胃的刺激非常大，过量服用甚至会导致死亡。因此，有效成分和药物是两回事。格哈特去世几年后，德国许多科学家开始研究乙酰水杨酸的分子结构，并致力于合成这种既含有水杨酸成分，又没有副作用或者副作用比较小的药物，而这个过程经历了 40 多年的时间。

1897 年，德国拜耳公司的化学家费里克斯·霍夫曼（Felix Hoffmann，1868—1946）经过多年研究，把合成出来的含有水杨酸有效成分的水杨苷经过一些小的修改之后，合成了对胃刺激相对较小的镇痛药乙酰水杨酸，并被拜耳公司命名为阿司匹林[29]，这个名字来自提炼水杨苷的植物绣线菊的拉丁文名称（*Spiraea ulmaria*）。霍夫曼研究阿司匹林的初衷其实很简单，就是给他的父亲治病。霍夫曼的父亲是一位风湿病患者，饱受病痛折磨，而当时各种含有水杨酸的止疼药物，虽然能缓解父亲的病痛，却带来了新的痛苦，因为那些药物酸性太强，对胃的伤害极大，以至于他父亲服药后就胃痛不已，还经常呕吐。所以霍夫曼在发明阿司匹林时，就将重点放在了减小副作用上。

经过改进后，早期的阿司匹林副作用依然不小，以至于拜耳公司曾经想叫停这种药。好在当时很多诊所的医生试用后发现它效果良好，拜耳公司才在两年后正式开始出售它。虽然当时这种药有专利保护，但是由于阿司匹林普遍受到欢迎，因此世界各药厂竞相仿制。特别是在 1917 年拜耳公司的专利到期之后，全世界的药厂为了争夺阿司匹林的世界市场，展开了激烈的竞争，这让阿司匹林成了第一款在全世界热销的药品。1918 年，欧洲爆发了大瘟疫（西班牙型流行性感冒），阿

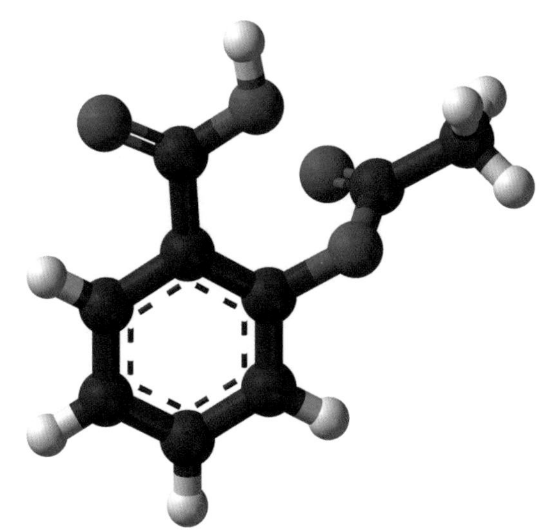

图 8.5
阿司匹林的分子结构

司匹林被广泛用于止痛退烧，为战胜瘟疫发挥了巨大的作用。[30]

阿司匹林最大的副作用是对胃的刺激，为了解决这个问题，今天大部分阿司匹林都被做成了肠溶药片，从而大大降低了副作用。后来人们还发现阿司匹林对血小板凝聚有抑制作用，可以降低急性心肌梗死等心血管疾病的发病率。在阿司匹林被发现的一个多世纪里，它一直是全世界应用最广泛的药物之一，每年的使用量约 4 万吨。

非常遗憾的是，发明了阿司匹林的霍夫曼生前并没有得到应有的尊重，因为他还发明了另一种药——海洛因。霍夫曼本希望发明一种神经止痛药剂取代吗啡，作为药效显著而成瘾性较小的镇痛止咳药物，但是没想到这个发明后来给人类带来了巨大的灾难。他背负了太多本不应由他背负的道义上的责任，他一生未婚，也没有留下子嗣，于 1946 年孤独地死去。作为阿司匹林的发明人，他减轻了无数患者的病痛，但他的一生却几乎是在骂名中度过的。

虽然柳树皮和阿司匹林都含有退烧止痛的有效成分水杨酸，但它们不是一回事，这种不同至少体现在 4 个方面：

成分不同。真正用于临床的药品和原始的原材料虽然都含有类似的有效成分，但它们毕竟是不同的物质，成分并不完全相同。柳树皮煮水得到的是一种酸，而阿司匹林是它的乙酰衍生物，并不完全相同。在后面介绍青霉素时，大家可以进一步看到这种区别。

副作用不同。中国有句俗语，“是药三分毒”。今天，美国食品药品监督管理局（FDA）批准新药的原则首先是无害（临床第一期实验的目标），然后才是有效（临床第二期实验的目标）。像柳树皮这种含有很多物质、性质不明的原材料，直接使用是很危险的。比如今天使用的局部麻醉剂普鲁卡因是从古柯叶中提炼的，副作用并不大，但是如果直接服用古柯叶的成分古柯碱（也就是可卡因），则会染上毒瘾，副作用巨大。

药效不同。一种植物中或者几种植物中即便有一些有效的药物成分，通常含量也很低，直接服用疗效有限。即使有效，也很难验证疗效是来自药物还是患者的心理作用。只有搞清楚药物的机理，找到有效成分，利用它制造出副作用小的药品，才有实际意义。一个很好的例子就是屠呦呦发明青蒿素的过程。虽然青蒿素这种药中有“青蒿”二字，但其实真正的青蒿里面并不含青蒿素，提取青蒿素使用的是和青蒿类似的植物黄花蒿，这一点屠呦呦自己写文章做了说明。事实上，西晋时提到青蒿煮水治疟疾的葛洪，还分不清青蒿和黄花蒿的区别，它们的区别在北宋时才被发现。而很多时候，由于炮制的方法不当，黄花蒿中的有效成分已经部分或者全部被破坏了。因此，屠呦呦发明的青蒿素是一种药品，疗效是稳定的，而采用各种蒿草土法炮制的药品，疗效并没有保障。

成本不同。从天然物中提取药物，通常成本极高。在了解了药品的有效成分后，就可以人工合成，这是今天制药采用的普遍方法，也是药品得以普及的原因。

从水杨酸到阿司匹林的发明过程，体现出了制药科技进步的过程。现代制药业的成就都是基于对两种信息的准确把握，即对病理的了解和对药理的了解。阿司匹林是制药业革命的开始，而在这场革命中，最成功的药品当属青霉素了。

万灵药青霉素

以青霉素为代表的抗生素可能是迄今为止人类发明的最有效的药品，它解决了长期困扰人类的细菌感染问题。在抗生素被发明之前，细菌感染一直是人类致死的主要原因之一，无论什么名医对此都束手无策。虽然在 19 世纪巴斯德等人找到了细菌致病的原因，但当时所能做的也不过是避免细菌感染的发生而已，如果真的感染上某些致病的细菌，医生也束手无策。

第一次世界大战期间，因为细菌感染而死亡的士兵比直接死于战场的还要多。当时医生能够做的就是给伤员的伤口进行表面消毒，但是这种救护方法不仅效果有限，有时还有副作用，常常加重伤员的病情。当时，英国医生亚历山大·弗莱明作为军医到了法国前线，目睹了医生们对细菌感染无计可施的困境，战后回到英国他开始研究细菌的特性。弗莱明的想法和当时大部分医生不太相同，他认为既然感染来自病原细菌，就要从根本上寻找能够将细菌杀死的药物，而不是在伤口上涂抹消毒剂。

人们通常把青霉素的发明归结于弗莱明的一次偶然发现。1928 年 7 月，弗莱明照例要去休假，他在休假前培养了一批金黄色葡萄球菌，然后就离开了。但是，或许是培养皿不干净，或者是掉进了脏东西，等到弗莱明 9 月份回到实验室时，发现培养皿里面长了霉。弗莱明是一个有心人，他仔细观察了培养皿，发现霉菌周围的葡萄球菌似乎被溶解了，他用显微镜观察霉菌周围，证实那些葡萄球菌都死掉了。于是，弗莱明猜想会不会是霉菌的某种分泌物杀死了葡萄球菌，弗莱明把这种物质称为“发霉的果汁”（mould juice）。为了证实自己的猜测，弗莱明又花了几周时间培养出更多这样的霉菌，以便能够重复先前的结果。9 月 28 日早上他来到实验室，发现细菌同样被霉菌杀死了。经过鉴定，这种霉菌为青霉菌（Penicillium Genus），1929 年弗莱明在发表论文时将这种分泌的物质称为青霉素（penicillin），中国过去对这种药物按照发音翻译成盘尼西林。

故事到这里并没有结束，弗莱明证实青霉素的杀菌功能，仅仅是人类发明青霉素这种药品漫长过程中迈出的第一步，而不是一个终结，实际情况要复杂得多。弗莱明发现的“发霉的果汁”有点像我们前一节讲的柳树皮煮出来的水，虽然有药用成分，但和成品药还是两回事。接下来的 10 年里，弗莱明一直在研究青霉素，但没有取得什么进展。这里面有很多原因。一方面，弗莱明不是生物化学专家，也不是制药专家，因此一直没能搞清楚青霉素的有效成分，更没能分离提取出可供药用的青霉素。另一方面，弗莱明培养的青霉素药物含量太低，每升溶液中只有两个单位的青霉素。想想今天每针注射都有 20 万单位，就知道那种低浓度的“果汁”是多么不实用。总之，单靠弗莱明偶然的发现，以及他后来10年的努力，是得不到青霉素的。

所幸的是，就在弗莱明想要放弃对青霉素的研究时，另一位来自澳大利亚的牛津大学病理学家、德克利夫医院一个研究室的主任霍华德·弗洛里接过了接力棒。和弗莱明不同的是，弗洛里精通药理，更重要的是，他有非凡的组织才能，手下有一批能干的科学家。1938年，弗洛里和他的同事、生物化学家钱恩（Ernst Chain，1906—1979）注意到了弗莱明的那篇论文，于是从弗莱明那里要来了霉菌的母株，并开始研究青霉素。

弗洛里等人很快就取得了成果，他实验室里的科学家钱恩和爱德华·亚伯拉罕（Edward Abraham，1913—1999）终于从青霉菌中分离和浓缩出了有效成分——青霉素[31]。当然，从霉菌中分离出的少量的青霉素，和得到足够多的青霉素用于实验，完全是两回事。这时，弗洛里的组织才能就体现出来了，他以每周两英镑的超低薪水雇用了很多当地的女孩，她们每天只从事一项简单的工作——培养青霉菌。由于没有足够多合适的容器，这些女孩就在牛津大学里把能找到的各种瓶瓶罐罐都用上了，包括牛奶瓶、罐头桶、厨房用的各种锅，甚至浴缸。当时人们都说，这些“青霉素女孩”（penicillin girls）把牛津大学变成了霉菌工厂。

有了稳定的青霉菌供应，弗洛里实验室里的另一位科学家诺曼·希特利（Norman Heatley，1911—2004）最终研制出一种青霉素的水溶液，并且调整了药液的酸碱度，这才使得青霉素从霉菌的一部分变成了能够用于人和动物的药品。

1940年夏，弗洛里和钱恩用了50只被细菌感染的小白鼠做实验，其中25只被注射了青霉素，另25只没有注射，结果注射了青霉素的小白鼠活了下来，没有注射的则死亡了，实验非常成功。[32]不过，动物实验虽然完成了，但将青霉素用于人的临床试验却迟迟无法开展，因为钱恩等人分离和提取的青霉素剂量太小，不够进行人体试验。这一年的冬天，当地的一名警官因细菌感染需要用青霉素治疗，虽然一开始的治疗显示出了疗效，但是弗洛里手上所有的青霉素很快就用完了，最终没能保住这位警官的性命。

弗洛里和钱恩等人意识到单凭牛津大学的条件，无法完成青霉素药品化的工作，于是找来了英国著名的制药公司葛兰素［Glaxo，即今天的葛兰素史克（GlaxoSmithKline）］和金宝毕肖（Kemball Bishop，后来卖给了辉瑞制药）等英国著名的药厂参与研究。但是英国当时在二战初期遭到了重创，英国的制药公司已经没有能力独立解决量产的问题。于是，弗洛里决定将研究团队一分为二，他和希特利去美国寻求盟友的帮助，钱恩和爱德华·亚伯拉罕留在英国继续搞研究。

在美国，弗洛里和当地的科学家合作解决了提高青霉素产量的难题。首先，他们发现用当地的玉米浆代替原来的蔗糖液做培养液，可以将产量提高 20 倍，青霉素每升培养液可提取 40 个单位。后来，一个偶然的机会，一位叫玛丽·亨特的实验人员在水果摊上找到了一种长了毛的哈密瓜，发现上面的黄绿色霉菌已经长到了深层，就把它带回了实验室。弗洛里检查了哈密瓜上的绿毛，发现这是能够提炼青霉素的黄绿霉菌。采用了新的菌种，再加上后来的射线照射处理，青霉素的产量提高了 1000 倍，每升可提取 2500 单位。

到此为止，青霉素依然停留在实验室的水平，要生产出药品，还需要很多制药公司共同努力。此时，弗洛里的组织才能再一次发挥作用，他开始在美国广泛地寻找合作研制青霉素药品的制药公司。这个过程非常曲折，我们就不赘述了。最终，弗洛里在和十多家制药公司接触之后，终于说服了默克、辉瑞、施贵宝和礼来 4 家制药公司共同研制和生产青霉素。[33] 不过，这 4 家公司的工作开始时是独立进行的，虽然共享一些研究成果，但是彼此并没有合作。如果照此下去，青霉素的药品化过程还需要很多年。

青霉素药品最终被发明并量产得益于战争。1941 年底，太平洋战争爆发，美国卷入了第二次世界大战，这时默克和辉瑞等各大药厂才开始携起手来。青霉素的研制和生产同时得到了政府的巨大支持，这个项目是美国在二战期间仅次于曼哈顿计划的重要项目。最终，美国十几家药厂的上千名工程师通力合作，克服了一个又一个困难，终于使得青霉菌的浓度又增长了近百倍，而工程师也解决了量产青霉素的很多技术难题，工人们则夜以继日地生产。到诺曼底登陆时，每一位盟军伤员都能用上青霉素了。由于有了青霉素，英军虽然在第二次世界大战中参战的人数和第一次世界大战相当，但是死亡人数下降了很多。

当弗洛里等英国科学家在美国合作研制药品化青霉素的时候，他留在英国的同事爱德华·亚伯拉罕通过对青霉素杀菌机理的研究，在 1943 年发现了青霉素中的有效成分青霉烷，这就可以使药用青霉素保留有效的成分而滤除各种有害的杂质。① 1945 年，牛津大学女科学家多萝西·霍奇金（Dorothy Hodgkin，1910—1994）通过 X 射线衍射②，搞清楚了青霉烷的分子结构（beta 内酰胺，β-lactam），这使得美国麻省理工学院的希恩（John C. Sheehan，1915—1992）得以在 1957 年成功地合成了青霉素。从此，生产青霉素不再需要培养霉菌。

① 爱德华·亚伯拉罕等人发现，青霉素之所以能够杀死病菌，是因为青霉烷能使病菌细胞壁的合成发生障碍，导致病菌溶解死亡。而人和动物的细胞没有细胞壁，因此不会受到这种药物的损害。

② 可以参考延伸阅读内容。

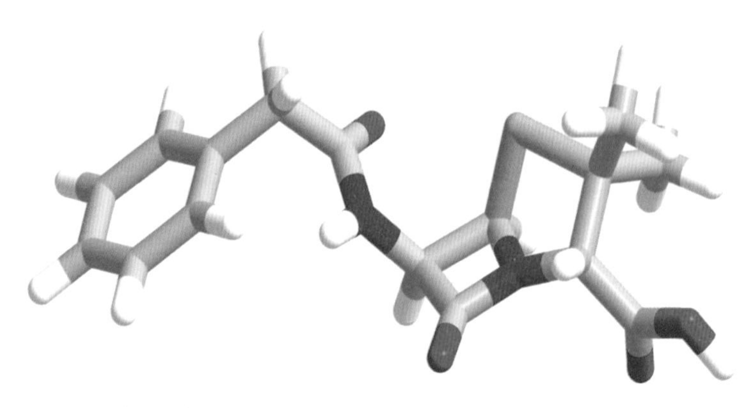

图 8.6　青霉烷的分子结构图

青霉素的发明被授予了两次诺贝尔奖，第一次是 1945 年的诺贝尔生理学或医学奖，授予了弗莱明、弗洛里和钱恩三个人。弗莱明的贡献是发现了青霉素这种物质，而弗洛里和钱恩则是发明了药用的青霉素。当然，在后一个过程中有很多人做出了巨大的贡献，但遗憾的是，诺贝尔奖有一个传统，每个奖授予的人数不超过三个人，因此，像希特利和爱德华·亚伯拉罕等为青霉素的发明做出巨大贡献的科学家只能与该奖无缘了。和青霉素有关的第二个诺贝尔奖被授予了霍奇金，她因为破解了青霉烷的分子结构而获得 1964 年诺贝尔化学奖。霍奇金后来还取得了两项诺贝尔奖级的研究成果——发现了维生素 B_{12} 的分子结构和胰岛素的分子结构，为后来人工合成胰岛素治疗糖尿病做出了巨大贡献。

在发明青霉素的过程中，很多人体现出的高风亮节让我们感动。作为主要的发明人，弗洛里等人原本可以通过发明专利获得巨大的财富，但是他觉得自己作为一名救死扶伤的医生，从中拿钱是不道德的，便没有申请任何专利，而是把技术完全公开。另一个可以通过专利获利的是当时默克公司的老板乔治·默克，他的公司在青霉素药品化和量产方面有很多知识产权，但是他当时担任美国负责统筹战时药品供应的官员，觉得自己需要做一个表率，因此让默克公司放弃了对青霉素知识产权的诉求，允许没有参加研制的公司参与生产青霉素，这使得青霉素很快在全世界普及。此外，长期资助世界医疗发展的洛克菲勒基金会对促成英美两国在青霉素研究上的合作起到了很大的作用，它不仅在二战之前就为弗洛里团队的科研提供了一些资金，还出钱促成了弗洛里和希特利的美国之行。[34]

二战后，人类发明了很多新型的抗生素，包括头孢类抗生素，而头孢的发明者恰恰是研制青霉素的两位元勋爱德华·亚伯拉罕和希特利。爱德华·亚伯拉罕后来通过头孢的发明专利成了亿万富翁，他把很多钱捐给了母校牛津大学。他也曾经提出把 8000 万英镑的巨资分给希特利（这笔钱在当时超过很多小国的 GDP），但是后者没有拿，理由是牛津大学给他的薪水足够生活了。从这些对青霉素的发明做出巨大贡献的人身上，我们看到了人性善的一面。

抗生素的出现使得人类的平均寿命增加了 10 年，更重要的是，人类从此对医生有了信心。从各种角度看，青霉素都称得上是人类有史以来发明的最重要的药品。通过药用青霉素的发明，我们可以看出，研制出一款新药，是一个非常复杂的过程，带有偶然性的发现只是第一步，接下来还需要了解它的药理及有效成分，并且最终通过化学的方法提炼或者合成纯净的药品。这个过程从本质上讲是一环套一环破解信息的过程，当一种物质的药理信息得以破解，尤其是当它的分子结构得以破解，人类就可以合成各种药品，而最难合成的则是我们自身（或者动植物）产生的、非常复杂的有机物，比如胰岛素和大分子的维生素。

延伸阅读

X 射线衍

X 射线衍射分析（Analysis of X-ray Diffraction）是利用 X 射线在（晶体）物质中的衍射效应进行物质结构分析的技术。很多有机分子结构的发现，包括前面讲到的青霉素、维生素 B_{12}、DNA 和胰岛素，都是利用 X 射线衍射分析获得的。

利用光的衍射测量物质形状的想法最早可以追溯到天文学家开普勒。在随后的几百年里，物理学家多次改进这种想法，但是一直没有找到合适的应用，直到 1912 年德国科学家冯·劳埃（Max von Laue，1879—1960）等人完善了相应的光学理论，并且通过实验证实了 X 射线与晶体相遇时能发生衍射现象。劳埃之所以使用 X 射线，是因为它的穿透力强，而且是单色光。劳埃因此获得了 1914 年的诺贝尔物理学奖。

在劳埃之后，英国著名科学家布拉格父子提出了 X 射线衍射分析的数学模型，他们通过对入射的 X 射线经过晶体后产生的衍射线在空间分布的方位和强度，就能“看清”

射分析

晶体的结构。父子二人因此获得了 1915 年的诺贝尔奖，也留下了诺贝尔奖历史上唯一一次父子二人同获一奖的佳话。

小布拉格（William Lawrence Bragg，1890—1971）后来在英国很多重要的科学研究项目中担任了领导，包括雷达项目和后来的 DNA 双螺旋结构的研究。他特别鼓励女性科学家从事利用 X 射线衍射发现物质结构的研究，因为他觉得这项研究是技术和（物质结构）美学完美的结合。在小布拉格的倡导下，英国涌现出不少著名的 X 射线衍射领域的女科学家，包括发现 DNA 双螺旋结构的富兰克林和获得诺贝尔奖的霍奇金等人。特别值得一提的是霍奇金，她不仅是青霉素、维生素 B_{12} 和胰岛素结构的发现者，而且是一个优秀的老师，她的很多学生都成了世界著名的科学家，此外还包括女政治家撒切尔夫人。霍奇金的肖像后来进入英国国家肖像馆。在英国，只有牛顿、麦克斯韦和卢瑟福等不多的科学家享受到这项殊荣。

可合成的生命所需

在古埃及，人们就意识到缺乏一些特殊的物质会导致疾病，如夜盲症和缺乏一种来自动物肝脏的物质有关，这种物质就是维生素 A。几个世纪之后，人们又发现可以用柠檬汁预防坏血病（现在叫维生素 C 缺乏症），其实那是在补充维生素 C。不过，欧洲人真正发现橙类水果的果汁能够预防坏血病还是 18 世纪中期的事情。1740—1743 年，英国的乔治·安松（George Anson，1697—1762）爵士率领船队进行了长达三年的环球旅行，出发时的 1854 人只有 188 人安全返回，其中大约 1400 人死于坏血病。1747 年，苏格兰医生林德（James Lind，1716—1794）经过研究发现了橙汁里的一种酸可以治疗坏血病，于是开始尝试给海上航行的船员每日提供柑橘类水果（橙子和柠檬），结果表明这样可以预防坏血病。林德于 1753 年发表了他的研究成果，后来的医生将具有酸味的维生素 C 起名抗坏血酸。[35] 在此之前，航海的水手们因为长期无法补充维生素 C 而死亡率极高。林德虽然不是第一个发现这种现象和治疗方法的人，却第一个通过科学而系统的实验和研究，从根本上解决了困扰航海者几个世纪的难题。

19 世纪前，困扰航海者的另一种疾病是脚气病，这个常见的看似无关痛痒的小毛病在长时间航海时可是个大麻烦，它不但让海员浑身乏力、行走艰难，时间一长还会导致精神疾病。1897 年，荷兰医生艾克曼（Christiaan Eijkman，1858—1930）发现食用带有稻糠的糙米，取代磨得光洁发亮的细米，可以避免脚气病，从而提出米糠中的某种物质和脚气病以及神经炎有关系。艾克曼在他生命的最后一年终于获得了诺贝尔奖，因为他的研究促成了维生素的发现。

艾克曼虽然发现米糠中的某种物质的特殊功效，但并没有分离出这种物质。1911 年，波兰化学家冯克（Kazimierz Funk，1884—1967）从米糠中分离出抗神经炎的物质，不过他并没有搞清楚这种物质的化学结构。冯克把这种物质称为“vitamine”（由 vita 和 mine 组成，即生命的元素），后来这个词演变成今天的“维生素”一词（vitamin）。1934 年，美国化学家威廉姆斯（Robert Runnels Williams，1886—1965）最终确定了这种物质的化学结构，并命名为硫胺素（thiamine，由 thio 和 vitamine 组成），即我们常说的维生素 B_1，而维生素成为各种维生素的总称。在接下来的十多年里，各种维生素被发现并且被命名。

维生素是一个大家族，它们各自的功能、化学性质和分子结构相差很大。其中有一些极为简单，也非常容易合成，比如维生素 C（分子式 $C_6H_8O_6$），但是另外的一些却极为复杂，比如维生素 B_{12}（分子式为 $C_{63}H_{88}CoN_{14}O_{14}P$），不仅合成非常困难，甚至搞清楚它的分子结构都是一件极为困难的事情。任何高等动植物都不能自己合成维生素 B_{12}，但它又是人体所必需的，缺乏这种维生素，人体的造血功能就会出问题。自然界中的维生素 B_{12} 都是微生物合成的，并通过饮食进入人体。

人类在 20 世纪 30 年代认识到了维生素 B_{12} 的用途，但是作为药用品，药厂过去只能从动物的肝脏里提取 B_{12}，产量极低。1956 年，英国著名女科学家霍奇金利用 X 射线测出了维生素 B_{12} 的分子晶体结构，使得人工合成维生素 B_{12} 成为可能。但是由于它的分子结构太复杂，因此这是一件极为困难的事情。20 世纪 60 年代初，美国杰出的有机化学家伍德沃德（Robert Woodward，1917—1979）开始涉足这个难题。1965 年，伍德沃德因在有机合成方面的杰出贡献而荣获诺贝尔化学奖，这让他有了足够的声望。后来他组织了 14 个国家的 110 多名化学家，协同研究维生素 B_{12} 的人工合成问题。在研究过程中，伍德沃德和他的学生罗阿尔德·霍夫曼（Roald Hoffmann）发明了一种拼接式合成方法，即先合成维生素 B_{12} 的各个局部，然后再把它们拼接起来。这种方法后来成了合成所有有机大分子普遍采用的方法，被称为伍德沃德－霍夫曼规则[36]。今天，人们也把这种复杂有机化合物的多步合成称为全合成。

伍德沃德在合成维生素 B_{12} 的过程中，一共做了近千个非常复杂的有机合成实验，前后历时 11 年，终于在他谢世前的 1972 年完成了合成工作。后来，霍夫曼因此获得了 1981 年的诺贝尔化学奖。遗憾的是，当时伍德沃德已去世两年，学术界一致认为，如果伍德沃德还健在的话，他将成为少数两次获得诺贝尔奖的科学家之一。伍德沃德后来被认为是麻省理工学院校友中少有的天才。然而有趣的是，他在该校读了一年后就因为成绩差被开除，谁知他第二年再次成功地被该校录取，并且仅仅用了一年时间就学完了本科课程，然后又用了一年时间拿到了博士学位。从他第一次进麻省理工学院到获得博士学位，加上中间的各种曲折，也不过 4 年时间。

维生素 B_{12} 的全合成在有机化学和制药领域具有里程碑式的意义，它不仅意味着成功地合成出一种药物，还标志着人类掌握了一套通用的复杂大分子有机物的合成方法。此后人类便可以合成人体自身的分泌物。在这方面，胰岛素的合成非常具有代表性。

20 世纪 70 年代末，美国加州大学旧金山分校的几位科学家发现了人类合成胰岛素的基因。1976 年，加州大学旧金山分校的教授博耶（Herbert Boyer）成功地将细菌的基因和真核生物的基因拼接在一起，这实际上是一种转基因技术。接下来，他在风险投资人的帮助下，成立了基因泰克公司（Genentech）。1978 年，博耶和他的同事利用这种技术成功地将大肠杆菌的基因和人类胰岛素基因合成在一起，然后送回到大肠杆菌中，这样大肠杆菌就产生出了人的胰岛素。[37] 接下来，基因泰克利用人工合成的胰岛素进行了治疗糖尿病的临床试验。1982 年，FDA 正式批准将这种合成的胰岛素作为治疗糖尿病的药品，从此极大地改善了成千上万糖尿病患者的生活质量，并延长了他们的寿命。基因泰克公司后来成为专门利用基因技术研制抗癌药品的公司，并且成为今天全世界最大的生物制药公司。

回顾上述几种药品发明的过程，可以发现它们都大致遵循下面这些步骤：

- 搞清楚发病的原因。
- 找到对治病有效的原始药物。
- 找到药物中的有效成分。
- 搞清楚药理和副作用。
- 制造（合成）出副作用足够小、疗效足够好的药物。

上述过程虽然复杂，但是有了这样一套统一的规范，人类在新药的研究上就能取得巨大的进步。FDA 自 1927 年批准第一款药品以来，至今一共批准了大约 1500 种药品，其中大约 95% 是二战后批准的，一半是最近 30 年批准的。从中我们可以看出科学研究方法的重要性。

在农耕文明时代，人均寿命鲜有提升，但是世界各地在进入工业革命之后，人均寿命迅速提升，从不到 40 岁增加到 70 多岁，这除了因为财富的剧增解决了温饱问题之外，良好的卫生环境和保健意识、医学的成就和制药业的发展功不可没。

●●●

人类每一个世纪在能量的使用上都会有所突破，从 18 世纪的化学能到 19 世纪的电能，再到 20 世纪的原子能，在它们背后，是人类对世界本质和规律认识的巨大进步。第一次是力学、热力学和化学，第二次是电磁学，第三次则是对微观世界的全面认识。当对世界的认识进入基本粒子的层级之后，人类对外部世界的理解，以及对我们自身的理解都进入了更深的层次。人类不但可以利用世界上密度最高的能量，而且能够在分子量级制造药物、医治疾病。从 20 世纪初到 20 世纪末，虽然经历了两次世界大战，但是无论是东方还是西方，人均创造的能量都翻了一番。①

20 世纪科技发展相比之前的几千年有一个明显的区别，就是信息的作用以及围绕信息发展出来的技术占比越来越高。雷达、人工合成大分子物质（包括很多药物），以及引力波被证实，它们从本质上讲都是检测和破解信息。

世界科技常常呈现出平稳快速发展和相对停滞交替的状态。每一个科技平稳快速发展的时期，其实都有它特殊的方法论，在某种程度上往往是在原有成果之上，沿用这种方法论的惯性往前走。从牛顿时代开始到 19 世纪末，确定性的机械思维起了主导作用，人类相信规律的可预知性和普适性。这在我们容易观察的宏观世界里似乎没有问题。但是，当我们进入微观世界时，这种思维便不再适用，这在表象上体现为科学的危机，但是更深层的原因却是对新的方法论的需求。因此，当这个危机得到解决时，一套新的方法论也就随之诞生了，这让科技以更快的速度发展。接下来，我们就从新的方法入手来了解当代的科技。

① 1900—2000 年，欧美人均创造的能量大约从 10 万千卡增加到 23 万千卡，而亚洲地区则从 5 万千卡增加到 10 万千卡。

第九章 信息时代

进入 20 世纪之后，人类不仅在科技水平上比 19 世纪有了巨大的进步，在认知方法上也有了新的突破，这主要体现在对不确定性的认识。理性时代之前，人类会将自己无法理解的事情归结为非自然力，就是神的作用。在牛顿之后，人类相信一切都是确定的、连续的，可以用简单明了的规律加以描述。物理学危机之后，人类承认不确定性和非连续性也是世界的本质特征之一。在解决不确定性方面，也出现了相应的数学工具和方法论，包括概率论和数理统计、离散数学以及被称为“三论”的系统论、控制论和信息论。在此基础上，信息技术和信息产业有了巨大的发展，并且成为二战之后世界科技发展和经济增长的火车头。

新数学和新方法论

18 世纪之后，技术的发展已经离不开科学，而科学的发展则需要更基础的研究工具，那就是数学和方法论。到了20世纪，虽然不再有阿基米德、牛顿和高斯这样的大数学家出现，也不再有欧氏几何学、笛卡儿解析几何和牛顿－莱布尼茨微积分那样众所周知的新的数学分支诞生，但是数学还是在飞速发展，数学和基础科学的关系比过去更加紧密。为了适应新的科技发展，数学在20世纪产生了一些新的分支，同时一些过去处于数学王国边缘的分支也开始占据中心位置，其中非常值得一提的是概率论和统计、离散数学、新的微积分和几何学，以及数论等。今天的数学完全基于公理化体系，这一点虽然让普通人难以理解数学的成果，却让数学变得比以前更加严密。因此，在介绍20世纪科学的具体成就之前，我们必须花一些篇幅回顾一下近代以来很多数学分支完成体系化和公理化的过程。

数学和自然科学不同，虽然数学会受到一些实验和观察现象的启发，但是它并不是在假说之上，靠实验来证实或者证伪建立起来的庞大的知识体系。数学完全是靠逻辑推导，从简单的定义和很少不证自明的公理上演绎出来的。因此，数学和数学的分支在诞生之初未必能有极为严密、无法辩驳的逻辑，仍需要后世的数学家不断补充完善，完成严密公理化的过程。

在古代，这方面最好的例子是我们前面提及的，欧几里得在总结东西方历史上几个世纪积累的几何学成就的基础上，建立了公理化的几何学。同样，从19世纪到20世纪初，柯西、黎曼、勒贝格等人，在牛顿和莱布尼茨等人的基础上不断完善微积分的公理化。

柯西是法国历史上最优秀的数学家之一，当然也可能没有“之一”。他出生在法国大革命爆发的1789年，不过他并没有因此成为革命者，而是成了一个保皇派，因此，他也被后人戏称为正统的数学家和科学家。柯西的父亲是一位大律师，因此，他从小就受到良好的逻辑训练。在柯西父亲的好友中，有两位大数学家——拉普拉斯（Pierre Simon Laplace，1749—1827）和拉格朗日，他们把柯西带入了数学王国。不过，在柯西小的时候，拉格朗日给柯西父亲的建议是让他多学习文学。可能是出于这个原因，柯西后来成了历史上论文和著作最多、逻辑最为严谨的数学家之一。

在柯西之前，微积分已经出现了100多年，并发展成为数学的一个庞大分支，应用也非常广泛。但是，微积分有一个先天的缺陷，即理论基础并不牢固。事实上，早在牛顿的时代，哲学家贝克莱（George Berkeley，1685—1753）就和牛顿在"无穷小量"是否为"0"的问题上发生了争执，[①] 对此，牛顿也没有很好的解释方法。柯西在数学上的最大贡献是在微积分中引入了极限概念，以运动的眼光看待无穷小量，并以极限为基础建立了逻辑清晰的微积分。在柯西之前，包括牛顿和贝克莱在内都把无穷小看成一个固定的数。柯西的极限概念，是微积分的精华所在。在柯西工作的基础上，经过19世纪德国数学家魏尔斯特拉斯（Karl Weierstrass，1815—1897）、黎曼和法国数学家勒贝格的补充，微积分才成为数学一个极为严密的分支。

在数学界，既然一切定理和结论都是定义和少数公理（或者公设）自然演绎的结果，那么，如果公理错了怎么办？答案是很麻烦，一方面，数学某个分支的大厦会轰然倒塌，但另一方面，却能使数学得到进一步的发展。几何学的发展，便是如此。

我们知道欧氏几何学的大厦离不开它的5条公设：

① 数学史上把这个问题称为"贝克莱悖论"。

- 由任意一点到另外任意一点可以画直线。
- 一条有限直线可以继续延长。
- 以任意点为心及任意的距离[①]可以画圆。
- 凡直角都彼此相等。
- 同平面内一条直线和另外两条直线相交，若在某一侧的两个内角的和小于二直角的和，则这二直线经无限延长后在这一侧相交。[②]

前 4 条大家都没有异议，对于第五条（等同于“过直线之外一点有唯一的一条直线和已知直线平行”），一般人在学习几何学时都没有怀疑过，因为它和我们的常识一致。但是，如果过直线外的一点能做出来不止一条平行线怎么办？一条平行线也做不出来又怎么办？如果是这样，欧氏几何的大厦就塌了。[1]

19 世纪初，俄罗斯数学家罗巴切夫斯基（Nikolai Lobachevsky，1792—1856）就假定能做出不止一条平行线，从而推演出另一套几何学体系，被称为罗氏几何。19 世纪中期，德国著名数学家黎曼又提出了新的假设，即过直线外的一点，一条平行线也做不出来，从而又推演出了一套新的几何学体系，被称为黎曼几何。[2]

面对三套相互矛盾但又各自非常严密的几何学体系，数学家很快发现这三种几何都是正确的，只是它们一开始的假设不同。至于应该用哪一套几何学，则要看用在什么场合。在我们的日常生活中，即一个不大不小、不远不近的空间里，欧氏几何是最适用的；但是，要研究像珊瑚表面那种形状的二维空间，罗氏几何更符合客观实际；而在地球表面研究航海、航空等实际问题时，黎曼几何显然更为准确。事实上，爱因斯

---

① 原文中无“半径”二字出现，此处“距离”即圆的半径。

② 这就是大家提到的欧几里得第五公设，即现行平面几何中的平行公理的原始等价命题。

坦广义相对论所使用的数学工具就是黎曼几何，它也是今天理论物理学重要的工具“微分几何”（differential geometry）的基础。在宇宙中，由于存在物质引力场，我们生活的空间实际上是黎曼所描述的那种弯曲了的空间，理想状态中的欧氏空间并不存在。

柯西、黎曼等数学家的工作表明，数学内在的逻辑性比它们的假设前提更重要，而具有坚实基础的数学分支必须是一个自洽的公理化体系。

进入 20 世纪后，数学的严密性比牛顿时代更强了，其中非常值得一提的有 4 项重大成就：

- 从黎曼几何发展起来的微分几何。它是今天理论物理学和很多科学的工具。
- 公理化的概率论和与之相关的数理统计。它是后来信息论和人工智能技术的基础。
- 离散数学。它是计算机科学的基础。
- 现代数论。它是今天密码学、网络安全和区块链的基础。

这里我们仅以概率论和离散数学为例，说明从近代到现代数学发展的规律和特点。

概率论（probability theory）的历史其实很悠久，16 世纪，意大利文艺复兴时期百科全书式的学者，也是赌徒的卡尔达诺（Girolamo Cardano，1501—1576）在其著作《论赌博游戏》[①] 中就给出了一些概率论的基本概念和定理。

到了 17 世纪，法国宫廷开始玩一种掷色子的游戏，连续掷 4 次色

① 该书写作于 1564 年左右，但直到 1663 年才出版。

子，如果有一次出现 6 点，就是庄家赢，否则是玩家赢。大家为了赢钱，就去请教数学家费马（Pierre de Fermat，1607—1665），费马用概率的方法算出庄家略占上风，赢面是 52%。① 这是概率论和数学相关的第一次记载。

不过，直到 18 世纪都没有像样的概率理论，大家对概率通常也算不清楚，以至在发行彩票时，对特定组合该如何支付完全凭经验，这让数学基础非常好的大思想家伏尔泰找到了法国发行彩票的漏洞，从中挣了一辈子也花不完的钱。

从 17 世纪到 19 世纪，包括贝努里、拉普拉斯、高斯在内的很多数学家都研究过概率论，但直到 19 世纪末，它依然是支离破碎的不完备的理论，主流的数学家甚至不觉得概率论能算数学，而把它看成是一种经验理论。概率论能有今天的崇高地位，则要感谢俄国数学家柯尔莫哥洛夫。

柯尔莫哥洛夫和牛顿、高斯、欧拉等人一样，是历史上少有的全能型数学家，而且同样是少年得志。柯尔莫哥洛夫在 22 岁的时候（1925）就发表了概率论领域的第一篇论文，[3] 30 岁时出版了《概率论基础》一书，将概率论建立在严格的公理基础上，这标志着概率论成了一个严格的数学分支。1931 年，柯尔莫哥洛夫发表了在统计学和随机过程方面具有划时代意义的论文《概率论中的分析方法》，它奠定了马尔可夫过程（Markov process）的理论基础。从此，马尔可夫过程成为后来信息论、人工智能和机器学习强有力的科学工具。没有柯尔莫哥洛夫奠定的数学基础，今天的人工智能就缺乏理论依据。

① $[1-(5/6)^4]\times 100\%=52\%$

柯尔莫哥洛夫一生在数学上的贡献极多，甚至在理论物理和计算机算法领域也有相当高的成就，他的成果如果要列出来，一张纸都写不下。因此，今天很多数学家把柯尔莫哥洛夫誉为20世纪数学第一人，并非过誉。

事实上，计算机科学的基础也是数学，但是计算机使用的数学和过去有很大的不同，因为在本质上计算机所处理的都是离散的而不是连续变化的数值，比如整数、集合、图、二元逻辑等。对象不同，工具也就不同，这些数学分支因为都是处理离散的结构及其相互关系，被统称为离散数学（discrete mathematics），包括数理逻辑、抽象代数、集合论和组合数学等。当然，也有人将与密码学息息相关的数论归到离散数学中。

数理逻辑的核心是布尔代数（Boolean algebra），它是利用二进制实现计算机运算的数学基础，因最早由19世纪英国一个叫乔治·布尔（George Boole，1815—1864）的中学数学老师提出而得名。虽然今天人们认可布尔是一位响当当的数学家，但是在他生前没有人这样认为。布尔的研究工作完全是出于个人兴趣，他喜欢阅读数学论著，思考数学问题。1854年，布尔完成了在近代数学史上颇有影响力的著作《思维规律》。在书中，他第一次向人们展示了如何用数学方法解决逻辑问题，将两个最古老的学科联系在一起。[4] 依靠布尔代数，计算机才能用二进制实现所有的运算。

抽象代数（abstract algebra）也被称为近世代数（modern algebra），后者是20世纪初发明这个数学分支的学者对它的称呼，前者则是从含义上对它做出了解释。19世纪末20世纪初，数学研究的趋势是要求越来越严谨，数学家的注意力转移到了一般性的抽象理论上，而不再满足于解决具体问题。在这样的环境下，伽罗瓦（Évariste Galois，1811—1832）、希尔伯特（David Hilbert，1862—1943）等数学家抛开代数中的具体问题，发明了一套基于简单定义和公理来研究代数结构的方法，形成了一个数学分支。

类似地，19 世纪中期，数学家开始研究抽象的数与函数的关系。他们把一个个抽象的、能够描述清楚或者描述不清楚的对象放到一个大盒子中，这就是集合；又把这些对象之间抽象的关系和运算，用集合的函数来描述，这就形成了早期的集合论。但是和早期的概率论一样，早期的集合论并不严谨。到了 20 世纪初，德国数学家泽梅洛（Ernst Zermelo，1871—1953）和弗兰克尔（ Abraham Fraenkel，1891—1965，后来移民到以色列）将集合论公理化，把它变成了数学的一个分支。

数学家早期并不知道这些工具有什么用途，只是觉得这样能够把数学变得纯粹而完美。这批数学家大多一生清贫，但是对抽象的概念和逻辑有着极大的兴趣，他们几十年如一日，演绎出精妙的数学体系。后来，这些理论成为今天计算机科学的理论基础。

当然，科学技术的工具远不止数学一种，很多新的方法论对科技进步的影响也是巨大的。在这方面，影响力最大的是被称为“三论”的系统论、控制论和信息论。

系统论研究的是复杂系统内部的关系。随着现代科技的发展，人类面对的系统越来越复杂，这些系统既包括人和生物本身，也包括物理学、经济学和社会学等学科的研究对象。进入 20 世纪后，人们发现过去的机械思维不再适用于研究一个复杂系统的整体特性，因为在一个复杂的系统中（比如人体），整体并不等于部分之和，将一个个部分分开研究，最后得不出整体的特性。20 世纪 30 年代，奥地利学者贝塔朗菲（Ludwig von Bertalanffy，1901—1972）等人发表了一些以生物系统为研究对象的系统论论文。[5]但是很快，第二次世界大战爆发，对系统论的研究被迫中断，直到二战后，完整的系统论观点才被提出来。系统论强调复杂系统的本质属性，认为它不可能是内部各部分属性简单的叠加，而是必须考虑各部分之间的关联性和统一性，才能从根本上认识整个系统。

系统论在二战中有一个非常好的应用，就是美国的原子弹计划，即曼哈顿计划。计划的负责人格罗夫斯和奥本海默应用了系统工程的思路和方法，大大缩短了研制的时间和成本。而这项工程的成功，也成为第二次世界大战之后系统论被认可的原因之一。

控制论是由天才科学家诺伯特·维纳（Norbert Wiener，1894—1964）于 1948 年正式提出的，[6]但是他的很多想法在二战时期，甚至更早在中国清华大学做访问教授时就形成了。此外，苏联伟大的数学家柯尔莫哥洛夫几乎在同时提出了和维纳相似的想法，而与控制论有关的理论可以一直追溯到 18 世纪拉普拉斯的时代。不过，控制论成为一门完整的理论则要归功于维纳的贡献——此前不过是知识点，而此后则是一个完整的知识体系。简单地讲，控制论研究的是在一个动态系统中，如何在很多内在和外在的不确定因素下，保持平衡状态的方法。它的思想核心是如何利用对各种输入信号的反馈来控制系统。控制论在科技上有很多直接的应用，我们在后面会讲到它在阿波罗登月计划中所发挥的巨大作用。[7]此外，它在管理学和经济学上的用途也不亚于在工程上的用途。

信息论是关于信息处理和通信的理论，由另一位天才科学家香农在第二次世界大战时提出，并在战后发表。香农采用了物理学中“熵”的概念，把虚无缥缈的信息进行了量化，从此人类可以准确地度量信息的多少，并且从理论上解决了数据压缩存储和传输的效率问题。信息论也是今天密码学和大数据的理论基础。

和控制论一样，信息论也是一种新的方法论，它否认了机械论把一切看成是确定性的思维方式，认为无论是一个系统还是传输的信道，都有不确定性，都有干扰，而消除这些不确定性所需要的正是信息。

以微积分为代表的高等数学和随后以机械和电为核心的工业革命紧密相连，而 20 世纪初确立的抽象的、完全公理化的新的数学体系（特别是离散数学）为后来的信息革命提供了数学基础。可以说，整个 20 世纪科技的发展离不开新的数学工具，只是它们常常在幕后默默地起作用，不为人关注。在方法论方面，如果说机械论代表了工业时代的方法论，那么“三论”则代表了信息时代的方法论，它们都出现在二战期间，和计算机的发明时间契合。这并非巧合，而是科技发展的必然结果。

在人类进入 20 世纪之前，人类的智力是能够处理身边所接触到的信息的。但是由于通信的发展、无线电的出现、雷达和信号检测技术的产生，信息的产生和传播的速度剧增，信息传播的手段也越来越多。人类开始进入信息时代，而存储和处理大量的信息需要新的工具，电子计算机遂应运而生。

从算盘到机械计算机

计算机是一个既年轻又古老的工具。说它年轻，是因为今天我们使用的电子计算机在 1946 年才诞生；说它古老，是因为在逻辑上类似于计算机、能够实现计算功能的工具的历史其实很久远。在美国硅谷的山景城（Mountain View）有世界上最大的计算机博物馆，一进门最显眼的地方立着一个大展牌，上面写着“计算机有2000年的历史”。为什么说计算机的历史长达2000年呢？因为科学史专家将中国的算盘算作最早的计算机。

算盘这个物件本身并非最早诞生于中国，这一点和绝大部分中国人的认知不同。最早的算盘（或者说类似算盘的计算工具）出现在美索不达米亚地区。公元前5世纪，古希腊出现了用小石块或者铜球帮助计算的铜质（或木质）计算工具，今天英文里面算盘一词abacus便是源于古希腊文（άβακασ）。后来古罗马人在古希腊算盘的基础上发展出罗马算盘（外观和中国的算盘颇为相似，见图9.1）。中国出现算盘最早可能在东汉至三国时期。中国今天使用的算盘出现在宋代，比古希腊晚了很多。不过算盘能够被称为计算机，则要感谢中国人发明了珠算口诀。

古希腊和古罗马的算盘实际上是用来帮助计算过程中的计数，很多计算工作还是要靠心算。也就是说，它们有了存储的功能，但是不是用指令控制的，因此它们只是辅助计算工具，而不能被算作计算机。中国的算盘（见图9.2）与古希腊和古罗马的算盘最大的不同之处是，它有了一套珠算口诀，也就有了一套指令。真正会打算盘的人，不是靠心算，而只是执行珠算口诀的指令而已。在整个计算的过程中，人所提供的不过是动力，而非运算能力，计算是算盘在口诀指令的控制下完成的。比如我们都知道一句俗话“三下五除二”，其实就来自一句珠算加法口诀。它的意思是说，用算盘加3，可以先把算盘上面代表5的珠子落下来，再从下面扣除2个珠子，其实就是把3=5−2这个数学公式程序化了。其他的珠算口诀也是类似的程序。有了这些程序，操作算盘的人就不需要熟悉数学，只要背下这些口诀，操作的时候别拨错珠子即可。这就是中国算盘和之前的算盘最大的不同之处，也是中国的算盘能够被看作计算机的原因。

图 9.1　计数功能的罗马算盘

图 9.2　中国算盘，配合珠算口诀使用

当然，中国算盘也有不少缺陷，比如要求使用者必须熟记上百条四则运算的口诀，另外拨打的过程完全是手工操作，所以很难避免由于疏忽而产生的错误。万一不小心拨错了一颗珠子，出了差错可是很麻烦，因此打算盘的人通常至少要打两遍。过去一些会计有时会因为两分钱对不上账，要来回打一晚上算盘。算盘作为计算工具还有一个更深层的缺陷，就是它难以采用机械动力，只能使用人作为动力，这最终会限制它的运算速度。

为了解决自动计算的难题，人们需要设计一种能够通过机械传动完成计算的机器，即机械计算机，有时也被称为机械计算器。第一个用机器实现简单计算功能的是法国著名的数学家帕斯卡（Blaise Pascal，1623—1662），1642 年，他发明了帕斯卡计算器（见图 9.3）。

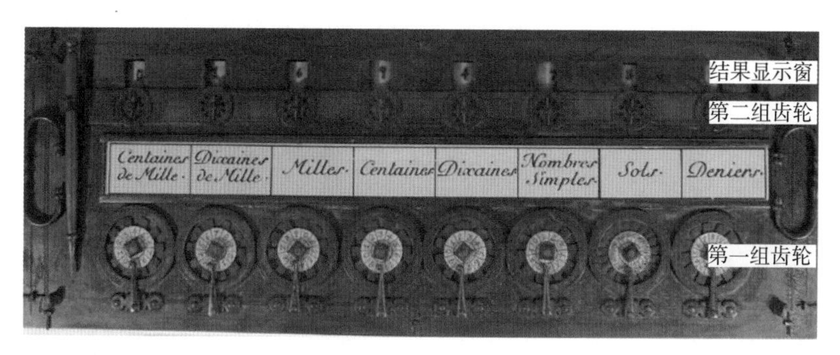

图 9.3　硅谷计算机博物馆中帕斯卡计算器的复制品

帕斯卡计算器的原理很简单，它由上下两组齿轮组成，每一组齿轮可以代表一个十进制的数字，在齿轮组外面有对应的一排小窗口，每个窗口里有刻了数字 0~9 的转轮，用来显示计算结果。该计算器的动力来自一个手工的摇柄。

帕斯卡计算器的原理并不复杂，比如我们要做加法运算 24+17，就把第一组最后两个齿轮（分别代表十位数和个位数）分别拨到 2 和 4 的位置，在第二组齿轮上，类似地将最后两个齿轮分别设置到 1 和 7 的位置，然后转动手柄直到转不动为止。在这个过程中，齿轮带动有数字的小转轮运转，最后停到应该停的位置，这时计算结果就出现在计算器上方的小窗口里。类似地，帕斯卡计算器还可以做减法，并且可以通过重复加法或减法来做乘法和除法。

帕斯卡计算器操作很简单，但不可能算得很快，操作者要先把每个齿轮的计数清零，然后仔细地将齿轮的位置拨到运算数字对应的位置，这个速度甚至比算盘还要慢很多。不过即便如此，帕斯卡计算器也是一个巨大的进步，因为计算是自动的。依靠齿轮的设计，只要输入的数字正确，答案就错不了。帕斯卡机械计算器，以及后来的各种机械计算器还有一个算盘所没有的优点，就是它们由机械动力来驱动，这就为未来的计算机进行连续运算提供了可能性。

第二个对机械计算机做出重大贡献的科学家是德国数学家莱布尼茨。今天很多人知道莱布尼茨，是因为他发明了计算机所用的二进制，而且发明过程是受到了中国八卦的启发。当然，八卦并不是二进制，因为作为数学的一种进制，有严格的要求，比如要有一套计算规则，要有零元素和一元素等，这些与八卦并不符合。

莱布尼茨在机械计算机上的直接贡献有两个。首先，为了改进帕斯卡计算器，1671 年，莱布尼茨发明了一种能够直接执行四则运算的机器（在之前加法和减法的基础上，实现了直接运算乘法和除法），并在此后数年不断改进。其次，他在研制机械计算机时，还发明了一种转轮——莱布尼茨轮，可以很好地解决进位问题。在随后的三个世纪里，各种机械计算器都要用到莱布尼茨轮。

当然，莱布尼茨对计算机技术的最大贡献不在于改进了帕斯卡计算器，而是在 1679 年发明了二进制。不过，他发明二进制不是为了改进计算机，而是出于哲学和宗教目的，所以莱布尼茨并没有把二进制和计算机结合在一起，甚至没有看到它们之间的相关性。因此，二进制在发明后长达两个半世纪的时间里没有发挥什么作用。

当机械计算机可以完成四则运算后，数学家开始考虑如何设计能够计算微积分的计算机。直到19世纪英国著名数学家巴贝奇设计出差分机（difference engine），才解决了这个问题。1823年，英国政府出资让巴贝奇制造差分机。但是由于这个机器太复杂，里面有包括上万个齿轮在内的2.5万个零件，当时的工艺水平根本无法制造。直到1832年，巴贝奇用了近10年的时间，仅造出一台小型的工作模型（只完成整体设计的1/7），该项目后来也被暂停。

图9.4　内部结构非常复杂的巴贝奇差分机复制品，现收藏于硅谷的计算机博物馆

巴贝奇用了一辈子时间也没有能造出差分机。不过他的设计后来被证明是正确的。1840年，英国发明家舒茨（Georg Scheutz，1785—1873）制造出世界上第一台可以工作的差分机。

巴贝奇的困境说明，到19世纪末，机械思维就快走到尽头。当时人们需要解决的问题越来越复杂，相应的机械也越做越复杂，因此对于计算机这样超级复杂的设备，需要在设计思想上有所突破。最初实现将计算的设计和制造简单化的，是德国的工程师楚泽（Konrad Zuse，1910—1995）。

电子计算机的诞生

楚泽是一位数学基础非常好的德国工程师。大学毕业后，他在一家飞机制造厂从事飞机设计工作，这项工作涉及大量烦琐的计算，而当时真正能帮上忙的工具只有计算尺。楚泽发现很多计算其实使用的公式都是相同的，只需代入不同的数据即可，这种重复的工作似乎可以交给机器去完成。有了这个想法后，1936 年，26 岁的楚泽干脆辞职专心研究这种机器。

楚泽并没有多少关于计算机的知识，虽然当时图灵（Alan Mathison Turing，1912—1954）已经提出了计算机的数学模型，但是楚泽对此一无所知。不过，楚泽知道布尔代数，并将它用于计算机的设计。他想到了用二值逻辑控制机械计算机的开关，搭建起了实现二进制运算的简单机械模块，然后再用很多这样的模块搭建起了计算机。1938 年，楚泽独自一人研制出了由电驱动的机械计算机，代号 Z1。这台计算机拥有今天计算机的很多组成部分，比如控制器、浮点运算器、程序指令和输入输出设备（35 毫米打孔胶片）。[8] 更重要的是，Z1 是世界上第一台依靠程序自动控制的计算机，在计算机发展史上是一个重大突破。此前的各种计算机无论结构多么复杂、动力来自人还是电，都无法自动运行程序。

楚泽接下来又研制出采用继电器代替机械的Z2计算机，以及能够实现图灵机全部功能的Z3计算机。虽然楚泽研制的几台计算机的工作效率和不久之后美国人研制的电子计算机相去甚远，但是它们仍然具有划时代的意义。它们改变了在巴贝奇时代计算机越来越复杂的设计理念，通过编程把复杂的逻辑变成简单的运算，这才让后来的计算机能够不断进步。遗憾的是，楚泽毕竟不是理论家，无法将他的工作上升到理论的高度。在理论上解决电子计算机问题还要靠香农、图灵和冯·诺伊曼（John von Neumann，1903—1957）等人。

今天，香农主要是作为信息论的提出者而被大家熟知，当然，他还有一大贡献，就是设计了能够实现布尔代数，也就是用二进制进行运算和逻辑控制的开关逻辑电路。今天，所有的计算机处理器里面的运算功能，都是由无数个开关逻辑电路搭建出来的，就如同用乐高积木搭出一个复杂的房子一样。香农是什么时候提出这个理论的呢？是1937年

图9.5　楚泽的Z3计算机复制品，收藏于德意志博物馆

他做硕士论文的时候，当时他只有21岁。香农的那篇论文《继电器与开关电路的符号分析》[9]后来也被誉为20世纪最重要的硕士论文。

香农解决了计算本身的问题，而图灵解决了一个更重要的问题——计算机的控制问题。1936年，年仅24岁的图灵用一种抽象化的数学模型描述了机械进行计算的过程，这个数学模型就是图灵机。[10]至此，计算机的数学模型便准备好了。

图灵机本身并不是具体的计算机，而是为后来各种计算机划定的一种设计原则。在图灵机被提出7年之后，即1943年，美国出于战争的需要，开始研制世界上第一台电子计算机，以帮助解决长程火炮中的计算问题。美国军方将这个任务交给了宾夕法尼亚大学的教授莫奇利（John Mauchly，1907—1980）和他的学生埃克特（John Eckert，1919—1995）。他们研制出的那台计算机的代号为埃尼亚克。

在埃尼亚克之前，人类研制的计算机都是为了特殊运算，并不是用于解决通用计算的问题。同样，莫奇利和埃克特在设计人类第一台电子计算机时也是为了计算火炮的弹道，而把它设计成了专用计算机。所幸的是，一件偶然的事让人类在计算机发展过程中少走了很多弯路。1944年，也就是埃尼亚克项目启动一年之后，当时正在研制氢弹的冯·诺伊曼听说了莫奇利和埃克特正在研制计算机。因为冯·诺伊曼需要解决大量计算的问题，所以也参与到电子计算机的研制中。这时，冯·诺伊曼等人发现，埃尼亚克除了计算弹道轨迹，无法进行其他的计算，而这时设计已经完成，并且建造了一半，因此只能按原来的设计继续做下去。不过与此同时，美国军方决定按照冯·诺伊曼的想法再造一台全新的、通用的计算机。于是，冯·诺伊曼和莫奇利、埃克特一起，提出了一种全新的设计方案：爱达法克（electronic discrete variable automatic

图 9.6　埃尼亚克计算机

computer，EDVAC，离散变量自动电子计算机）。1949 年，爱达法克被制造出来，并投入使用，这才是世界上第一台通用的电子计算机。[11]

事实上，埃尼亚克研制出来的时候已经是 1946 年，这时二战已经结束一年，再也不需要计算火炮的弹道轨迹了，因此它的象征意义大于实际意义。埃尼亚克是个庞然大物，重量超过 30 吨，占地 160 多平方米，使用了 2 万多个电子管、7000 多个晶体二极管、7 万多个电阻和 1 万多个电容，以及约 500 万个焊接头，耗电量大约是 15 万瓦。当时它一启动，周围居民家的灯都要变暗。埃尼亚克的运算速度是每秒 5000 次，虽然只有今天智能手机的百万分之一，但是当时大家都觉得它已经非常快了，于是观看计算机演示的英国元帅蒙巴顿（Louis Mountbatten，1900—1979）称它是“电脑”，电脑一词由此而来。

埃尼亚克之所以能比过去的机械计算机和继电器的计算机快上千倍，最根本的原因在于，哪怕再小的物体，机械运动本身也具有惯性，克服这个惯性不但需要大量的能量，而且往返运动的频率不可能太高；

而电子质量（或者说能量）非常小，控制它们的运动容易得多，运动频率也很容易达到机械物件的上百万倍。从此，电子产品开始全面取代机械产品。

摩尔定律的动力

早期计算机使用的电子管，不仅速度慢、耗电量大，而且价格昂贵，还容易损坏。因此，要大规模生产计算机就需要有一种比电子管更加便宜、耐用又省电的电子元器件。而恰恰在计算机诞生后不久，一项新发明解决了这个问题。

1947 年，AT&T 贝尔实验室的旅美英国科学家肖克利（William Shockley，1910—1989）和他的同事巴丁（John Bardeen）、沃尔特·布拉顿（Walter Brattain，1902—1987）发明了半导体晶体管。使用晶体管取代电子管后，计算机不仅速度提高了数百倍，耗电量下降了两个数量级，价格也有望降低一个数量级，并且计算机的运营和维护成本也降低了很多。

1956 年，肖克利辞去贝尔实验室的工作，在旧金山湾区创办了自己的肖克利半导体实验室。利用自己的名气，肖克利很快就网罗了一大批科技界的年轻英才，包括后来发明了集成电路的诺伊斯（Robert Norton Noyce，1927—1990）、提出摩尔定律的摩尔（Gordon Moore），以及凯鹏华盈的创始人克莱纳（Eugene Kleiner，1923—2003）等。为了保证找到的人都绝顶聪明，肖克利将招聘广告以代码的形式刊登在学术期刊上，一般人根本读不懂他的广告。不过，肖克利虽然是科学上的天才，却对管理一窍不通，也没有商业远见。他将努力方向放在降低晶体管成本上，而不是研发新技术上。

1957 年 9 月 18 日（这一天后来被《纽约时报》称为人类历史上 10 个最重要的日子之一），肖克利手下的 8 个年轻人向他提交了辞职报告。肖克利勃然大怒，称他们为“八叛徒”（Traitorous Eight）[①]。因为在肖克利看来，他们的行为不同于一般的辞职，而是学生背叛老师。此后，“叛徒”这个词在硅谷的文化中成了褒义词，代表着一种叛逆传统的创业精神。

1957 年，离开肖克利的 8 个年轻人创办了另一家半导体公司——仙童半导体公司（Fairchild Semiconductor），而其中一位创始人诺伊斯和德州仪器公司的基尔比（Jack Kilby，1923—2005）共同发明了集成电路。集成电路将很多晶体管以及它们组成的各种复杂的电路集成到一个指甲盖大小的半导体芯片中。这种方式不仅可以将计算机的性能大幅提升，还可以降低功耗和成本。

仙童公司开创了全世界的半导体行业——它就像一只会下金蛋的母鸡，孵化出了许许多多的半导体公司，因此被誉为“世界半导体公司之母”。20 世纪 60 年代，全世界各大半导体公司的领导者在一起开会时，惊奇地发现 90% 的与会者都先后在仙童公司工作过，而这些公司大部分集中在旧金山湾区。由于集成电路使用的半导体原材料主要是硅，靠集成电路产业发展起来的旧金山湾区后来被外界称为“硅谷”。

1965 年，当时集成电路还不为大多数人所知，仙童公司的另一位创始人摩尔就提出了著名的“摩尔定律”（Moore’s law），并大胆预测

① 他们是摩尔、罗伯茨（Sheldon Roberts）、克莱纳（Eugene Kleiner，1923—2003）、诺伊斯、格里尼奇（Victor Grinich，1924—2000）、布兰克（Julius Blank，1925—2011）、霍尔尼（Jean Hoerni，1924—1997）和拉斯特（Jay Last）。

集成电路的性能每年翻一番。10 年后的 1975 年，他将预测修改为每两年翻一番。后来人们把翻番的时间改为 18 个月，而这个趋势持续了半个多世纪。今天，任何一部智能手机的计算能力都远远超过了当时控制阿波罗登月的巨型计算机系统的能力，这是后来计算机能够进入家庭、普及到个人的基础。

随着集成电路的发明，计算机进入商业领域的硬件技术条件已经具备。但是要让计算机从单纯的科学技术拓展到商业和管理上，还需要一门便于处理商业数据的高级程序语言，COBOL 语言（Common Business Oriented Language，意为“通用的面向商业的语言”）便在这时应运而生。

有了硬件基础和语言，1964 年，IBM（国际商业机器公司）研制出采用集成电路的大型计算机 IBM/360 系列，以及后来升级的 370 系列，这两个系列的大型机大获成功，使得 IBM 靠它们就占到了当时全球市场份额的一大半。不过，由于 IBM 的大型机实在太贵，中小企业和学校根本用不起，因此当时就出现了一些公司，如 DEC（数字设备公司）和惠普，制造相对廉价的小型计算机，作为在低端市场对 IBM 产品的补充。但是，后者价格依然不菲。这么昂贵的计算机显然无法进入家庭。

此时，作为看不见的手的“摩尔定律”开始发挥作用。随着集成电路的性能持续提升，并且伴随着价格持续下降，一个让计算机便宜到个人可以消费得起的拐点出现了。从这时起，小小的半导体芯片的影响力就不再局限于计算机行业，而是开始改变整个世界的经济结构。这个拐点出现在 1976 年。

这一年，硅谷地区的工程师史蒂夫·沃兹尼亚克（Steve Wozniak）设计并手工打造了世界上第一台个人计算机——Apple I（见图 9.7），他的朋友史蒂夫·乔布斯（Steve Jobs，1955—2011）则提出销售这台计算机，并且成立了苹果公司，从此开始了个人计算机时代。

图 9.7　Apple I 型个人计算机

Apple I 的速度连今天智能手机的十万分之一都不到，却比世界上最早的电子计算机埃尼亚克快了几十倍，而售价只有 666.66 美元，是一个中产家庭所能接受的价格。当然，Apple I 只是一台主机，显示器要用家里的电视机，键盘要单买，内存也很小，而且没有外接的存储器，更没有什么现成的软件可以使用。因此 Apple I 的使用者一般都是计算机爱好者，而非普通的老百姓。不过，沃兹尼亚克很快就开发出一种新的机型——Apple Ⅱ。虽然它的处理器还是和 Apple I 一样，并且需要接电视机作为显示器，但是可以接入家庭的卡式磁带机作为存储设备，也可以配置软盘驱动器，这样写的程序再多也不会丢了。不过对大部分家庭更有意义的是，Apple Ⅱ 提供了游戏卡的接口，这让它变成了很多家庭的游戏机。

摩尔定律本身只是解决了计算机的成本问题，但没有解决易用性问题。20 世纪 70 年代，因为没有适合家庭使用的软件，就连英特尔公司的已故 CEO（首席执行官）格鲁夫（Andy Grove，1936—2016）都说，他“看不到计算机进入家庭的可能性”。但是这个情况很快得到了改变。

1975 年 1 月，工程师保罗·艾伦（Paul Allen，1953—2018）和还在学校里读书的比尔·盖茨（Bill Gates）在美国的《大众电子》（*Popular Electronics*）杂志上，看到了一篇 MITS（微型仪器和遥感系统公司）介绍其 Altair 8800 计算机的文章。于是盖茨联系了 MITS 公司总裁爱德华·罗伯茨（Ed Roberts），并表示自己和艾伦已经为这款机器开发出了 BASIC 程序。实际上当时他们一行代码也没有写。不过，MITS 公司回复同意几周之后见面，并看看盖茨的东西。1975 年 2 月，经过夜以继日的工作，盖茨和艾伦编写出可在 Altair 8800 上运行的程序，并出售给 MITS 公司。1976 年 11 月 26 日，盖茨和艾伦注册了“微软”（Microsoft）商标。当时艾伦 23 岁，盖茨 21 岁。1980 年，IBM 公司为了以最快的速度推出个人计算机，便公开寻找合适的操作系统。盖茨看到了机会，他用 7.5 万美元从西雅图计算机产品公司（Seattle Computer Products）买来磁盘操作系统（DOS），转手卖给了 IBM。盖茨的聪明之处在于，他没有让 IBM 买断 DOS，而是从每台收益中收取一笔不太起眼的授权费。随着兼容机的出现，IBM 沦为众多个人计算机制造商之一，而所有的操作系统只有 DOS，比尔·盖茨被誉为“机器背后的人”。

当然，DOS 也有明显的缺陷，它需要使用者牢记各种命令，而且不易操作。1985 年 11 月，微软公司推出了零售版本的 Windows 1.0。该产品是 MS-DOS 操作系统的演进版，并提供了图形用户界面。不过在 1990 年微软推出 Windows 3.0（见图 9.8）之前，它的 Windows 操作系统并不算成功，新版的推出给当时苹果的打击是致命的。

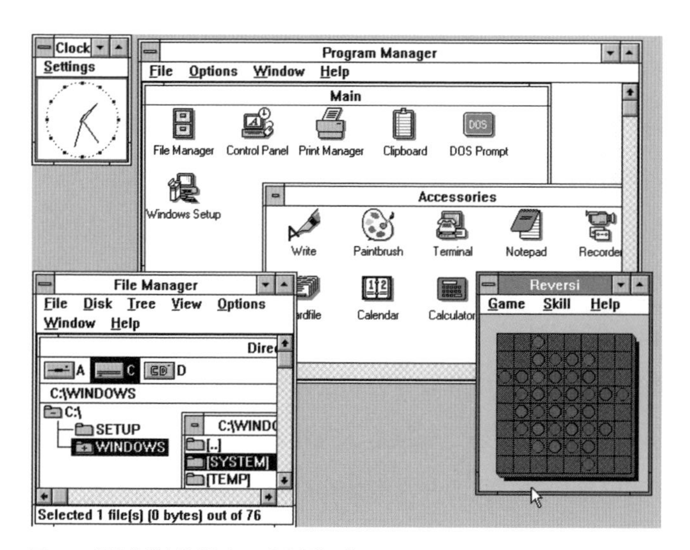

图 9.8　1990 年发布的 Windows 3.0 操作系统界面

Windows 3.0（更确切地说，应该是其后的更新版本 Windows 3.1）的出现具有划时代的意义。首先，它让广大个人计算机用户通过简单地点击图标就能操作计算机，这对计算机的普及起到了至关重要的作用。其次，它大大激发了硬件开发商提高硬件性能的动力。最后，也是非常重要的一点，它使得整个计算机工业的生态链从此定型，而微软处于生态链的上游。至此，微软在软件业的垄断地位便形成了，一个新的帝国诞生。

讲到这里读者可能会有一个疑问，苹果不是早就有了图形界面操作系统，为什么它的计算机没有成为主流呢？因为软件的应用与发展受限于硬件性能的提升速度，微软的成功除了 Windows 操作的便捷性，也受益于摩尔定律，可谓生逢其时，当然，这也带来了另一个问题。

摩尔定律对于用户来讲是个福音，但对于计算机制造厂家却未必。

如果18个月后计算机的价格不变，性能翻了一番，或者性能不变，价格降了一半，谁还会急着买计算机呢？幸好在个人计算机时代，还有一个“安迪–比尔定律”（Andy-Bill's law）也在支配这个领域的商业行为。这个定律的原文是“安迪所给的，比尔都要拿去”（What Andy gives，Bill takes away），其中安迪是指今天全球最大的个人计算机零件和CPU（中央处理器）制造商英特尔公司的创始人兼当时的CEO安迪·格鲁夫，而比尔就是比尔·盖茨。

这条定律的意思是，微软等软件公司的新软件总是要比从前的软件耗费更多的硬件资源，以至完全覆盖了英特尔等硬件公司带来的性能的提升。事实也是如此，我们并没有觉得今天的个人计算机比一年半以前快了很多，而在18个月前的计算机上运行最新的软件，大家会发现慢得不得了。

从20世纪80年代个人计算机进入美国家庭开始，造就了开发操作系统的微软和生产处理器的英特尔这两个帝国。在整个个人计算机时代，用户可以自由选择自己喜欢的计算机品牌，却无法选择操作系统和处理器，否则自己的计算机就无法和其他人的兼容。

微软和英特尔的崛起对信息技术行业可以说是喜忧参半，往好里讲，它们不仅帮助个人计算机打破了IBM对整个计算机产业的垄断，而且通过推出大众易学易用的Windows操作系统，以及提供高性能、低价格的处理器，让几乎每一个人都可以在家里使用便宜的计算机，同时也催生出很多生产兼容机的小型计算机公司。往坏里讲，微软通过和英特尔公司合作形成的“WinTel”[①]联盟，完全控制了20世纪最后

① WinTel是微软的Window和英特尔公司（Intel）处理器的合称。

10 年的 IT（信息技术）领域，形成了比 IBM 更危险的垄断，以至于很多创新被扼杀。但是，随着互联网的发展，云计算和便携式移动设备的普及，特别是智能手机的普及，微软和英特尔的这种优势不再，取而代之的是谷歌的安卓手机操作系统和 ARM 公司（全球领先的半导体知识产权提供商）的低功耗处理器。

20 世纪下半叶，计算机的历史几乎等同于这个时期的半部科技史。1946 年是人类文明史的一个分水岭，人类的进步从以能量为核心转变为以信息为核心，而作为处理信息中心的计算机的出现是一个标志。此后，依靠晶体管和集成电路的发明，计算机开始进入商用，并逐渐普及到个人，这背后都是摩尔定律这只看不见的手在引导前行。

摩尔定律带来的结果是，在过去的半个多世纪里，计算机处理器的性能提升了上亿倍，耗电量却下降了 90%，而价格可以便宜到和一杯星巴克咖啡差不多。从能量的角度看，摩尔定律其实反映出人类在单位能耗下所能完成的信息处理能力的巨大提升。我们如果采用埃尼亚克的技术实现 AlphaGo[①] 的程序和李世石下棋（如果能实现的话），至少需要 400 万个三峡水电站峰值的发电量[②]，而 2016 年谷歌使用的 AlphaGo 实际耗电量是 200~300 千瓦，虽然看上去依然不小，但是在信息处理上，能量使用的效率比 1946 年提高了 3000 亿倍。

从 20 世纪 60 年代开始，摩尔定律成了全球经济的根本动力。如果扣除摩尔定律对社会带来的进步，世界的经济总量不仅没有增加，反而在减少。从能量和信息的角度看，从 20 世纪 70 年代开始，能量消

① 和李世石对弈的 AlphaGo 使用了 1920 个 CPU 和 280 个 GPU（图形处理器）。当时每个 CPU 每秒可完成 5000 亿 ~7000 亿次浮点运算，每个 GPU 每秒可完成 7 万亿次运算。这些处理器的计算能力相当于 6000 亿台埃尼亚克。

② 6000 亿台埃尼亚克的耗电量为 90 拍瓦（10 的 15 次方瓦），而三峡的装机容量为 21 吉瓦。

耗在发达国家要么增长缓慢或者停滞，要么干脆在减少，而产生的信息量和传输信息的能力却在翻番增长。今天全球数据的增长速度，大约是每三年翻一番，并且趋势还在延续。因此，我们这个时代被称为人类的信息时代是非常准确的。

“便民设施”互联网

1962 年，当计算机科学家利克里德（J. C. R. Licklider，1915—1990）离开麻省理工学院到美国高等研究计划署（Advanced Research Projects Agency，ARPA）筹建信息处理处的时候，他恐怕想不到这个部门的一项“便民”措施后来变成了改变世界的互联网。当时计算机非常贵，美国 70% 的大型计算机都是由高等研究计划署这个有军方背景的机构支持的，而要想使用那些大型机里面的信息，就要出差。1967 年，美国高等研究计划署的劳伦斯·罗伯茨（Lawrence Roberts，1937—2018）负责建立一个网络，让大家可以远程登录使用大型计算机，共享信息。这个网络被称为“阿帕网”（ARPANET，顾名思义，是由 ARPA 建设的计算机网络），它就是互联网的前身。

最初的阿帕网只连接了 4 台计算机，它们被分别放置在美国西部的 4 所大学里。1969 年 10 月 29 日，加州大学洛杉矶分校（UCLA）计算机系的学生查理·克莱恩 (Charley Kline) 向斯坦福研究中心发出了 ARPANET 上的第一条信息—— login（登录），遗憾的是这条 5 个字母的信息刚收到 2 个字母，系统就崩溃了。工程师又忙乎了一个小时，克莱恩再次尝试，才将这 5 个字母发送过去。

后来阿帕网的发展速度远远超出了设计者的最初设想，很快，美国很多大型的计算机都联入了网络。与此同时，欧洲也建设了相应的科研网络。

20世纪80年代初是全球互联网诞生的关键时期。1981年，美国国家科学基金会（National Science Foundation，简称NSF）在阿帕网的基础上进行了大规模的扩充，形成了NSFNET，这就是早期的互联网。建设这个网络的直接目的是方便研究人员（主要在大学里）远程使用美国几个超级计算中心的计算机。由于是为了科研，美国国家科学基金会提供了网络运营的费用，让大学教授和学生免费使用。这个免费的决定定下了今天互联网免费的传统。20世纪80年代末，一些公司也希望接入互联网，当然，美国国家科学基金会没有义务为它们买单，因此就出现了商业目的的互联网服务提供商。不过，由于互联网最初的规定是不允许在上面从事商业活动，比如做广告、卖东西，因此影响了互联网的发展速度。

互联网从20世纪90年代开始快速发展，得益于美国政府退出对互联网的管理。1990年，美国高等研究计划署首先退出了对互联网的管理，5年后，美国国家科学基金会也退出了。从这时起，整个互联网迅速商业化，大量资金的涌入使得互联网开始爆发式增长。互联网的发展说明，政府需要在技术发展的初级阶段出资扶植那些暂时产生不了效益的新技术，而当技术成熟、可以靠市场机制发展时，就不应再由政府扶持。

世界其他国家互联网的发展历程和美国类似。欧洲在20世纪六七十年代开始了早期互联网的研究。中国虽然今天是互联网大国，但是起步较晚，而最初的发展也和科研有关。20世纪90年代初，诺贝尔奖获得者、美籍著名物理学家丁肇中教授和中国科学院高能物理研究所开展科研合作。为了方便双方每天及时汇报交流实验结果，经批准，高能物理研究所连通了一条64 kbit/s专线，直连到美国斯坦福大学线性加速器中心，这样中国开始了和互联网的联系。1994年初，高能物理研究所允许研究所之外的少数知识分子使用该网络，这是中国社会第一次接触互联网。很快，中国就建立起自己的教育科研机构网络，并且在一年多的时间里走完了美国人20年走的从教育科研到商用的发展之路。

互联网从本质上来讲，解决的是信息传输问题。它属于有线双向通信，也就是说和固定电话属于一类。但是和固定电话不同的是，它不仅效率高、成本低，而且能够传输的信息形式也从过去的语音电话扩展到你所能想得出来的几乎所有形式。

互联网快速发展的背后，有很多技术作为支撑，同时它也催生出新技术。互联网最底层的技术是TCP/IP网络控制协议，由文顿·瑟夫和罗伯特·卡恩两人主导开发，最初只用于美国的阿帕网，后来通过竞争战胜和取代了其他一些网络协议，成为今天互联网的基础。TCP/IP协议的本质是把各种物理真实的信息分成统一的数据包，按照它们所要传输的目的地（互联网上那些具有IP地址的设备），利用网络把数据包一一传输过去。TCP/IP协议是否是所有网络协议中最好的？未必，但是一旦它成为整个互联网的标准，同类的技术方案就变得毫无意义。这也让人们意识到，在通信高度发达的时代技术标准的重要性。标准是技术发展的结果，但是今天它们常常会反过来影响技术的发展。

在个人计算机时代，也就是所谓的WinTel时代，存储在各台计算机上的信息是相对孤立的，信息的处理本身很重要，因此，当微软和英特尔公司主导了信息处理之后，就没有哪家公司知道如何与它们竞争了。但是到了互联网时代，信息的传播变得更重要了。如果要问今天全世界最风光的科技公司是哪些，绝大部分人恐怕首先会想到一些互联网公司，比如谷歌、脸书，或者中国的阿里巴巴和腾讯。原因很简单，我们无论是搜索信息，还是在互联网上社交、购物，都是在交流信息，因此，掌握了信息流通的公司就开始唱主角了。

互联网的发展还带来一个结果，就是个人不再需要购买速度很快、很耗电的计算机，人们完全可以使用在计算中心的那些计算和存储资源，这其实是互联网诞生的初衷。当然，今天它被赋予了一个新的名词——云计算。有了云计算，无论是个人还是企业，只要有一个便携的终端，就能随时随地访问各种信息，并且使用数据中心的服务器处理各种业务。于是，从 2007 年开始，相应的各种设备，包括智能手机和平板电脑等便应运而生。

全世界个人计算机的出货量在 2011 年达到顶峰之后就开始逐年下降，[12] 而智能手机和平板电脑的出货量却在不断上升，且至今增势不减。当年帕斯卡、莱布尼茨、图灵和冯·诺伊曼思考计算机所能做的事情时，绝对想不到人类今天会对计算机有如此大的依赖。当然，这背后也有移动通信的功劳。

前赴后继的移动通信之路

今天，全世界有一个人们未必很关注，但市场规模堪称巨大的产业——电信产业。事实上，互联网、人工智能或者区块链虽然更容易吸引眼球，但它们的产业规模远不及电信产业。2016 年，全球互联网公司的收入一共只有 3800 亿美元左右，其中谷歌一家就占了 1/4，再算上中国的阿里巴巴、腾讯和百度，美国的脸书、亚马逊和易贝，就剩不下多少市场份额了。而同时期全球电信产业，包括设备和服务，总收入高达 3.5 万亿美元。即便扣除华为、思科和爱立信这些设备厂商的收入，只算电信服务，也高达 1.2 万亿美元。[13] 可以说，通信在人类文明中的重要性是如何强调都不过分的。

当人类进入 21 世纪，贝尔等人所开创的传统电信行业就一直在走下坡路。但同时，移动通信却以极快的速度发展，以至我们今天甚至会把通信等同于移动通信。移动通信是双向无线通信，它最为方便，但难度也最大。相比有线通信，无线通信有三个难点。

首先，传输率受限制。说到传输率，就要说说它的理论极限——香农第二定律。1948 年，香农发表了信息论，在这个关于信息表示、压缩和传输的理论中，他的第二定律给出了任何信息传输方式的理论极限，即传输率不能超过带宽。在无线通信中，无线电波是有带宽限制的，因此传输率不可能很高。相比之下，有线通信，比如采用激光的光纤通信，带宽则可以很高，传输率可以很快。

有人以为，无线通信进入 5G 时代之后，速度可以和光纤相比了，其实这是误解。5G 移动通信每秒 10 Gbit 的传输率比同时代的光纤每秒 1 Pbit（1 000 000 Gbit）的传输率还是差出 5 个数量级。

其次，无线通信使用的无线电波信号会在空气中衰减，因此，信号要想传得远，就需要很大的发射功率。这一来做不到，二来谁也不想把城市变成一个大的微波炉。

最后，无线电信号很容易受到干扰，这既包括人为的因素，又包括非人为的因素，比如建筑物的墙壁等。我们通常有这样的经验，手机信号不好时，走两步路换一个地方就好了，这就是建筑物干扰所致。当我们为了增加无线传输率而提高频率时，它受到的建筑物干扰会越来越明显。

无线通信面临的这些困难使得它的发展滞后于有线通信，而最初推动它发展的恰恰也是战争的需要和航天竞赛。

二战之前，美国军方已经认识到无线电通信的重要性，于是开始研制便携式无线通信工具，并且研制出了一款步话机 SCR-194，但是非常笨重，很不实用。当时做汽车收音机起家的摩托罗拉公司有一些工程师参与了这项研究，他们将研究继续了下去。1940 年，摩托罗拉研制出能够真正用于战场的步话机 SCR-300[14]（见图 9.9），它既是一个无线电接收机，也是发射机，可以进行双向通信，这让战场上的指挥和通信变得实时有效了许多。不过从图 9.9 中可以看出，它又大又重，根本无法实现民用。

1942 年，摩托罗拉公司再接再厉，研制出手提式的对讲机 SCR-536（见图 9.10）。这比步话机 SCR-300 已经小了很多，但是依然重 4 千克，在开阔地带通信范围有 1500 米，在树林中只有 300 米。即使如此，也让当时的美军在通信上高出其他军队一大截儿。

20 世纪 60 年代，摩托罗拉深度参与了阿波罗登月计划，并且提供了登月所需的通信设备，这时它的移动通信技术遥遥领先于世界。1967 年，在纽约举行的全球消费类电子产品展览会（International Consumer Electronics Show，简称 CES）上，摩托罗拉展出了民用的移动通信设备，但是当时的价格和性能还达不到实用的水平。

20 世纪 80 年代，移动电话真正开始民用。当然，要联入已有的电话网络，并且能够拨打任何号码，就不可能像对讲机那样只考虑点对点的通信，而需要建立很多基站，让无线信号能够覆盖人们活动的区域。工程师们从数学上很容易得知，把无线通信的网络修建得像蜂窝那样呈六角形分布，相互重叠，是最为经济有效的。因此，民用移动通信又被称为蜂窝式移动通信。今天我们说的手机（cellphone）就是蜂

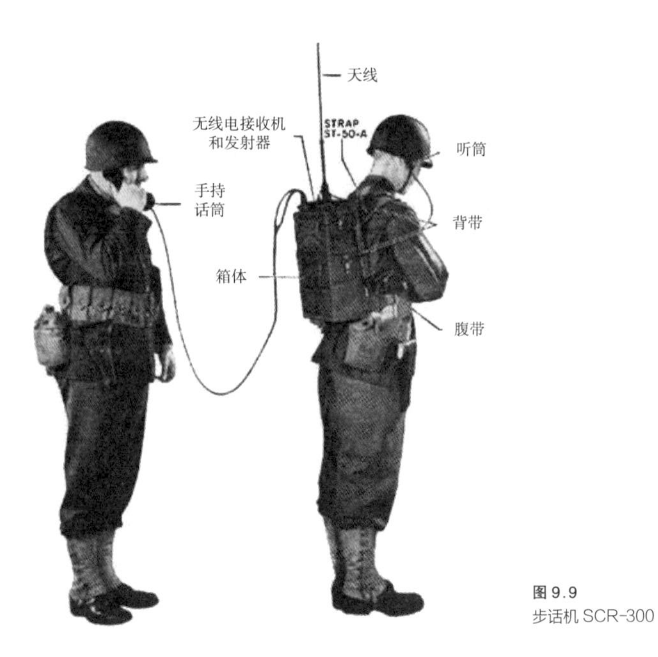

图 9.9
步话机 SCR-300

图 9.10 摩托罗拉的手提式对讲机 SCR-536

窝（cellular）和电话（telephone）两个词合并的结果。

移动电话刚被生产出来时，民用通信领域之争主要集中在美国电话电报公司和摩托罗拉之间，美国电话电报公司的主营业务是固定电话，因此，它认为家庭用的无绳电话是未来发展的方向，而以移动通信见长的摩托罗拉则看准了移动电话。当时美国电话电报公司认为，即便发展20年，到2000年，全球使用移动电话的人数也不会超过100万，结果它少估计了100倍。摩托罗拉主导了全球第一代移动电话的发展。

不过，摩托罗拉的辉煌没有持续太久，因为第二代移动电话（2G）很快开始起步。第一代移动电话是基于模拟电路技术，设备昂贵而且笨重。第二代移动电话一方面采用新的通信标准，另一方面将很多过去通用的芯片重新设计，做成一个专用集成电路，使得手机的体积和功耗都大大降低。从能耗上讲，第二代移动通信电话的重量比第一代降低了一个数量级，而通信的速率却提高了半个到一个数量级。2G的诞生给诺基亚和三星等公司后来居上的机会，而固守原有技术和市场的摩托罗拉开始落伍。

摩托罗拉失败的原因有很多，其中一个重要的原因在于美国在第二代移动通信标准上最终没有竞争过欧洲。当时，欧洲为了和美国竞争，运营商和设备制造商最终达成了一致，形成了一个统一的2G移动通信标准GSM，而美国一个国家却推出三个标准。诺基亚是2G通信最大的赢家，它一度占据近一半的全球手机市场。由此也可以看出标准在通信领域的重要性。

不过，诺基亚的辉煌随着3G时代的到来戛然而止。2007年，作为一家计算机公司的苹果开始进入移动通信市场，它所推出的触屏智能手机 iPhone 与其说是一部移动电话，不如说是一个小的计算机终端。事实上，iPhone 作为手机，话音并不清楚，相比其他老品牌完全没有优势，因此，诺基亚对这种花哨的手机嗤之以鼻。不过，市场很快证明诺基亚不可避免地在重复摩托罗拉的失败。不仅苹果超越了以诺基亚为代表的上一代手机制造商，而且在谷歌推出通用、开源的手机操作系统安卓之后，以华为和小米为代表的新一批手机制造商进入人们的视野，并最终成为新时代的佼佼者。技术就是这样不断迭代地向前发展，而每一次新的变革则常常让现有的从业者退出市场。是什么让诺基亚积累了几十年的移动通信技术和经验在一瞬间变得全无用途？因为时代变了。在 3G 时代，语音通话已经变得不重要，重要的是无线上网。而到了 4G 时代，通过移动设备上网的通信量甚至超过了通过个人计算机上网的通信量。

今天，全世界数据传输速率的提高要远远快过任何技术进步的速度。2007 年，当苹果推出智能手机时，全世界互联网上信息传播的速率是每秒钟 2 Tbit，而到了 2016 年，提高到 27 Tbit。[15] 正是因为有这个变化，才撑起了全球巨大的电信市场，才有了我们对未来的许多遐想。

20 世纪，除了原子能技术、IT 技术，还有一项令人振奋的技术成就，那就是航天技术，它同时体现出人类在能量和信息利用上的水平。

太空竞赛

航天事业的发展最初源于火箭技术，而发展火箭的目的是战争。在军事上，能用火炮进行远程攻击的一方通常会占有优势。第二次世界大战之前，人们在远程打击方面能做的，只是把火炮的炮管长度加长，让炮弹在出膛前能够有足够长的时间加速，以获得更大的初速度。德国在第一次世界大战期间制造出了炮管超过 30 米的超级大炮。这种火炮虽然射程超过 100 千米（最远纪录为 122 千米），但是实在太笨重，而且打不了几炮，炮管就会变形，从而无法准确射击。因此，这种靠惯性打击的火炮很不实用。二战期间，德国人开始研制射程更远、更有威力、打击更精准的秘密武器。由于它的保密工作做得很好，盟军对此所知甚少。

1944 年秋的一天，正当盟军从四面八方向德国挺进，欧洲的战争看似没了悬念的时候，一个庞然大物从天而降，落在伦敦西南部的奇希克（Chiswick）地区，并引起了大爆炸，炸死 3 人，炸伤 22 人。和往常不同，这次来自空中的袭击没有预兆，没有警报，甚至在爆炸发生后，附近的居民才听到空气中传来的炸弹的呼啸声。因为这种飞行物的速度是音速的 4 倍，它的声音比它本身来得更晚。在接下来的几个月里，这种飞弹（当时德国人给它起的名字）的袭击持续不断，英国人再次陷入恐慌。虽然希特勒想利用这种特殊的武器扭转战局的想法最终落空，3 万多枚飞弹并没有对英国的军事和工业设施构成重要的威胁，但是这种能够进行远程打击的秘密武器，却让全世界看清了未来远程攻击武器的发展方向。

为了保证德国研制火箭的科学家不落入苏联人之手，1945 年，美国派出了以冯·卡门（Theodore von Kármán，1881—1963）为首的一个小组，抢在苏联人之前找到了德国火箭的负责人、当时年仅 32 岁的火箭专家冯·布劳恩（Wernher von Braun，1912—1977），并且说服他来到美国。[16]

冯·布劳恩在美国几乎赋闲了 5 年，因为二战后美国一直在裁军。

1950 年朝鲜战争爆发，才给了他重新研制火箭的机会。而在冷战的另一边，身份是囚徒的科罗廖夫（Sergei Korolev，1907—1966）则带领苏联人走在了前面。科罗廖夫是苏联最杰出的航天科学家，他在年仅 25 岁的时候就成了苏联火箭研制小组的负责人，但是在斯大林的大清洗中，他因为莫须有的阴谋颠覆罪遭到逮捕，先是在劳改营里做苦工，后来在没有人身自由的情况下，被安排从事火箭的研究。二战后，苏联加紧了对火箭的研究。

科罗廖夫蒙受冤屈，长期遭受非常不公正的待遇，他一生中的大多数时间是在没有人身自由的情况下工作的。但即便如此，他对苏联始终忠心耿耿，为自己的国家和整个人类做出了卓越贡献，被全世界尊敬。在科罗廖夫的领导下，苏联的火箭研究一度领先于美国很多年。1953 年，苏联成功发射了 R-5 弹道导弹，射程可达 1200 千米，射程和运载能力都比德国当年的 V-2 提高了很多。随后，科罗廖夫研制出著名的 R-7 火箭，其运载能力和射程都有巨大的提高。1957 年 10 月 4 日，苏联使用 R-7 火箭成功发射了世界上第一颗人造地球卫星史波尼克一号（Sputnik-1），这标志着人类从此进入了利用航天器探索外层空间的新时代。史波尼克一号被赋予了太多的“第一”，《纽约时报》当时发表的评论说，该卫星的发射不亚于原始人第一次学会直立行走。[17] 这是一个极高的赞誉。

美国人在称赞苏联人时，也实实在在感到了危机，史称“史波尼克危机”。在历史上，美国人认为自己有太平洋和大西洋做天然屏障，不论外面打成什么样子，自己的本土总是安全的。但是，当苏联成功发射人造卫星后，美国人第一次认识到自己的本土不再安全，因为能将卫星送上天的火箭也能把核弹头打到美国任何一个角落，这导致了美国全国上下的恐慌。作为回应，美国采取了一系列措施以夺回技术优势。美国国会在当年就通过了《国防教育法》，并由艾森豪威尔总统立即签署生效。[18] 该法案对美国接下来 20 年的科技发展产生了重大的影响。它授权超过 10 亿美元支出（在当时是一笔巨款），广泛用于改造学校，为优秀学生提供奖学金（和助学贷款），以帮助他们完成高等教育，发展职业教育以弥补国防工业的人力短缺，等等。当时，美国天天都在宣传学习科学、发展科技，这些宣传影响了一代人。同时，美国也因此诞生了一大批世界一流大学，包括斯坦福大学。

在太空竞赛中追赶苏联的任务最终落到冯·布劳恩等人的肩上。在史泼尼克一号升空半年后，冯·布劳恩将美国的第一颗人造卫星也送上了太空。接下来，美苏两国的太空竞赛进入白热化，双方下一个目标都是实现载人航天。在这方面，以科罗廖夫为首的苏联再次获胜。他们在经过数次失败后，终于在 1961 年 4 月 12 日这一天迎来了全人类历史性的时刻。当天上午，苏联宇航员尤里·加加林（Yuri Gagarin，1934—1968）登上了耸立在拜科努尔航天发射场的东方一号宇宙飞船（见图 9.11）。9 点零 7 分，火箭点火发射，飞船奔向预定的地球轨道，加加林在完成环绕地球一周的航行后，成功跳伞着陆。虽然加加林的整个太空旅行只持续了 108 分钟，中间还遇到了不少小问题，但是这次飞行意义非凡，它标志着人类第一次进入了外太空。

美国人在载人飞行的竞争中虽然输给了苏联，但是他们在接下来的竞赛中显示出了后劲儿，那就是载人登月。1961 年，白宫的新主人、年仅 43 岁的总统约翰·肯尼迪（John Fitzgerald Kennedy，1917—1963），雄心勃勃地宣布了一个雄伟的航天计划——10 年内完成人类的登月，这个计划以太阳神的名字命名，就是著名的阿波罗计划，而该

图 9.11
尤里·加加林成为第一个进入太空的人

计划中火箭的总设计师就是冯·布劳恩。

美国在实施阿波罗计划的过程中显示出强大的国力，有上百家大学、研究机构和公司，两万多名科学家和 40 万人直接或间接地参与了这项航天计划。为了加快研究速度，美国在阿波罗计划中采用了高密度的流水线式的研发方式，也就是当第一号火箭发射时，第二号在测试，第三号在组装，第四号在制造，第五号在设计研制……每一枚火箭发射的间隔只有半年甚至更短的时间。当然，这里面也存在一个问题，如果中间某个环节发现了问题，已经在流水线上的所有火箭只能全部报废，所有工作得推倒重来，这个成本非常高。事实上，在阿波罗计划和之前的双子星计划中，就有三枚火箭因此而报废。毫无疑问，美国这是在用钱换时间，以便抢在苏联人的前面。

登月远比载人进入地球轨道难得多，这需要火箭技术和信息技术的革命。在火箭方面，冯·布劳恩成功地设计了人类迄今为止最大的火箭土星五号，最终实现了将人类送上月球并且安全返回的梦想（见图9.12）。土星五号的长度超过一个足球场，第一级火箭的推力高达3.4万千牛顿（1千牛顿约等于102千克力），这是人类有史以来制造的最大的发动机，这个纪录一直保持至今。

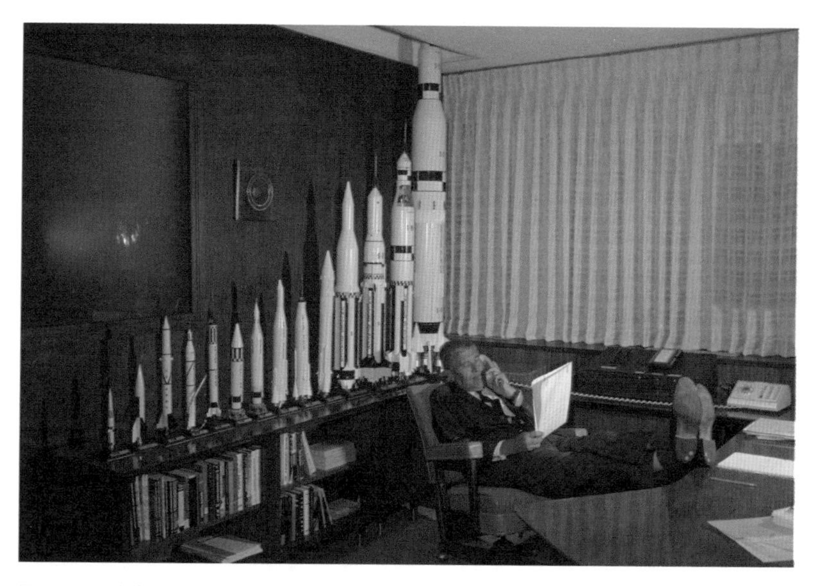

图9.12　冯·布劳恩办公室里的火箭模型

说到登月，很多人只想到和火箭以及航天器相关的技术，其实登月离不开信息技术的革命。因为从飞行控制到远程通信，都需要解决很多过去从未遇到过的难题。

登月首先要保证在月球上着陆的地点准确，而且要保证返回火箭和飞船能够在月球轨道上准确对接，这就要用到控制论了。在控制论被提出之前，德国的 V-2 火箭完全靠事先的预测确定落点，而一点点误差和各种很小的意想不到的干扰因素，就会让火箭偏离十万八千里。二战后期德国向英国发射了 3 万枚火箭，目标是泰晤士河上的伦敦塔桥，但是所有火箭都没有命中目标。

阿波罗登月需要解决飞行控制问题，数学家卡尔曼（Rudolf Emil Kálmán，1930—2016）在维纳控制的基础上提出了卡尔曼滤波（Kalman filtering），确保了火箭能够准确无误地抵达登月地点。在实现卡尔曼滤波的过程中，原始的数学模型有 8 阶，这在当时的计算机上完全无法实时计算。于是，许多控制专家经过努力，将控制模型简化成 3 阶，使得当时的计算机能够实现控制。要知道，当时控制阿波罗登月的大型计算机还没有今天一台智能手机快。

在信息技术方面，另一个关键问题是远程无线通信。为了确保相距 38 万千米的地月之间通信畅通，美国发射了很多环月球的航天器，专门测试地月之间的通信情况。最后，由摩托罗拉公司提供了月球和地球之间的对讲设备，确保了登月计划通信的畅通。此外，为了在月球上拍摄清晰的影像，瑞典的哈苏公司研制出了特殊的照相器材，记录了阿波罗登月宝贵的科学和历史资料。

最后，人在月球环境下的生存以及安全返回，在 20 世纪 60 年代也是一个似乎无解的难题，特别是如何保证宇航员能够从月球安全返回到地球上。阿波罗计划一开始，美国宇航局提出了 4 种返回方案。最初，专家们考虑随登陆舱一起带一枚大火箭发射到月球上，然后用那枚大火箭将登月舱直接发射回地球。这种方法最为简单，但登月设备的总重量非常大，需要建造超级大火箭，这在当时还难以完成。后来，科学家约翰·侯博尔特（John Houbolt，1919—2014）坚持认为，登月设备的总重量越轻越好，并想方设法说服了大多数人。[19] 于是，包括冯·布劳恩在内的专家决定，让带一枚小火箭的登月舱登月，同时一艘飞船环绕月球飞行。在登月完成后，小火箭只要把登月舱送回月球轨道，在那里和环月球的飞船对接后一同返回地球。这个方案可以极大地降低登月总设备的重量，但是需要卓越的空间对接技术。阿波罗计划最终采用了这个方案并获得成功。美国历史学家认为，如果不是因为美国宇航局最终采用了少数人的意见，就不可能在 20 世纪 60 年代末实现登月。

从 1961 年肯尼迪宣布实施登月计划，到 1969 年阿波罗 11 号将阿姆斯特朗（Neil A. Armstrong，1930—2012）等 3 人成功送上月球并安全返回，中间仅仅相隔 8 年时间（见图 9.13）。

图 9.13 阿波罗 11 号登月舱，图片来源于美国国家航空航天局

相比美国，苏联的登月计划进行得非常不顺利。1966 年，苏联航天之父科罗廖夫因为长期积劳成疾，不幸去世。两年后，作为苏联宇航旗帜的加加林也在一次飞行训练中因意外空难死亡。而科罗廖夫设计的登月火箭 N1，因为受制于苏联的综合工业水平，发射计划一直被推迟。1969 年之后，虽然有 4 次发射，但都失败了。最终，苏联放弃了这个计划。

美苏太空竞赛产生了很多正面结果。首先是让人类飞出了地球。虽然人类目前只能在月球上短暂停留，距离真正的太空旅行乃至太空移民相去甚远，但是人类的太空探索只有短短几十年的历史，相比人类的历史只是一瞬间而已，和几千年的文明相比也非常短暂。当人类的祖先第一次抱着树干漂过一条湍急的河流时，一定想不到自己的后代能够远渡重洋到达新的大陆。在哥伦布眼里，原始人过河的行为再简单不过，但这却是探索未知的开始。当然，哥伦布也无法想象今天登月的壮举。千万年后，当我们的后代可以自如地在太空旅行时，他们到达月球就如同我们现在过河一样，那时，他们看待科罗廖夫、冯·布劳恩、加加林和阿姆斯特朗，就如我们今天看待哥伦布。

太空竞赛的第二个结果是极大地促进了科技的进步，产生了很多今天广泛使用的新技术、新材料。我们今天使用的很多东西，比如数码相机使用的 CMOS（互补金属氧化物半导体）传感器，最初都是为太空探索的需要而发明的。

如果没有美苏两国出于国家安全考虑的太空竞赛，航天科技进步不会这么快。20 世纪 70 年代之后，虽然人类在航天领域开展了相互合作，照理说在航天科技上的进步应该更快，但是事实上它的进步速度明显放缓，远不如 60 年代。60 年代成功登月的第二个原因，是当时人类对能量的利用已经达到有史以来的最高水准，同时，计算机和控制论的出现使得人类可以进行远程控制。

在信息时代，我们对外部世界的信息了解得越来越多，对我们自身信息的了解也是如此。在很长的时间里，人类都试图搞清楚一个问题：我们是谁，为什么我们和自己的父母长得很像？而在人类之外，为什么种瓜得瓜，种豆得豆，动物是龙生龙、凤生凤？这个困扰了人类上万年的问题，终于在 20 世纪有了答案。

从豌豆杂交开始的基因技术

“遗传”和“基因”这两个词对于今天的人来说再普通不过了，它们经常在媒体上出现，即便对它们的含义未必有非常准确的理解，大意大家都明白。然而退回到 100 多年前，人们虽然能看到遗传现象，也注意到一些遗传规律，比如男性色盲人数要比女性多得多，但并不明白遗传是怎么回事，更不明白物种为什么能继承父辈的很多特征。

最早试图回答这些问题的是 19 世纪奥地利的教士孟德尔（Gregor Johann Mendel，1822—1884）。孟德尔从年轻时起就是神职人员，他坚信上帝创造了我们这个丰富多彩的世界，但是同时，他怀着一颗无比虔诚的心，试图找到上帝创造世界的奥秘。29 岁那年，孟德尔获得了进入奥地利的最高学府维也纳大学全面学习科学的机会。在那里，他系统地学习了数学、物理、化学、动物学和植物学。31 岁时，他从维也纳大学毕业并返回修道院，随后被派到布鲁恩技术学校教授物理学和植物学，并且在那里工作了 14 年。在此期间，孟德尔进行了他著名的豌豆杂交实验。

孟德尔选用豌豆做实验主要有两个原因。首先是豌豆有很多成对出现、容易辨识的特征。比如从植株的大小上看，有高、矮植株两个品种；从花的颜色来看，有红、白两种；从豆子的外形看，有表皮光和表皮皱两种。其次是豌豆通常是自花受精，也叫闭花授粉，不易受到其他植株的干扰，因此品种比较纯，便于做实验比较。孟德尔在几年时间里先后种了28000株豌豆，做了很多实验，发现了两个遗传学规律。

首先，决定各种特征的因子（当时他还不知道“基因”这个概念）应该有两个，而不是一个，其中一个是显性的（比如红花），另一个是隐性的（比如白花），这被他称为“显性原则”。在授粉时，每一亲体分离出一个因子留给后代。对于后代而言，只要有一个是红花的因子（显性的），它就呈现出红花的特性，而白花的因子是隐性的，除非两个都是隐性的白花因子，否则表现不出来。

豌豆从双亲获得遗传因子对和植株在颜色上的表现如表9.1所示。

表9.1　豌豆遗传因子对和花的颜色的对应关系

遗传因子对	植株表现
红、红	红
红、白	红
白、红	红
白、白	白

这就解释了孟德尔在第一代纯种的红花豌豆和白花豌豆的杂交实验时，得到的杂交豌豆（第二代）花的颜色全都是红的，因为它们的遗传因子一红（显性）一白（隐性）；而再用杂交（红花）豌豆接着繁

衍后代（第三代），却有 1/4 是白的，因为有 1/4 的遗传因子是两个白的隐性因子。由于两个遗传因子在繁殖时要分离，这个规律也被称为遗传学的“分离定律”。

图 9.14　左图为第一代纯种红花豌豆与纯种白花豌豆杂交的情况，右图为第二代杂交后得到的红花豌豆继续繁殖的情况

其次，孟德尔还发现，如果将豌豆植株按高矮和颜色两个特性混合杂交实验，结果豌豆的多种遗传特征在遗传时，彼此之间没有相互影响，他把这个发现称为自由组合定律。①

由于孟德尔并不是职业科学家，他和学术界鲜有来往，因此他的研究成果在 1866 年发表后的 35 年里都鲜为人知，孟德尔的论文在此期间仅被引用了 3 次。直到 1900 年，孟德尔的研究成果才得到学术界的认可，这距孟德尔去世已经 16 年了。当然，这也得益于他以论文的形式发表研究成果，[20] 才让后人有机会了解到这位遗传学先驱的工作。

孟德尔还做了类似的动物实验，可能并不成功，也没有留下什么有意义的结果。在动物实验中证实孟德尔的理论，并且由此建立起现代遗传学的是美国科学家摩尔根（Thomas Hunt Morgan，1866—1945）。

摩尔根出身于美国马里兰的一个名门望族，父母双方上几辈中出过很多政治家、将军和其他社会名流。但是摩尔根并没有像他父母所

① 后来人们发现，自由组合定律并非在任何时候都成立，它的成立是有条件的。

期望的那样去从政，而是一生致力于科学研究。后来他自嘲道，他的基因变异了。1890 年，摩尔根从约翰·霍普金斯大学获得博士学位，他专攻的是生物学。1904 年，他在哥伦比亚大学担任教授，研究兴趣转到了遗传学上。

在摩尔根的时代，很多生物学家都试图在动物身上验证孟德尔的理论，但是都不成功，其中一个重要的原因是实验对象没有选好。大家尝试用老鼠做实验，结果杂交得到的后代五花八门，以至不少人对孟德尔理论的普遍性产生了怀疑，摩尔根也在其列。不过摩尔根意识到，实验失败的原因可能是老鼠彼此之间的基因相差太大所致，而非孟德尔的理论出了错，于是他改用基因简单（这样噪声少）、繁殖快的果蝇进行遗传实验。果蝇这种小飞虫两个星期就能繁殖一代，而且只有 4 对染色体，因此直到今天都是做实验的好材料。但是果蝇不像豌豆那样特征明显，要在小小的果蝇身上找到可对比的不同特征并不容易。摩尔根通过物理、化学和放射等各种方式，经过两年的培养，终于在一堆红眼果蝇中发现了白眼果蝇，从此开始进行果蝇杂交实验，并证实了孟德尔的研究成果。

随着对后来一系列果蝇遗传突变的研究，摩尔根首先提出了“伴性遗传”（sex-linked inheritance）的概念，即在遗传过程中的子代部分性状总是和性别相关，例如色盲和血友病患者多为男性。发现伴性遗传后，摩尔根经过进一步研究发现了基因的连锁和交换。

我们知道一个生物的基因数目是很大的，但染色体的数目要小得多。以果蝇为例，它只有 4 对染色体，而当时经摩尔根发现和研究的果蝇基因就有几百个，因此一条染色体上存在着多个基因。基因连锁的意思是，在生殖过程中只有位于不同染色体上的基因才可以自由组合，而同一染色体上的基因应当是一起遗传给后代，在表现上就是有一些性状总是相伴出现，它们组成一个连锁群。

在发现基因连锁的同时，摩尔根还发现，同一连锁群基因的连锁并不是一成不变的，也就是说，不同连锁群之间可能发生基因交换。此外，他还发现在同一条染色体上，不同基因之间的连锁强度也不同，距离越近则连锁强度越大，越远则发生交换的概率越大。后来，人们把摩尔根的这个理论称为基因的连锁互换定律。摩尔根不但成功地解释了困扰人类几千年的伴性遗传疾病问题，而且最终建立起了完善的现代遗传学理论。

1933 年，摩尔根被授予诺贝尔生理学或医学奖。后来，为了纪念摩尔根对遗传学的贡献，遗传学界使用他的名字“摩尔根”作为衡量基因之间距离的单位，① 并且将遗传学领域的最高奖也命名为“摩尔根奖”（Thomas Morgan Medal）。

摩尔根开创了现代遗传学，却也给后世留下了一系列谜团：基因到底是由什么构成的（或者说它里面的遗传物质是什么）？它的结构是什么样的？是什么力量让它能够连接在一起，在遗传时又为什么会断开？基因又是怎么复制的……

今天我们知道基因里面的遗传物质是由 DNA 构成的，人类从观测到 DNA 到确定它为基因的遗传物质并搞清楚它的结构，花了将近一个世纪的时间。早在 1869 年，一位瑞士医生就在显微镜下观测到细胞核中的 DNA，由于 DNA 是在细胞核中被发现的，“核酸”一词因此得名。但是当时人们并没有将它和遗传联系起来。1929 年，美国俄裔化学家

① 由于摩尔根这个单位太大，大家更多使用的是厘摩（centimorgan，即 1% 摩尔根）。1 厘摩大约相当于 100 万个人类基因中的碱基对。

莱文（Phoebus Levene，1869—1940）提出了关于DNA的化学结构的一些假说，其中一部分假说后来被证明是正确的，比如DNA包含4种碱基、糖类以及磷酸核苷酸单元，但是DNA分子是怎么排列的，莱文并不清楚。

1944年，洛克菲勒大学（当时叫洛克菲勒医学院）的三名科学家埃弗里（Oswald Theodore Avery，1877—1955）、麦克劳德（Colin Munro MacLeod，1909—1972）和麦卡蒂（Maclyn McCarty，1910—2005）证实DNA承载着生物的遗传因子，并且分离出纯化后的DNA。遗憾的是，埃弗里等人却没有获得诺贝尔奖，这是因为埃弗里并不善于宣传自己，以至诺贝尔奖委员会没有意识到他们工作的重要性，再加上个别评委对这个领域不是很擅长，于是早早地就将埃弗里等人的工作筛选掉了。后来，诺贝尔奖委员会就这件事专门向埃弗里道了歉。

在确定DNA是遗传物质后，科学家的研究就转向寻找DNA的分子结构和它的复制原理。这个秘密的破解有着极其重要的生物学和哲学意义。在生物学上，它可以让我们了解生命的本质和起源；从哲学上讲，它有希望回答“我们从哪里来”“我们是谁”这两个难题。

第二次世界大战结束后的10年，即从20世纪40年代末到50年代末，是生命科学和医学发展最快的时期，很多重要的发明发现都出现在这个时期。除了破解抗生素的分子结构并且实现了人工合成抗生素，科学家还发现了DNA的结构，发明了利用限制酶切割DNA的技术，发现了RNA（核糖核酸）的结构以及DNA-RNA杂交的机制。如此多的重大成果能够在极短的时间里取得，主要有两个原因。首先是仪器的突破，特别是电子显微镜（包括X射线衍射仪）的出现，使得生物学的研究从细胞级别进入分子级别。其次，也可能是更重要的原因，就是大量顶级的物理学家和一些顶尖的化学家（比如莱纳斯·鲍林）转行到了生物领域，大量年轻学者也选择了生物专业。而这个趋势的形成要感谢一个人，就是著名的物理学家薛定谔。他写的科普读物《生命是什么》让很多科学家和年轻学者决定投身生物学研究。

1946 年，受到薛定谔的影响，在二战中负责盟军雷达技术的物理学家兰德尔将他负责的英国伦敦大学国王学院物理系的研究方向转到生物物理上。兰德尔手下的化学家罗莎琳德·富兰克林（Rosalind Franklin，1920—1958）、物理学家威尔金斯（Maurice Wilkins，1916—2004）和富兰克林的博士生戈斯林首先通过 X 射线衍射仪得到了 DNA 的结构照片，但是他们没有很好地提出关于 DNA 的模型结构。

事实上，当时英国主要有两个实验室从事 DNA 的结构研究，一个是兰德尔领导的国王学院物理系，一个是剑桥大学著名的卡文迪实验室，当时该实验室负责人是英国物理学家小布拉格。国王学院和卡文迪实验室团队之间虽然有所交流，但是为了率先破解 DNA 之谜，他们彼此保密，暗中较劲。

1951 年，当时还是博士生、后来成为生物分子学家的克里克（Francis Crick，1916—2004）加入了卡文迪实验室，并在小布拉格的指导下，与从美国前来学习的詹姆斯·沃森（James Watson）共同研究 DNA 的模型结构。

相比兰德尔的团队，小布拉格手下的两个新人沃森和克里克不仅显得稚嫩，而且他们当时的生物学造诣都不是很高，也不是 X 射线衍射方面的专家。在观察 DNA 结构、获取实验数据（照片）方面，自然比不上兰德尔的团队。不过，作为生物学领域的新人，两人都敏而好学，不耻下问，心态开放，愿意接受新的理论，他们甚至还去请教兰德尔团队的成员。

当然，沃森和克里克也有他们的学科优势。沃森化学基础相对较好，而克里克的物理学背景对他在生物学上的研究帮助也很大。克里克后来回忆说，长期的物理学研究帮助他掌握了一整套科学的方法，这种方法与学科无关。克里克还认为，正因为他原本不是学生物的，才会比典型的生物学家更加大胆。更重要的是，沃森和克里克与富兰克林和威尔金斯等人的思维方式不同，后者希望通过 X 射线衍射看出 DNA 的结构，而这两个初出茅庐的人则不断想象着 DNA 可能的合理结构，他们是先构想结构，然后再用 X 射线衍射图片去验证。

当然，沃森和克里克研究出来的模型离不开数据的验证。兰德尔团队等人自然不会直接把数据提供给沃森和克里克使用，不过兰德尔拿了英国政府医学研究委员会的研究经费，需要向委员会汇报研究成果，因此沃森和克里克通过委员会获得了兰德尔团队的数据。最终，沃森和克里克在综合了很多科学家的工作后完成了 DNA 分子结构的研究。

1953 年 4 月，在兰德尔和小布拉格的协调下，《自然》杂志同时发表了两个实验室 3 篇关于 DNA 研究的重要论文，它们分别是沃森与克里克的《核酸的分子结构》[21]、威尔金斯等人的《脱氧核酸的分子结构》[22]以及富兰克林与戈斯林的《胸腺核酸的分子结构》[23]。沃森与克里克在论文中虽然提及他们受到了威尔金斯与富兰克林等人的启发，但并没有致谢。而威尔金斯与富兰克林则在论文中表示自己的数据与沃森和克里克的模型相符。鉴于此，学术界一直对沃森和克里克颇有微词。

1962 年，沃森、克里克和威尔金斯因为发现 DNA 的分子结构而获得诺贝尔生理学或医学奖。遗憾的是，富兰克林因为1958年早逝，与诺奖失之交臂。在20世纪所有的诺贝尔生理学或医学奖中，DNA结构的发现被认为是最有价值的一个奖项。

了解了DNA的分子结构，不仅使人类破解了生物遗传的奥秘，而且有助于解决很多医学、农业和生物学领域的难题。关于这一点，我们在下一章还会详细论述。

● ● ●

对比19世纪和20世纪的科技发展，前者更多的是以能量为驱动力，而后者则是以信息为中心。信息无论在产生、传输还是使用上，都呈现指数级暴涨态势，特别是在计算机出现之后。1946年，世界上第一台计算机“埃尼亚克”的处理能力为每秒5000次运算，2018年6月，美国橡树岭国家实验室（ORNL）发布的新一代超级计算机“顶点”每秒能进行多达20亿亿次（200PFlops）运算。1956年第一条跨大西洋的电话电缆TAT-1成功开通的时候，通信的速度仅72Kbps（36路4KHz的信道），而当西班牙电信、微软和脸书在2018年2月开通最新的跨大西洋光缆时，它的传输率高达160万亿bps，增长了20多亿倍。全球数据增长的速度大约是每三年翻一番，[24]也就是说，在过去三年里产生的数据总量，相当于之前人类产生数据量的总和。毫无疑问，在这样一个世界里，信息技术是科技发展的主旋律。

不过，能量和信息并非没有交集，航天技术就是这两条主线的交会点。20世纪，很多重大的发明都和战争有关，从雷达、核裂变到火箭技术，这说明战争具有推动科技进步的一面。很多发明虽然最初是用于军事目的，但是很快便开始用于民用，造福人类。直到今天，几乎所有的发明创造和技术进步带来的好处都远远大于危害。技术本身并没有善恶之分，它们产生的结果完全取决于人类如何使用它们。

人类从轴心时代开始，到工业革命之前，科技的进步大致是匀速的，但是工业革命之后，科技进步的速度明显加快，重要科技成果出现的密度越来越高。这个趋势在 21 世纪还会持续。工业革命之后，科技进步的另一个特点是，重大的发明和科学发现会有很多人几乎在同一时刻做出。因此，从人对科技的贡献来说，个别天才及偶然性因素的作用在相对变弱，而系统的作用、方法论的作用，包括资金甚至综合国力的作用则在提升。在未来，每个人都有通过掌握有效的科技创新方法发挥自己作用的可能性。

第十章　未来世界

在 21 世纪接下来的时间里，科技会取得什么重大突破呢？到 2100 年，我们今天的哪些梦想会成为现实？人是否能够活到 200 岁？人类是否能走出太阳系，开始探索邻近的恒星？可再生能源是否能够完全取代化石能源？能否通过淡化海水彻底改造沙漠？这些问题我们今天无法给出肯定或者否定的回答。不过，如果我们沿着能量和信息这两条思路，或许可以摸清一些未来的脉络。

癌症的预测性检测

癌症是人类依然没有攻克的顽疾，不过，今天如果能够及早发现癌症，治愈它，至少控制它的可能性还是很大的。因此，很多国家开始对常见的癌症进行早期筛查。但遗憾的是，目前早期筛查的效果并不十分令人满意。

美国从几十年前就开始对 50 岁以上的妇女进行一年一度的乳腺癌

筛查，而男性则在同样的年龄进行前列腺癌筛查。近十多年来，医生通过统计发现了这样一个现象，从而颠覆了原有的认知。

医生们发现，在1万个进行了癌症筛查的妇女中，以10年为一周期，结果是这样的：

- 有3568人完全呈阴性，没有问题，当然她们也就完全放心了。
- 有6130人比较倒霉，她们至少一次被发现为假阳性，即本身没有问题，但是X射线诊断的结果说有疑问。这些人的心情会受到不同程度的影响，其中940人会做穿刺确认排除。
- 真正有问题的只有302人。其中173人是良性肿瘤，不用担心，甚至不用急于医治；有57人是过度诊断（恶性肿瘤，但属于不会扩散的，因此早一点发现、晚一点发现都容易治愈）；有62人是恶性肿瘤，即使早发现，也治不好；有10人属于早发现就能治愈，晚发现就没有救的那种。

上述数据来源于《美国医学协会会刊》（*Journal of American Medical Association*）。也就是说，1万个人中只有10个人，或者说千分之一真正得益于筛查。对前列腺癌的筛查情况也类似。这倒并不是说癌症筛查没有必要，而是说现有的技术实在是太落后了。那么问题出在哪里呢？简单地说是信息不准确，而这种状况光靠医生的努力远远不能改善，或者说进步速度太慢。因此，从几年前开始，工程师加入进来，帮助寻找答案，当然，他们的方法和医生传统的做法有些不同。

2016年，硅谷成立了一家叫作Grail的公司。你或许在媒体上听到过这家公司，因为它仅仅成立不到两年就寻求在香港证券交易所上市了。在此之前，这家明星公司已经创造了初创公司融资最快的纪录。2016年它刚成立时，第一轮融资（相当于天使轮）就拿到了1.5亿美元的现金。投资方包括大名鼎鼎的比尔·盖茨、亚马逊的创始人贝佐斯（Jeff Bezos）、谷歌公司、世界上最大的基因测序仪器公司亿明达（Illumina），以及乔布斯家族基金等。仅仅一年之后，Grail的第二轮融资额更是高达11.75亿美元，由高盛（集团）基金管理投资有限公司领投，著名的风险投资机构凯鹏华盈，以及中国公司腾讯跟投了该项目。此外，世界上一半著名的制药厂，包括强生、默克和施贵宝等也都参与其中。为什么一半的金融界、科技界和医药界公司会给这样一家成立时间不长的公司背书呢？因为它的早期癌症检测技术非常先进。

Grail的创始人是杰夫·胡贝尔（Jeff Huber），曾经是谷歌的高级副总裁，主管谷歌最挣钱的广告业务。胡贝尔之所以放着挣大钱的生意不做，要离开谷歌去创业，是因为几年前曾经和他共患难的妻子不幸患癌症去世。他在伤心之余，下决心要寻找更好的癌症早期筛查办法。恰巧这时，他担任董事的亿明达公司给了他机会。而这件事情要从亿明达几年前的一个偶然事件说起。

亿明达作为全世界最大的基因测序设备公司，有十几万孕妇的基因数据。在这十几万人中，有20个人的某项数据有点怪。由于人数少，而且这些人也没有什么不健康的征兆，因此没人在意。

亿明达新上任的一位首席医疗官是一位医学专家，恰巧有一天他无意中看到了这些数据，认为这20个人都患有癌症。医生们都不相信，说这怎么可能，她们都很年轻、很健康。但是这位首席医疗官坚持给她们做了进一步检查，果然都确诊患有癌症。

这件事之后，亿明达成立了一个部门，专门致力于利用基因检测发现早期癌症。而当胡贝尔在谷歌内部开始考虑利用 IT 技术做早期癌症检测时，亿明达找到了他，让他把公司内部的研究部门分离出去，于是双方便成立了 Grail 公司。Grail 这个奇怪的名字在英语里有一个特殊的含义，就是传说中的“圣杯”（也被称为 Holy Grail）。据说，喝了圣杯里的水，人就能百病不侵，长生不老。

Grail 检测癌症的方法是通过抽血进行基因检测。如果人体内出现了癌细胞，死去的癌细胞和被白细胞吞噬的癌细胞会进入血液中，因此，血液里就会有癌细胞的基因。通过检测血液里各种细胞的基因，就有可能在早期发现癌症。当然，这里面涉及基因的测序和大量的计算，这些也是这项检测成本最高的地方。目前，Grail 可以通过验血给出 4 个结论：

- 是否患有癌症。
- 如果有，病灶在哪里，因为不同癌症的癌细胞基因不同。
- 如果有，发展的速度如何，一些癌症发展很慢，有些甚至会自愈，但是有些发展很快。
- 如果有，它对放射性是否敏感，对某种药物是否敏感，这样就知道如何治疗了。

目前，Grail 公司已经能够准确地发现直径在 2 厘米左右的肿瘤（或者癌变区域），而今天肿瘤在被发现时的平均尺寸是 5 厘米，因此，Grail 通过跟踪人体内基因的技术，比现有的癌症检测技术已经有了进步。Grail 的目标是在肿瘤小于 0.5 厘米时发现它。至于为什么不能更早地发现癌变，Grail 认为没有必要，因为人体内时不时地会有基因突变的细胞，但是它们大部分会自愈，不会对我们的身体造成什么伤害。如果对不必要的病变过度预警，反而会引起人们的恐慌，对健康不利。

说到Grail的核心技术，除了基因技术外，最重要的是IT技术，具体说就是机器学习和云计算技术。采用验血测序基因来诊断癌症，基因测序的工作量和后续的计算量非常大。Grail公司一半左右的科学家和工程师，是来自谷歌的云计算和人工智能专家，他们成功地解决了计算的问题，这才使癌症检测的成本能够降低到人们可以接受的程度。该公司预计，在不久的将来，可以将全身癌症筛查的成本控制在500美元以下。在这样低的成本基础上，可以进行全民癌症筛查，这无疑将极大地改善我们的生活。目前，Grail已经开始在英国和美国进行癌症筛查的试验，并且通过并购香港的早期癌症检测公司Cirina，开始在中国华南地区进行相应的研究。

目前，Grail癌症检测的准确性虽然还有待提高，但是它的技术水平提升很快。根据该公司的估计，在5~10年间就可以解决大部分癌症的早期筛查问题，并且可以开始普及。这项技术一旦成熟并普及应用，将会给人类带来福音。

Grail技术的核心，其实是对人体基因变化的跟踪。今天一辆汽车里面有上百个传感器，监控和跟踪运行情况，一个喷气发动机里面有上千个传感器，记录运行的每一个细节。有了这些跟踪，就能及早发现机器的隐患，很快解决机器的故障，达到延长使用寿命的目的。但是，我们对自身身体状态的跟踪其实才刚刚开始。Grail的工作其实只是对人体非常复杂的新陈代谢的一种跟踪。在未来，类似的技术还会不断出现。因此，保健问题在很大程度上就变成了一个信息处理问题。

如果癌症能够及早地被发现，接下来能否有效治疗它呢？这在很大程度上取决于基因技术的发展。

基因编辑的成就与争议

人类对自身的了解常常比不上对外部世界的了解。早在300多年前，人类就通过牛顿等人的工作了解了宇宙万物运行的规律，但是人类了解自身遗传信息的载体，不过是近100年的事情。在这100年间，人类了解了自身（和所有生物）体内的遗传物质DNA的基本作用，比如它决定了我们是谁，主导着我们身体内的新陈代谢。随着人类对基因的了解越来越全面，以及与之相关的科学的进步与发展，我们会发现基因对整个人类社会的作用远比想象的大——它会给我们带来很多惊喜，比如治愈癌症。

我们知道，如果正常的细胞发生了某些基因突变，就可能引发癌症。而癌症细胞的基因和正常细胞有所不同，利用这个原理，就能研制抗癌药。但遗憾的是，不同癌症的基因突变是不同的，而且这种基因变化还和人有关，很难找到一种万灵药，可以彻底医治哪怕一种癌症。今天所谓的抗癌特效药，其实只能做到对一部分患者非常有效，副作用较小，对另一些人，可能副作用比疗效更大。这是癌症难以治愈的第一个原因。

癌症很难治愈的第二个原因是癌细胞本身的基因也会变化。既然癌细胞是在复制的时候基因出了错，就有可能第二次、第三次出错。因此，对一个患者，即便一开始为他找到了一种有效的抗癌药，但是如果癌细胞基因再次发生突变，曾经管用的药物也会变得不管用。我们经常会听到这样的故事，有的人得了癌症后，一直控制得很好，病情稳定，一些人甚至看上去已经痊愈了，但是忽然有一天，他的病复发了，然后病情变得无法控制，很快就过世了。这其实是因为癌细胞本身的变化造成的。

当然，如果能有一个团队专门根据患者特定的基因为他研制一款新药，那么是可以维持他的生命的，但是这样做的成本高达10亿美元以上。所幸的是，结合大数据和基因技术，可以低成本地解决个性化制药的问题。目前，在人和动物身上发现的可能导致肿瘤的基因错误只有几千种，所有的癌症不过上百种，即使考虑导致癌变的基因复制错误和各种癌症的全部组合，也不过在百万数量级，这个数量对于IT领域来说是非常小的，但是在医学领域则近乎无穷大。如果利用大数据技术，在这上百万种组合中找到各种真正导致癌变的组合，并且对每一种组合都找到相应的药物（这个工作量又大到必须依靠机器智能），那么所有可能的病变都能够得到治疗。

未来，医治癌症的方法可能是这样的：针对不同人不同的基因病变，只要从药品库中选一种药即可，比如对某个患者，医生给他开了第1203号抗癌药物，如果发生新的病变，经过检查确认后，改用第256号药品……这样并不需要每一次重新研制药品。虽然开发出这么多种抗癌药的总成本不低，但是如果摊到全世界每一个癌症患者身上，就不会很高。据《麻省理工学院科技评论》报道，只需要人均5000美元。[1] 如此一来，癌症就变成了像感冒一样的普通疾病，不再对生命产生威胁。

当然，还有人从另一个角度考虑治疗癌症和众多疾病的问题。

既然很多疾病是因为我们的基因“变坏了”，那么我们能否把“坏掉的”基因修改好呢？这不仅可以治病，或许还能让我们变得更聪明，身体更加健康。因此，修复基因的基因编辑技术近年来不仅成了非常热门的研究课题，也成了不断在媒体上曝光的热议话题。人们觉得，只要能修复好有缺陷的基因，就能让各种绝症得到治愈，但是这件事远不像人们想象的那么简单。

修改基因这个想法和尝试其实人类很早就有了。当然，科学家最初的目的并不仅限于治病，而是有很多应用。要修改基因，首先需要能够将基因剪成一段段的。基因很小，剪断基因当然就需要非常小的、分子级别的剪刀。20 世纪 60 年代，遗传学家、分子生物学家梅塞尔森（Matthew Meselson）和微生物学家、遗传学家阿尔伯（Werner Arber）就发现了“限制性核酸内切酶”（restriction enzyme，也被称为“限制酶”），它能够将 DNA 长链从需要的地方切开。由于对限制酶的发现和相关研究工作，1978 年，阿尔伯与美国微生物学家内森斯（Daniel Nathans，1928—1999）、史密斯（Hamilton O. Smith）共同获得诺贝尔生理学或医学奖。

我们在第八章提到了人工合成胰岛素，这其实就是基因技术在医学上很好的应用。这种合成的胰岛素今天作为治疗糖尿病的主要药品，极大地改善了成千上万糖尿病患者的生活质量，并延长了他们的寿命。基因泰克和其他公司在应用基因技术方面的工作，派生出了一个新的工程领域——基因工程，而它们所用的技术，其实就是今天所说的转基因。

转基因在英语里是 genome modification，更准确的翻译应该是改变基因或者基因改变，没有“转”的含义。今天大家对转基因的争议，其实并不是在基因泰克这种合成胰岛素或其他生物制药方面，而是在利用剪断和拼接基因的技术创造出新的物种方面，例如诸多转基因的食品。自然界的物种，无论是动物还是植物，都不是完美的，比如很多植物就缺乏抗病虫害的基因，一些鱼类也缺乏抗病基因。当人类知道什么样的DNA序列具有上述功能，就人为地加到原有物种之上，由此得到抗病虫害的物种。这种做法的好处显而易见，人类可以得到廉价的食品。但是这件事本身依然有争议——不仅是在科学和伦理上的争议，也反映出背后各种巨大的利益，既有商业上的利益，也有科学家所争的名誉上的利益。

当然，今天人们所谈论的编辑修改身体里的基因虽然也是改变基因，但人们不会把它和上述转基因相混淆，毕竟人类还不想把自己改变成新的物种。人们所关心的是，能否把体内那些致病的基因，比如导致癌变或者心血管疾病的基因修复好，使我们免于罹患癌症和其他疾病。这件事情从理论上说是完全有可能的，但是以目前的技术，做起来仍非常困难。

首先，虽然我们知道一些疾病和基因有关，但是由单个基因出错引起的疾病并不多，比如色盲和血友病。大部分疾病都是由很多基因组合错误引起的，比如癌症和心脏病。前者通过基因编辑（或者重新注入健康的干细胞）比较容易医治，而后者还有很长的路要走，因此我把它归结为明天的科技。

人类通过修复基因治疗疾病的想法，其实早在20世纪70年代就有了。但是，这个问题实在是太复杂了，以至20年后FDA才批准临床试验。在接下来的10年里（1990—2000），全世界陆续有少量的临床试验获得成功，比如1993年美国加州大学洛杉矶分校的科恩（Donald B. Kohn）教授利用基因修复技术治疗了一个先天没有免疫功能的婴儿。[2]这个小孩因为基因缺陷无法产生免疫系统所需的一种酶，如果不救治很快就会死亡。科恩的办法是用一种病毒将一段正常的基因替代患者干细胞中错误的基因，然后得到正常的干细胞，再将这种干细胞注回小孩的体内。这个小孩从此就有了免疫力，但是，4 年后他的免疫力又消失了，需要再来一遍。到 2000 年，全世界一共有 2000 例基因修复，有些成功了，但很多并不成功。

在接下来的 10 年里，基因修复的临床试验进展非常缓慢，很重要的原因是 1999 年一系列失败的临床试验让科学家认识到，基因修复远比想象的复杂得多。这一年，医生们给一个名叫基尔辛格（Jesse Gelsinger，1981—1999）的青年人做了基因修复。基尔辛格缺乏一种消化酶，使得他体内的氨气无法排出，时间长了会中毒，因此只能吃低蛋白的食物，并且要定期服药。那一年，医生成功地通过基因修复恢复了猴子和狒狒体内消化酶的产生，于是开始做人的临床试验。医生们将带有正确基因的病毒注入基尔辛格体内，他有基因缺陷的肝脏细胞倒是得到了修复，但是不该被影响的免疫细胞（巨噬细胞）也被感染了，导致整个免疫系统失控，基尔辛格很快便死亡了。

为什么基因修复会产生这样的结果呢？其实这很容易理解。比如说我们要用 Word 编辑一个文本文件，发现里面有很多“地”字写成了“的”字。一个简单的办法就是用编辑器里面的替换功能，将所有的“的”替换成“地”即可。但是这样会带来新的问题，那就是很多地方本来就该用“的”而不是“地”，比如说“目的”中的“的”。过去的基因修复遇到的问题就是如此，本来正确的反而被改错了。不仅在美国，在欧洲，医学人员也遇到了很多基因修复的副作用病例，一些还是致命的。比如欧洲为了医治儿童先天免疫功能缺乏，进行了基因修复，20 人中有 5 人因此得了白血病，因为正常的细胞被改成了癌细胞，其中一人很快死亡。因此，2003 年，FDA 终止了所有的基因修复临床试验。

2012 年，事情有了转机，欧洲成功地用基因修复技术治好了一些罕见的疾病。2017 年，FDA 又重新批准了使用基因编辑技术治疗癌症的临床试验。

今天，最为成熟的基因编辑技术是 CRISPR–Cas 9 技术。CRISPR 是一个非常长的英语词组（clustered regularly interspaced short palindromic repeats）的首字母缩写，翻译成中文的意思是“常间回文重复序列丛集”。当然这个新名词并不比 CRISPR 本身更容易理解，它其实是在细菌（和古菌）身上发现的一种免疫系统——当病毒入侵细菌体内，并且将自己的 DNA 嫁接到细菌的染色体后，这个系统会启动，并找到病毒的 DNA，然后不动声色地把它们从自己的染色体上切除掉。而 Cas 9 是 CRISPR 用来切掉目标 DNA 的工具，即一种酶。既然 CRISPR–Cas 9 本身具有切除和修复基因的功能，其原理是否可以用于人类和动物基因的修复呢？

从 2010 年开始，詹妮弗·杜德纳（Jennifer Doudna）、埃马纽埃尔·夏彭蒂耶（Emmanuelle Charpentier）和美籍华裔科学家张锋各自开始独立探索利用 CRISPR–Cas 9 进行基因编辑。其中杜德纳和夏彭蒂耶获得了 2015 年突破奖[①]中的生命医学奖，而张锋的工作在 2013 年被《科学》杂志评为当年十大科技突破之首。同年，张锋等人成立了 Editas 医药公司（Editas Medicine Inc.）。这个公司既不销售产品，也不研制药品和治疗方法，只是提供技术服务，于 2016 年上市，而且市值高达 20 亿美元（2017 年底）。这说明全世界对这项技术的前景非常看好。

① 突破奖由布林夫妇、扎克伯格夫妇、米尔纳夫妇（俄罗斯著名投资人）以及马云夫妇设立。这是迄今为止金额最高的科学奖项。和诺贝尔奖不同的是，它所授予的研究成果强调新颖性，而不是看是否已被证实或产生效益。

随着我们对自己的基因越来越了解，我们就越来越能够把握自己的未来，比如容易得糖尿病或者某种癌症的人，及早防治，就会有效地延长生命。至于何时能够通过修复 DNA 治疗疾病，现在还处于临床阶段，但是在 10~20 年内这项技术应该有比较广泛的应用。

从本质上说，基因检测是人体信息的发现，个性化制药是人体信息的应用，基因编辑是人体信息的修复，因此，今天的生物医药科学也是信息科学。

当人类不断繁衍，人口越来越多，寿命越来越长，创造能量和使用能量的水平越来越高时，我们可以看到文明进步。但是在进入工业化社会之后，也带来一个相反的结果，就是我们的地球可能因为人类活动而不堪重负，并且过快地消耗掉经过万亿年才积累起来的化石能量。虽然今天有很多可再生性能源可供使用，但是它们同样会带来新的问题：水能的利用会严重影响环境和生态的平衡，太阳能板本身的制造和销毁就伴随着高能耗和高污染，风力发电的不稳定性和输电问题使得风电难以利用。要维持人类科技水平和文明程度继续高速发展，需要有更大、更清洁的能量来源。

可控核聚变还要多久

1964 年，苏联天文学家尼古拉·卡尔达舍夫（Nikolai Kardashev）提出了一种划分宇宙中文明等级的方法，即以掌握不同能量等级为标准，具体如下：

- I 型文明：掌握文明所在行星以及周围卫星能源的总和。
- II 型文明：掌握该文明所在的整个恒星系统（太阳系）的能源。

- III 型文明：掌握该文明所在的恒星系（银河系）里面所有的能源，并为其所用。

很显然，人类连 I 型文明也没达到，因为人类还未能控制地球上能够产生的最大的能量——核聚变。

爱因斯坦早在 1905 年就指明了人类可以获得的最大的能量所在，即将物质转化成能量。原子弹中的核裂变，以及氢弹中的核聚变，都是遵循的这个原理。人类控制核裂变是在原子弹诞生之前，因此在二战后，人类很快就开始利用核裂变发电了。比核裂变更有效获得能量的是核聚变。核聚变的原理和太阳发光的原理相同，它是将原子量较小的元素（在元素周期表中必须排在铁前面）快速碰撞，变成原子量较大的元素。在这个反应中，因为有质量的损失，所以将产生巨大的能量。

核聚变比核裂变有很多优势。首先，从理论上讲，在同等质量下，核聚变所产生的能量比核裂变高出上百倍，这也是氢弹的当量要比原子弹高出上百倍的原因。其次，核聚变所需的材料氘和氚在海水中大量存在，一升海水中的氘和氚如果完全发生核聚变反应，释放的能量相当于 300 升汽油的能量，这种能量可以说取之不尽，用之不竭。而用于核裂变的放射性元素在地球上的含量很有限。最后，核聚变反应没有放射性，因此更安全。目前人类对核电站最大的担心是万一出现故障而导致的核辐射。但遗憾的是，人类在发明核聚变武器氢弹之后 60 多年，依然没有能力控制核聚变反应。

最早提出核聚变的是著名的美籍俄罗斯物理学家乔治·伽莫夫，他在 1928 年，即人类发现核裂变之前就提出了核聚变的理论。伽莫夫认为，当两个核子足够接近时，强作用力可以克服静电力（也称为库仑障壁）结合到一起。一年后，英国物理学家罗伯特·阿特金森（Robert d'Escourt Atkinson，1898—1982）和德国物理学家弗里茨·豪特曼斯（Fritz Houtermans，1903—1966）根据伽莫夫的这个理论，预见了当两个轻原子核中高速度下碰撞时，可能会形成一个更重的原子核，并且释放出大量的能量。1933 年，英国科学家马克·奥利芬特（Mark Oliphant，1901—2000）发现用氢的同位素重氢和超重氢（卢瑟福把它们称为氘和氚）的原子核发生反应，可以获得巨大的能量。二战之前，伽莫夫和美籍匈牙利科学家爱德华·泰勒（Edward Teller，1908—2003）推导出了进行核聚变反应所必需的条件，即极高的温度。在人类制造出原子弹之前，根本无法达到核聚变所必需的高温，因此这项研究一直没有进展。原子弹被研制出来后不久，泰勒就利用原子弹爆炸形成的高温，实现了核聚变。1952 年，第一颗氢弹试爆成功，其原理就是核聚变。人们发现，氢弹释放的能量是同样质量的原子弹的几十倍（由于氢弹可以做得比原子弹大，真正大氢弹的威力是后者的上百倍，甚至上千倍），但遗憾的是，氢弹里的核聚变反应是不可控的，释放的能量无法利用。不过，人类从那个时候开始，就致力于可控核聚变的研究。

核聚变反应需要几百万度的高温。在这样的温度下，没有任何容器可以"盛"参加反应的物质，因此，人类一方面知道地球上最多的能量所在，另一方面却无法利用。

我们都知道物质有三态：固态、液态和气态。其实当物质的温度高到一定程度后，就会处于等离子状态，这时电子基本上和原子核分开，处于游离状态的原子核就可以互相接近，开始核聚变反应。于是科学家就想到产生出高温的等离子体，让它们进行核聚变。至于怎么才能盛得住这样高温的物质，英国物理学家、诺贝尔奖得主乔治·佩吉特·汤姆森（George Paget Thomson，1892—1975）在1946年提出，利用箍缩效应[①]使等离子体离开容器壁，并加热到热核反应所需温度来实现可控核聚变反应。再后来，著名物理学家塔姆（Igor Tamm，1895—1971）和萨哈罗夫（Andrei Sakharov，1921—1989）提出，在环形等离子体中通以巨大电流，所产生的强大的极向磁场和环向磁场一起形成一个虚拟的容器，可以将等离子体约束在磁场内部。根据这个原理，物理学家发明了一种被称为托卡马克（Tokamak）的可控核聚变装置。Tokamak一词是俄文单词环形（тороидальная）、空腔（камера）、磁（магнитными）和线圈（катушками）的缩写，它最初是由苏联的阿齐莫维齐等人发明的。

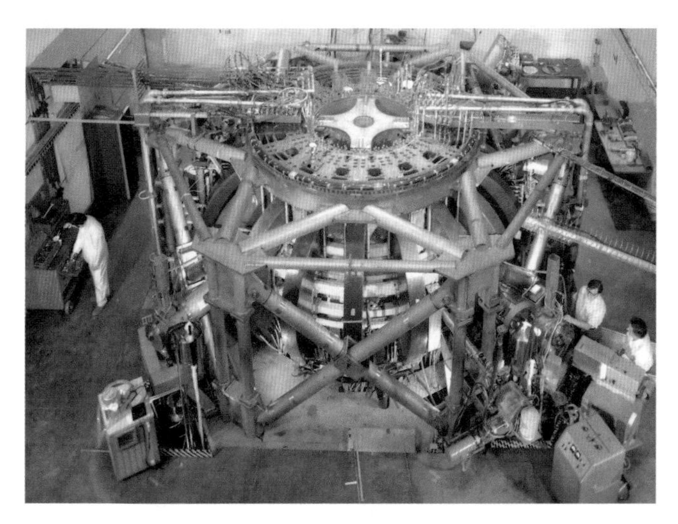

图10.1　托卡马克核聚变装置

① 根据电磁感应原理，电流会在其周围空间建立磁场，使得相互平行的载电导体或者带电粒子束相互吸引。若载电导体是液体或等离子体，则由于离子的运动所产生的磁场可使导体产生收缩，犹如其表面受到外来力，产生向内的压力。导体的这种收缩称为“箍缩效应”。

托卡马克虽然可以产生能量，但是维持强大的磁场却要大量消耗能量，因此从产生能量的效率来说，目前所有的托卡马克装置都是得不偿失的。不过好消息是，产生能量和消耗能量的比值（被称为Q值）在不断上升，也就是说，科学家可以用更少的电能产生出更多的核能。此外，在核聚变反应中，产生的能量大约有1/5可以利用，也就是说，Q值必须大于5，消耗的能量和获得的能量才平衡。再考虑到热能转换成电能，电能再转换成磁场的过程损失，国际上公认的能量收支平衡点Q必须达到10以上。而要使得核聚变发电具有商业竞争力，则Q值需要达到30。因此，目前实验阶段的核聚变和实用相去甚远，乐观的估计还需要30~40年的时间。

另一种实现可控核聚变的方法是采用极强的激光束打在固态氢原子靶球上，让它们发生聚变反应，不过产生极强的激光本身也需要巨大的能量。2014年2月，美国劳伦斯-利弗摩尔国家实验室的科学家宣布，经过数十年的研究，他们在激光可控核聚变方面取得了重大突破，聚变产生的能量第一次超过了激发聚变所需的能量。当然，这项技术距离实用还有非常大的距离，比如目前的成本高得让人难以接受。除了设备造价高昂之外，原料的成本也很高。就拿固态重氢或者超重氢来讲，因为要求绝对圆，一个直径2毫米的靶球造价就高达百万美元，不过劳伦斯-利弗摩尔实验室的成功至少让人类看到了利用可控核聚变获得能量的希望。

在历史上，科学家们有好几次觉得看到了可控核聚变的曙光，但是随后的十几年又证明路途还很遥远。渐渐地，很多人对它就不太抱希望了。然而，很多时候技术的突破就在一瞬间，此前没有任何征兆，或许核聚变就是如此。

实现可控核聚变的意义远不止获得足够多清洁能源那么简单，而是标志着人类文明水平将达到一个新的高度。目前采用化石能量推进的火箭最多把人送到火星或者金星附近的距离，不可能完成飞出太阳系的使命。如果人类能够像控制火一样自由地控制核聚变，至少在能量方面可以让人类在太阳系内自由地航行。

人类在挖掘和使用能量时，会带来很多好处，但是也带来了问题，比如今天大家担心的污染和全球变暖问题。而那些问题需要用新的技术来解决，而不是简单退回到过去。目前人类一年的发电量（2017）不过 25 拍瓦时，[3] 相当于太阳 10 分钟照射到地球的能量。从人类目前利用能量的水平来看，技术发展的潜力还非常大。类似地，信息的利用也会带来巨大的负面作用，而人类也需要新的信息技术解决相应的问题，这个前景同样广阔。

“新生产关系”区块链

今天我们一方面享受着互联网和大数据所带来的好处，另一方面也担心数据被盗所造成的伤害，而这件事情显然不是杞人忧天。2017 年，美国曝出三大征信机构之一的艾可飞（Equifax）遭到黑客攻击，导致 1.43 亿用户的个人信息（美国总人口为 3.2 亿）泄露，几乎每个有信用记录的成年人都“中枪”了。甚至有不法之徒使用别人的信用记录开办信用卡，然后刷卡不还钱，已经对社会造成了巨大的危害。在未来，能否一方面使用每个人的数据，另一方面却无法得知那个人是谁呢？这是可能的，今天非常热门的区块链技术就有望实现这种想法。

区块链在今天是一个非常热门的词语。那么什么是区块链呢？简单地说它是一个不断更新的账本，我们不妨以它今天最普遍的应用比特币来说明这个账本是如何工作的。区块链的英文是 block chain，顾名思义，它有两层含义，即一个区块（block）和一个链条（chain）。一个比特币在被创造出来的时候，需要记下它原始的信息，这些信息储存在区块中，其中最重要的信息是这个比特币的密码，即一长串随机数字，它是比特币的标识。外界不知道这个密码，只有比特币的拥有者知道，因此它也被称为私钥。在交易时，比特币的接受者会得到一个公钥，用以验证拥有者对比特币的所有权，但是接受者无法通过公钥得知相应比特币的私钥。因此除非交易完成，否则接受者拿不走所有者的钱。如果比特币的交易完成，从所有者的手里交到接受者的手里时，系统就会为接受者产生一个新的密码，而拥有者的密码就作废了，区块链账本就记录下这个交易。当然，它同时要通知整个互联网，这个币已经换主人了。

从这个过程中能够看出区块链的一个特点，即拥有它和验证它是两回事。绝大部分时候，使用数据并不需要拥有它，只需要能验证它的特性，比如在医学上做的任何统计工作就是这样。在比特币受到关注之后，很多密码学家开始研究区块链，这极大地提升了它的安全性和使用的便利性，使得它在未来有可能成为一种安全的数据存储和使用平台。

区块链中的区块，还可以被看成是一种智能合约，而这种合约一旦达成，就可以一步步地被执行，但是原始的合约本身无法更改，这种性质可以解决今天商业上的很多纠纷。在这样的合约中，交易的细节可以规定得很具体，然后自动执行，我们平时经常遇到的拖欠款项及交易过程中可能产生的人工费问题就可以迎刃而解。

如果我们说人工智能代表一种新的生产力，那么区块链更多的应该被看成是一种新的生产关系，而不仅仅是一种虚拟货币的载体。作为一种生产关系，它需要重新定义生产关系中的三个要素。

首先是所有制形式的改变。区块链强调去中心化，其实就是淡化原来集中控制互联网资源的大公司的作用，只有所有制形式改变了，才能从根本上解决数据和其他互联网资源所有权和使用权的问题。当然，这不等于说大公司不能通过它们的云计算中心提供区块链服务，但是对大公司垄断的打破将使得大公司的话语权有所减弱。

其次是分配制度的改变。区块链的一个最重要的功能就是记账，它可以非常准确地记录经营活动中每一方的贡献，并且通过虚拟货币化的形式分配利益。今天所有 ICO（Initial Coin Offering，首次币发行）的卖点都在这一点上。

最后，在经营活动中，各方的地位和关系更加合约化。现代商业和工业的一个特点就是由简单的雇佣关系变成各尽其职的契约关系。但是由于生产资料所有权和资源的不对称，契约双方并不是平等的，而契约的执行也难有很好的监督和保障。区块链本身也是一种智能合约，从理论上讲，它能提供一种更公平合理的契约形式。

从理论上讲，利用区块链能解决今天在互联网、数据和商业上遇到的很多问题，但是从技术上讲，以比特币协议为代表的第一代区块链技术还有很多缺陷，比如交易的成本极高，虽然宣传区块链技术的人总是说它的成本低。此外，目前的区块链技术能够支持的交易频度也很低，无法支撑大量的查询、访问、跟踪和交易。这两点决定了目前它既不能用于证券交易，也无法进行购买商品时的结算。所幸的是，在比特币的协议被证明可行之后，很多密码学家开始投身区块链技术的升级，同时一些大公司也开始投入技术力量帮助提高区块链的效率，这就诞生了以以太坊为代表的第二代区块链。这一代区块链技术相比前一代，更像是一种平台技术，它让使用区块链的人可以在上面做二次开发，解决实际问题。当然，前面提到的效率和成本问题，依然没有很好地解决。不过，随着开源社区和大公司对它投入的增加，区块链技术在未来10年内开花结果是有可能的。

除了算法的进步能够解决信息安全的难题，以及很多相关的问题，新的通信手段也能从另一个角度解决这些问题。

利用量子通信实现数据安全

今天我们每天都在和数据打交道，因此数据的安全就变得非常重要。到目前为止，还没有绝对的信息安全，数据泄露的事情时有发生。

数据的丢失无外乎发生在两个地方，数据源和传输过程中。即使能够保证数据安全地存取，不被盗用，是否也能保证在传输过程中不被截获呢？这个问题换一种问法就是，是否存在一种密码从理论上说无法被破译呢？其实，信息论的发明人香农早就指出，一次性密码从理论上说永远是安全的。但这里面依然存在一个问题，就是信息的发送方如何将加密使用的密码通知接收方。如果密码本身的传输出了问题，加密就无从谈起了。

近年来，比较热门的量子通信技术便试图解决上述问题。

量子通信的概念来自量子力学中的量子纠缠（quantum entanglement），即一对纠缠的粒子，其中一个状态改变时，另一个状态也会改变。因此，利用这种特性可以进行信息传播。但是这仅仅在很有限的实验里被证实，离应用还很远。今天所说的量子通信实际上是另一回事，它是一种特殊的激光通信，在这种通信中，利用光子的一些量子特性，具体说是偏振的特性，来传递一次性加密的密码。当通信双方有了共同的一次性密码，而又不被第三方知道，可靠的加密通信就实现了。这个过程也被称为量子密钥分发（quantum key distribution，QKD），其原理是利用光子的偏振方向进行信息传递。在传递的过程中，发送方和接收方通过几次通信彼此确认偏振光方向的设置，实际上相当于双方约定好了一个密码，而这个密码只使用一次。

接下来就是通过调整偏振光的方向发送加密信息，而接收方在接收到信息后，则用约定好的密码解码。

在传输的过程中，如果中间有人试图检测光子的偏振方向，它原来的状态就会改变，信息就会产生错误。当接收方接收到带有大量错误的信息时，就知道有人试图截获信息，可以马上中断通信。由于密码只使用一次，根据香农的理论，只要密码足够长，它就是完全无法破译的。

但是，量子通信绝不像很多媒体说的那样是万能的，假如通信卫星真的被黑客攻击了，或者通信的光纤在半途被破坏了，虽然通信的双方知道通信过程出现问题，能够及时中断通信，不丢失保密信息，但是就不能保证信息被送出去了。就如同情报机关虽然抓不到对方的信使，却能把对方围堵在家里，不让消息发出。但不管怎样，量子通信还是给我们带来了加密通信的一种新选择。

量子通信的概念早在20世纪80年代就被提了出来，上述量子密钥分发协议也被称为BB84协议，其中84代表协议最后定稿的时间。从2001年开始，美国、欧盟、瑞士、日本和中国先后开始了量子通信的研究，通信的距离从早期的 10 千米左右发展到了今天的 1000 多千米。[4] 但是，要想进行长距离、高速度的通信，还有很长的路要走，离应用至少还有 10 年甚至更长的时间。

可想象的未来科技

对于 21 世纪的科技发展，我们唯一能够准确预言的就是它的进步速度和成就的数量要远远高于 20 世纪。人类通常会高估 1~5 年的科技进步速度，而低估 10~50 年的发展水平。在 21 世纪，会有很多今天尚在萌芽阶段，甚至还没有出现苗头的科技成就，我们无法将它们一一列举出来，毕竟生活在今天的人很难想象未来的世界。不过，从我们今天的需求出发，根据今天已经有的技术积累，沿着能量和信息所提示的方向，至少可以看到下面一些比较重要的研究领域。

IT 器件的新材料

在过去的半个多世纪里，人类的发展在很大程度上依赖于半导体技术的进步，或者说过去的半个多世纪是摩尔定律发挥作用的时代。摩尔定律一方面体现了信息技术的进步，另一方面可以看成是人类利用能量效率的提升。同样的能耗，人类可以让计算机处理和存储更多的信息。

但是，随着半导体集成电路的密度越来越高，它内部的能量密度也在不断提高。今天的半导体芯片单位体积的功耗，已经超过了核反应堆内部单位体积的功率，同时，集成电路所消耗的绝大部分能量，都浪费在控制发热上，没有用于计算。同时，为了给大型计算机设备降温，又需要耗费更多的能量。今天，能耗已经成为信息技术发展的瓶颈，对此，我们每一个使用手机的人都有体会。

要解决这个问题，沿用今天的技术是办不到的，需要有革命性的新技术。在诸多未来的新技术中，可以分为开源和节流两类。开源技术包括使用能量密度更高的供电设备，比如电极距离非常近的纳米电池；而在节流方面，几乎不用能量的拓扑绝缘体被看成是有可能取代硅成为未来信息技术的新载体。这种表面呈现超导[①]特征，而内部是绝缘体的新材料，其原理是物理学上的量子霍尔效应（quantum Hall effect）。量子霍尔效应即量子力学版的霍尔效应[②]，需要在低温强磁场的极端条件下才可以被观察到，此时霍尔电阻与磁场不再呈线性关系，而出现量子化平台。包括斯坦福大学著名物理学家张首晟教授在内的学者们已经在理论上证明了拓扑绝缘体的存在。

2016年的诺贝尔物理学奖就被授予了在拓扑绝缘体领域研究的三位物理学家：戴维·索利斯（David Thouless）、邓肯·霍尔丹（Duncan Haldane）和迈克尔·科斯特利茨（Michael Kosterlitz）。当然，找到制作这种材料的方向，并且将它们用于产品，还有很长的路要走。

星际旅行

2018年2月，SpaceX（美国太空探索技术公司）的重型猎鹰运载

① 超导性指在某一温度下，电阻为零。

② 霍尔效应是电磁效应的一种，这一现象是美国物理学家霍尔（E.H.Hall，1855—1938）于1879年在研究金属的导电机制时发现的。当电流垂直于外磁场通过半导体时，载流子发生偏转，垂直于电流和磁场的方向会产生附加电场，从而在半导体的两端产生电势差，这一现象就是霍尔效应。

火箭成功发射，让很多人又一次燃起了登陆火星的激情，一时间这件事成了关心科技的中国读者热议的话题。不过，这件事情在海外得到的反馈却和中国截然相反，比如英国著名的《卫报》是这样评论的：

> 观看一个亿万富豪花费9000万美元把一辆10万美元的汽车送入太阳系的尽头，没有比这更能体现21世纪全球不平等的悲剧了。

你可以说这段文字写得酸溜溜的，但是它陈述了一个事实，就是在阿波罗计划实施50年之际，人类并没有在载人航天领域取得什么突破性的进展。对于SpaceX的重型猎鹰运载火箭技术，中外航天专家都不看好。但是，SpaceX创始人马斯克的另类航天思路，倒是给了各国政府支持的航天机构一个启发，即能否回收火箭，通过重复使用来降低火箭发射的成本，让航天变得有利可图，从而得到长期可持续性的发展，而不是像当初阿波罗计划那样举一国之力，做一些象征意义大于实际意义的事情。

人类探索太空的意义非常重大，除了满足好奇心，从长远来说，还需要为人类找到地球的备份系统。但是，星际旅行对于人类自身来讲是难以完成的任务，因为在地球上进化了上百万年的人类并不适合长期在太空生活，而移民到哪怕是条件和地球很相似，离地球距离不算太远的火星，都不是一件容易的事情。按照阿波罗计划的思路进行载人火星飞行是不现实的，人类必须在能量利用和信息利用上有质的飞跃，才能实现这个任务。

早在完成阿波罗计划之后，冯·布劳恩就考虑过使用核动力火箭进行登陆火星的探索，并提出了名为NERVA（Nuclear Engine for Rocket

Vehicle Application）的火星计划，很多技术都已试验成功，但是由于成本太高而被尼克松否决了。载人航天在冷战之后被各国放在了科技战略中不重要的位置还有一个原因，就是远程通信、人工智能和机器人技术的发展，使得很多原本需要人完成的任务可以由机器人完成了，比如火星的早期探测。如果人类在未来真的会亲自到火星探索，就需要先搭建供人类居住的火星站，这件事也将交给机器人去完成。

如果按照这种方案实施人类的星际探索，SpaceX 的低成本、重复使用火箭的做法就变得非常有意义，因为在人类真正进入载人星际探索之前，会由机器人打前站。在人类大航海时代，从欧洲到美洲早期的殖民者，如果没有当地原住民的帮助是无法生存和立足的，而在未来的星际探索中，或许那些被人类事先派去工作的机器人，将扮演太空移民时代原住民的角色。

我们在前面讲到，只要人类掌握可控核聚变技术，星际旅行的能量将不是问题。在太阳系内，有足够多可供核聚变的氢元素供我们使用（木星的主要成分就是氢）。

人造光合作用

如果人类想在火星或者其他没有生命的星球上长期生存，就需要解决食品问题，而从地球上运输食品并非好的解决办法。今天，技术能够实现的一个解决办法就是通过人造光合作用，利用太阳光直接将水和二氧化碳，在纳米催化剂的作用下，合成出淀粉等碳水化合物（或者碳氢化合物）和氧气。这项技术的可行性不但在几家实验室里（包括哈佛大学、美国能源部的人工光合作用联合中心）已经被证实，而且通过以纳米材料为催化剂的人工光合作用，能量转换率可以达到植物光合作用的10倍左右（分别为10%和1%）。这项技术不仅可以为太空旅行的人类提供能源和食物，还能彻底解决因二氧化碳含量上升引起的全球气候变暖问题，并且能够在很大程度上解决人类所需的能源。

很多人觉得太阳的能量强度不够，这其实是一个误解。太阳能到达地球大气层的总功率大约是170拍瓦，[5]相当于800万个三峡水电站的发电能力。到达火星表面的太阳能总功率也高达20拍瓦，对于人类在那里生存来讲是绰绰有余的，关键是如何利用那些能量。

延缓衰老

随着医学的进步和全社会保健水平的提高，人类的寿命在不断延长。根据联合国2008年做出的预测，到2020年前后，世界人均寿命会超过70岁，而发达国家会超过80岁。而仅仅在半个世纪之前，即20世纪60年代末，世界人均寿命还只有55岁左右，发达国家也没有超过70岁。由此可见人类平均寿命增长之快，而这又让人们对人类未来的寿命有了更高的期许。

今天，很多人一直有这样一个疑问：如果我们能够编辑自己的基因，是否能够长生不老呢？对于这个问题简单的回答是：完全没有可能。

虽然绝大部分人不想死，但是不得不接受人终究难免一死的宿命。一些富豪虽然投入巨资试图找到导致衰老的基因，从而逆转衰老的趋势，但是在可预见的未来，这种努力是不可能有结果的。我曾经专门请教过约翰·霍普金斯大学、麻省理工学院、人类长寿公司（Human Longevity）、NIH（美国国立卫生研究院）、基因泰克公司，以及 Calico（谷歌成立的一家健康科技公司）的一些顶级专家，询问他们通过基因编辑或者基因修复能否让人的寿命突破目前的极限（最新研究表明，正常人寿命的极限可能是 115 岁，[6] 极个别超过这个年龄的人只是个例。当然这个极限也带有争议，并非医学界一致的看法），答案都是否定的。用基因泰克公司前 CEO、Calico 公司现任 CEO 李文森博士的话说，衰老最后体现在人类身体的全面崩溃，就像一面千疮百孔要倒的墙，即使能修好一两个基因，也不过是堵住了一两个小洞，对那面要倒的墙没有多大帮助。因此，人到了年龄，诸多毛病远不是修复一两个病变基因就能解决的。李文森博士认为，即便人类能够治愈癌症，也不过是将人均寿命延长 3.5 岁而已。①

人类人均寿命提高之后，另一个大问题就是会出现大量与衰老相关的疾病。在过去的十多年里，导致美国人死亡的前 4 种疾病中，心血管疾病、癌症和中风这三类疾病的死亡率都在下降，唯独和衰老相关的疾病（诸如阿尔茨海默病）在上升。李文森博士认为，最有意义的事情，是找到那些导致人类衰老的原因，防止病变甚至修复一部分机能，让人能够健康地活到 115 岁，最好直到生命的前一天还非常健康。因此，美国未来学家库兹韦尔（Ray Kurzweil）说要坚持到人能够永生的那一天，可能更多是安慰自己罢了。比长生不老更有意义的可能是延缓衰老，让每一个人过得更好。

---

① 大部分人并非死于癌症，因此治愈癌症对人类平均寿命的提高意义很有限。

● ● ●

在最后的这一章里，虽然我们展望了 21 世纪的科技发展，但是实际上我们的眼光也只能看到 10 年，至多 20 年之内的事情，即所谓的可预见的未来。虽然科幻小说家可以就 50 年后的事情不受限制地狂想，但是这其实没有多大的现实意义。2017 年底，俄罗斯开封了 50 年前的时间胶囊，里面有苏联人给今人的 5 封信。当时人们对今天的畅想完全局限于当时的技术水平，对于当时快速发展的太空技术期望过高，而对于互联网和移动通信技术完全没有提及，因为苏联几乎没有计算机网络。因此，今天谈论 50 年后的科技，也难以做出准确的判断。我们唯一能知晓的是，人类能够掌握更多的能源，利用更多的信息。

后　记　人类历史最精彩的部分是科技史

今天介绍科技的书籍已经很多了，各种历史书也不少，但是我为什么还要写这本《全球科技通史》呢？促使我下决心动笔写这本书的原因有这样4个：

第一，了解科技的历史很重要，而市面上又缺乏一本给大众阅读的科技史图书。因此我希望通过这本书传达一个信息，即人类历史最精彩的部分是科技史。

虽然人类自有文字记载以来所记述的历史可谓跌宕起伏，精彩纷呈，但是，如果对比一下从公元前后一直到工业革命开始之前人类的生活水平，你就会发现，其间其实没有什么实质性的改善。根据英国历史学家安格斯的研究，西方的人均GDP不过是从600美元增加到了800美元左右，东方的情况更糟糕。不论出了多少伟人，不管今天历史学家如何分析王朝和世界的兴衰背后的政治和军事原因，其结果就是人类的生活没有多大改善。但是，自从人类进入科学理性时代，开始了工业革命，一切就改变了，这就是科技的力量。

为什么科技在历史上对人类的文明进程如此重要？因为科技是几

乎唯一能够获得可叠加式进步的理论。今天没有人敢说自己的诗写得比李白、杜甫或者莎士比亚好，没有音乐家敢说自己超过了贝多芬或者莫扎特，但是今天的物理学家却可以非常肯定地说他们的研究超过了牛顿和爱因斯坦，这就是叠加式进步带来的结果。中国在过去的40年里，一直保持着经济高速增长，这和全民重视科技、中国的科技水平不断提升直接相关。我们在发展科技的同时，有必要了解它的历史。

今天大部分科技类图书是供专家学者阅读的参考书。而一些比较通俗易懂的科技读物，比如霍金的书，一般只涵盖一个专题的内容。霍金是我非常喜欢的作者，作为剑桥大学的“卢卡斯教授”，他在物理学上有极高的造诣。但遗憾的是，他的书只涵盖一部分物理学的内容。大部分善于写通俗读物的科学家的书也是如此。于是，在读者朋友的建议和鼓励下，我便勉为其难地接受了通过一本小书介绍科技发展全貌的重任。

第二，近年来，全世界出现了一种科技虚无主义和反智的倾向，社会上出现了一种娱乐至死的思潮，值得我们警惕和反思。

美国一些科学家嘲笑总统特朗普缺乏科技知识，甚至反智，但是恰恰是这位没有科技知识的总统知道科技的作用，并且致力于改进中小学的STEM教育①，同时在移民的配额上向大学中学习STEM的外国学生倾斜。反倒是反对特朗普的人试图在美国中小学中减少STEM的教育，以便让那些不能努力学好相应课程的学生觉得有些面子。以拥有硅谷而自豪的加州居然有议员提出取消高中部分数学课程，以便照顾不努力学习的学生。很多人问我今后的20年是美国有希望还是中国

① STEM，指科学（science）、技术（technology）、工程（engineering）和数学（mathematics）4门学科。——编者注

有希望，其实答案很明显，但前提是，中国不能学习美国那些冠以公平名义的不理性的做法，不能变成一个娱乐至死的社会。因此，在社会上树立一种崇尚科技的精神是有必要的。

今天的中国，全民科学精神和科学素养依然有着极大的提升空间。近年来，在全国提倡“双创”时，照理应该是通过技术革命提升工业水平和生产力水平，但是绝大部分的创业都和科技无关。更有很多人以没有科技含量而能融资上亿为荣，很多机构还在为这种公司背书。至于出现保健品泛滥这样的怪现象，其实反映了全民的科学常识和科学素养还亟待提高。

第三，长期的工作和生活经历告诉我，科学的思维训练对人的帮助非常大。在科学上我们强调从实际出发，不做任何主观的假设，而是要根据事实，通过逻辑得到结论。这样的结论是摒弃了偏见的结论，是可信的、可重复的和有意义的结论。在工作中，我们强调就事论事，对事不对人，这是大家能够合作的基础。科技的发展，离不开这种尊重客观事实的做事方式。

第四，了解科技的历史，有助于我们把握未来技术发展的方向，这个必要性就不多说了。需要强调的是，任何一个历史事件，任何一项发明发现，都需要放到一个大的历史时期、一个大的社会环境中去考察，才能看出它的意义，这也就是所谓的大历史方法。当我们把一个个历史事件、一个个发明创造串联起来，并且和社会发展联系起来时，就能看出几千年来科技发展有两条非常清晰的脉络，就是能量和信息。它们不仅可以将整个人类科技史贯穿起来，还可以帮助我们了解当下和未来科技的动态。

1597 年，英国著名哲学家弗朗西斯 · 培根喊出“知识就是力量”，它成了随之而来的欧洲理性运动的宣言。这句话至今依然振聋发聩，也是对人类文明史最好的诠释。

在本书的写作过程中，我得到了很多人的鼓励和帮助。清华大学的钱颖一教授、北京大学的高文教授给了我极大的鼓励。郑婷、王若师、孟幻、王铮帮助我完成了这本书的策划、编辑、推广等工作。中信出版集团的朱虹副总编辑，经管分社赵辉副社长及其同事张艳霞、张刚、李淑寒、范虹轶、贾顺利、王振栋、郑爱玲完成了本书的策划出版和发行工作。此外，在全书的写作过程中，罗辑思维的创始人罗振宇先生和CEO李天田（脱不花）女士知道我在创作这本书时，专门安排了“得到”的资源向读者介绍本书的大纲（“科技史纲60讲”），罗辑思维的编辑宁志忠先生和白丽丽女士帮助我整理和核对了书中很多内容。在此我要向他们表示最诚挚的感谢。当然，这本书的出版离不开我家人的支持，因此我将此书献予她们。

人类的文明与科技还在不断地发展，同时新的发现也在迭代人们的认知，加上本人学识有限，书中不免有这样或那样的错误，敬请读者指正。

参考文献

前言　科技的本质

1. 数据来源：世界知识产权组织。
2. https://www.uspto.gov/web/offices/ac/ido/oeip/taf/cst_all.htm.

第一篇　远古科技

第一章　黎明之前

1. Gowlett, J.A.J., Harris, J.W.K., Walton, D. and Wood, B.A. 1981. Early archaeological sites, hominid remains and traces of fire from Chesowanja, Kenya. *Nature*. 294, 125-129.
2. Larson G, Bradley DG (2014). "How Much Is That in Dog Years? The Advent of Canine Population Genomics". *PLOS Genetics*. 10 (1).
3. Russia and East Asia: Informal and Gradual Integration, edited by Tsuneo Akaha, Anna Vassilieva, P. 188.
4. Kittler, R., Kayser, M. Stoneking, M. Molecular Evolution of Pediculus Humanus

and the Origin of Clothing. *Current Biology*, 13, 1414 - 1417, (2003).

5. Hartmut Thieme. "Lower Palaeolithic Hunting Spears from Germany", *Nature* 385, 807 – 810 (27 February 1997).
6. Monte Morin. "Stone-tipped spear may have much earlier origin", *Los Angeles Times*, November 16, 2012.
7 Rick Weiss. "Chimps Observed Making Their Own Weapons", *Washington Post*, February 22, 2007.
8. https://www.nytimes.com/1997/03/04/science/ancient-german-spears-tell-of-mighty-hunters-of-stone-age.html.John Noble Wilford, march 4, 1997.
9. Jennifer Viegas. http://www.nbcnews.com/id/28663444/ns/technology_and_science-science/t/neanderthals-lacked-projectile-weapons/#.WtFULtPwa8U.
10. 约翰·谢伊（John Shea），纽约州立大学石溪分校人类学副教授。
11. http://www.nature.com/nature/journal/v491/n7425/full/nature11660.html.Kyle S. Brown, Curtis W. Marean, et al. "An early and enduring advanced technology originating 71, 000 years ago in South Africa," *Nature*, 491, 590–593 (November22, 2012) doi:10.1038/*nature*11660.
12. https://www.nature.com/articles/nature19474.
13. https://www.nature.com/articles/nature19758.
14 Wolfgang Enard, Molly Przeworski, Simon E. Fisher, Cecilia S. L. Lai, Victor Wiebe, Takashi Kitano, Anthony P. Monaco & Svante Pääbo. "Molecular Evolution of *FOXP2*, a gene involved in speech and language," *Nature* 418, 869–872 (22 August 2002).
15. 伊恩·莫里斯.文明的度量［M］.李阳，译.北京：中信出版社，2014.

第二章　文明曙光

1. Marshall Sahlins. Stone Age Economics, Aldine Atherton Inc., 1972. https://libcom.org/files/Sahlins%20-%20Stone%20Age%20Economics.pdf.

2. 尤瓦尔·赫拉利 . 人类简史［M］. 林俊宏，译 . 北京：中信出版社，2014.
3. 大卫·克里斯蒂安 . 极简人类史［M］. 王睿，译，北京：中信出版社，2016.
4. Zhang Wenxu, Yuan Jiarong. "A Preliminary Study on the Ancient Rice Excavated from Yuchanyan, Daoxian, Hunan Province", *ACTA Agronomica Sinica*, 1998-04.
5. Özkan H et al. " AFLP analysis of a collection of tetraploid wheats indicates the origin of emmer and hard wheat domestication in southeast Turkey. "*Molecular Biology and Evolution*, 19:1797-1801 (2002).
6. Ian KuijtNigel Goring-Morris. "Foraging, Farming, and Social Complexity in the Pre-Pottery Neolithic of the Southern Levant: A Review and Synthesis" . *Journal of World Prehistory*, December 2002, Volume 16, Issue 4, pp 361-440.
7. 新华社 2003 年 12 月 12 日新闻报道，Archeologists Gather in Guilin to Discuss Cave Discoveries，http://www.china.org.cn/english/culture/ 82314 .htm。
8. Moorey, Peter Roger Stuart. "Ancient Mesopotamian Materials and Industries: The Archaeological Evidence" . *Eisenbrauns*, 1999.
9. Liverani, Mario, Zainab Bahrani, Marc Van de Mieroop. *Uruk: The First City*. London: Equinox Publishing, 2006.
10. Jack Goody. *The Logic of Writing and the Organisation of Society*, Cambridge University Press, 1986.
11. Neugebauer, O., Sachs, A. J. (1945). Mathematical Cuneiform Texts, American Oriental Series, 29, New Haven: American Oriental Society and the American Schools of Oriental Research, pp. 38-41.

第二篇　古代科技

第三章　农耕文明

1. Karin Sowada, Peter Grave. *Egypt in the Eastern Mediterranean during the Old*

Kingdom. Academic Press，2009.

2. Chaniotis，Angelos. 2004. *Das antike Kreta. Munich: Beck.*
3. 伊恩·莫里斯．西方将主宰多久［M］．钱峰，译．北京：中信出版社，2011。
4. 个别学者认为从马基因的变化来看，可能早在 10000 年前，人类就开始将一些母马驯化为宠物，参见：Alessandro Achilli etc. “Mitochondrial genomes from modern horses reveal the major haplogroups that underwent domestication”，*PNAS* February 14，2012 109 (7) 2449–2454。
5. Anthony，David W. *The Horse*，*the Wheel*，*and Language: How Bronze Age Riders from the Eurasian Steppes Shaped the Modern World. Princeton*，NJ: Princeton University Press，2007.
6 数据来源：联合时装网站。https://fashionunited.com/global-fashion-industry-statistics.
7. 欧粤．棉纺织业改变了明清松江府社会生活［J］．文汇报，2018-6-1.
8. 大卫·克里斯蒂安．极简人类史［M］．王睿，译，北京：中信出版社，2016.
9. William Kennett Loftus. *Travels and researches in Chaldaea and Susiana*，Robert Carter & Brothers，1857.
10. Mark Lehner.*The Complete Pyramids: Solving the Ancient Mysteries*，Thames and Hudson，2008.
11. 伊恩·莫里斯．文明的度量［M］．李阳，译．北京：中信出版社，2014.

第四章　文明复兴

1. Early Writing. Harry Ransom Center–University of Texas at Austin. October 2015. https://www.hrc.utexas.edu/educator/modules/gutenberg/books/early/.
2. Tallet，Pierre. “Ayn Sukhna and Wadi el-Jarf: Two newly discovered pharaonic harbours on the Suez Gulf”. British Museum Studies in Ancient Egypt and Sudan，2012.
3. 普林尼．自然史［M］．李铁匠，译．上海：上海三联书店，2018.

4. Meggs, Philip B. *A History of Graphic Design*. John Wiley & Sons, Inc. 1998
5. McDermott, Joseph P., *A Social History of the Chinese Book: Books and Literati Culture in Late Imperial China*. Hong Kong: Hong Kong University Press, 2006.
6. Buringh, Eltjo; van Zanden, Jan Luiten. "Charting the 'Rise of the West': Manuscripts and Printed Books in Europe, A Long-Term Perspective from the Sixth Through Eighteenth Centuries", *The Journal of Economic History*, Vol. 69, No. 2 (2009), pp. 409–445 (417, table 2)。
7. 张树栋，庞多益，郑如斯，等.中华印刷通史［M］.北京：印刷工业出版社，1998.
8. Peter Sager. *Oxford and Cambridge*, Thames and Hudson, 2005.
9. Christopher Hibbert, *The House of Medici*, William Morrow Paperbacks, 1999。
10. 《乌尔班八世传》，源自美国里斯大学的伽利略计划。Pope Urban VIII Biography. Galileo Project, http://galileo.rice.edu/gal/urban.html.

第三篇　近代科技

第五章　科学启蒙

1. Debru, Armelle. "Galen on Pharmacology: Philosophy, History, and Medicine: Proceedings of the Vth International Galen Colloquium", *Lille*, 16–18 March 1995.
2. Haddad SI, Khairallah AA (1936). "A Forgotten Chapter in the History of the Circulation of the Blood". AnnSurg, 104: 1–8.
3. Robert T. Balmer. *Modern Engineering Thermodynamics*. Academic Press, 2010.
4. Laennec, René. De l'auscultation médiate ou traité du diagnostic des maladies des poumon et du coeur. Paris: Brosson & Chaudé, 1819.
5. Harrison J. *The Sphygmomanometer, an instrument which renders the action of arteries apparent to the eye with improvement of the instrument and prefatory*

remarks by the translator. Longman, London, 1835.

6. Laura J. Snyder. *Eye of the Beholder*, W. W. Norton & Company, 2016.
7. Feinstein, S, Louis Pasteur: *The Father of Microbiology*. Enslow Publishers, Inc, 2008.
8. Pitt, Dennis, Aubain, Jean-Michel. "Joseph Lister: father of modern surgery". *Canadian Journal of Surgery*. 2012, 55 (5): E8–E9.
9. 哈尔·海尔曼.医学领域的名家之争：有史以来最激烈的10场争论［M］.马晶，李静，译.上海：上海科学技术文献出版社，2008.
10. Mariko J. Klasing, Petros Milionis. Quantifying the Evolution of World Trade, 1870–1949. *Journal of International Economics*, Volume 92, Issue 1, January 2014, Pages 185–197.
11. Peter Ackroyd. *Isaac Newton*, Chatto and Windus, 2006.
12. Duveen, Denis I. "Antoine Laurent Lavoisier and the French Revolution". *Journal of Chemical Education*. 1954, 31 (2): 60–65.

第六章　工业革命

1. Morris, Charles R. Morris. illustrations by J.E.. *The Dawn of Innovation the First American Industrial Revolution*.New York: Public Affairs, 2012.
2. Uglow, Jenny. *The Lunar Men: Five Friends Whose Curiosity Changed the World*. London: Faber & Faber, 2002.
3. Frances Perry. Four American Inventors. Smith Family Books, 2012.
4. 同上。
5. Charles Thurber's First Printing Machine, U.S. Patent No. 3228, An Improvement in Machines For Printing, 1843.Specification of Letters Patent No. 3, 228, dated August 26, 1843, https://www.todayinsci.com/Events/Patent/Typewriter3228.htm.
6. Leapman, Michael. *The World for a Shilling: How the Great Exhibition of 1851 Shaped a Nation*. Headline Books.
7. Joule, J.P. "On the Changes of Temperature Produced by the Rarefaction and

Condensation of Air" . *Philosophical Magazine*. 1845, 3. 26 (174): 369–383.

8. 克劳修斯的这个结论先后用德文和英文发表。德文文献：Clausius, R. (1854). "Ueber eine veränderte Form des zweiten Hauptsatzes der mechanischen Wärmetheoriein" . Annalen der Physik und Chemie. 93 (12): 481–506. Retrieved 25 June 2012. 英文文献：Clausius, R. (August 1856). "On a Modified Form of the Second Fundamental Theorem in the Mechanical Theory of Heat". *Phil. Mag*. 4. 12 (77): 81–98. Retrieved 25 June 2012。
9. Karl Gottlob Kühn of Leipzig, Galenic corpus, 1821 to 1833.
10. Kusukawa, Sachiko. "De humani corporis fabrica. Epitome (CCF. 46.36)" . Cambridge Digital Library. 档案链接：http://cudl.lib.cam.ac.uk/view/PR-CCF-00046-00036/1.
11. Gould, Stephen Jay. *The Structure of Evolutionary Theory*. Harvard University Press. 2002.
12. Hajdu, Steven I. "A note from history: Introduction of the cell theory" . *Annals of Clinical and Laboratory Science*. 32 (1): 98–100, 2002.
13. Lois N. Magner. A *History of the Life Sciences*, Marcel Dekker, 2002.
14. 达尔文.乘小猎犬号环球航行［M］.褚律元，译.北京：中国人民大学出版社，2004.
15. Heilbron, J.L.. *Electricity in the 17th and 18th Centuries: A Study of Early Modern Physics*. University of California Press, 1979.
16. Schiffer, Michael B. *Draw the Lightning Down: Benjamin Franklin and Electrical Technology in the Age of Enlightenment*. pp. 136-137, 301, University of California Press, 2006.
17. Giuliano Pancaldi.Volta: *Science and Culture in the Age of Enlightenment*, Princeton University Press, 2003.
18. Hans Christian Ørsted. Karen Jelved, Andrew D. Jackson, Ole Knudsen. translators from Danish to English. Selected Scientific Works of Hans Christian Ørsted, 1997.
19. Joseph Henry, Scientific Writings of Joseph Henry, Volume 30, Issue 2, Google

Book.

20. 西门子生平介绍，参见西门子公司官方网站：https://www.siemens.com/history/en/news/1051_werner_von_siemens.htm。

21. Margaret Cheney. “ Tesla: Man Out of Time” *Touchstone*，2001.

22. Holland，Kevin J.，“Classic American Railroad Terminals”，Osceola，2001.

23. Rep. “Fossella’ s Resolution Honoring True Inventor of Telephone To Pass House Tonight” . office of Congressman Vito J. Fossella. 2002-06-11，https://web.archive.org/web/20050124005929/http://www.house.gov/fossella/Press/pr020611.htm.

24. Alfred Thomas Story，*The Story of Wireless Telegraphy*.Palala Press，2015.

25. Burns，Russell. John Logie Baird，Television Pioneer”，*The Institution of Engineering and Technology*，2000.

第七章　新工业

1. 参见美国能源部网站：https://www.eia.gov/todayinenergy/detail.php?id=34772.

2. Chisholm，Hugh，ed. “Perkin，Sir William Henry” . *Encyclopædia Britannica. 21 (11th ed.).* Cambridge University Press. ，1911：173.

3. von Pechmann，H. “Ueber Diazomethan und Nitrosoacylamine”，Berichte der Deutschen Chemischen Gesellschaft zu Berlin. 1898，31: 2640-2646. page 2643.

4. 参见不列颠百科全书：https://www.britannica.com/biography/LeoBae-keland。

5. “Winnington history in the making”，*This is Cheshire*. 23 August 2006.

6. Slack，Charles，Noble Obsession，Hyperion，2003.

7. Staudinger，H. (1920). “Über Polymerisation” . Ber. Dtsch. Chem. Ges.

8. https://www.nobelprize.org/prizes/chemistry/1956/semenov/facts/.

9. Hermes，Matthew. Enough for One Lifetime. American Chemical Society and Chemical Heritage Foundation，1996.

10. Smil，Vaclav. *Enriching the Earth: Fritz Haber，Carl Bosch，and the*

Transformation of World Food Production. MIT Press，2004.

11. 参见斯米尔（Smil）的著作。
12. Rao GV, Rupela OP, Rao VR, Reddy YV (2007). "Role of biopesticides in crop protection: present status and future prospects" (PDF). *Indian Journal of Plant Protection*.
13. 参见诺贝尔委员会网站的米勒网页：Paul Hermann Müller, The Nobel Prize in Physiology or Medicine 1948，https://www.nobelprize.org/prizes/medicine/1948/summary/。
14. Deepak Lal. Bring Back DDT. *Business Standard*, 2016.
15. Wise, David Burgess. "Lenoir: The Motoring Pioneer" in Ward, Ian, executive editor. *The World of Automobiles*，Orbis Publishing, 1974
16. Louis Girifalco. *Dynamics of Technological Change*. Springer, 1991.
17. *New Scientist* (Vol 95 No 1322 ed.). 9 September 1982. p. 714.
18. 参见德国专利与商标局文件（2014-12-22）："Der Streit um den 'Geburtstag' des modernen Automobils"（现代汽车诞生之争）。
19. S. Schama. *Citizens*：*A Chronicle of the French Revolution*. Random House, 1989.
20. Scott, Phil. *The Shoulders of Giants: A History of Human Flight to 1919*. Addison-Wesley Publishing Company, 1995.
21. Piggott, Derek. "Gliding 1852 Style"，2003, glidingmagazine.com.
22. Tom D. *Crouch.The Bishop's Boys*，W. W. Norton & Company, 2003.
23. Culick, Fred E.C. "What the Wright Brothers Did and Did Not Understand About Flight Mechanics—In Modern Terms"，37th AIAA/ASME/SAE/ASEE Joint Propulsion Conference and Exhibit, 2001.
24. Tom D. Crouch. *The Bishop's Boys*, W. W. Norton & Company, 2003.
25. Petzal, David E., *The Total Gun Manual* (Canadian edition), Weldon Owen，2014.
26. Andrade, Tonio. *The Gunpowder Age: China, Military Innovation, and the Rise of the West in World History*, Princeton University Press，2016.
27. Lenk, Torsten; Translated by G.A. Urquhart. *The Flintlock: Its Origin and*

Development; MCMLXV. London: Bramhall House. 1965.

28. Robins, Benjamin, "New Principles of Gunnery", 1742.
29. John Walter. *The Rifle Story*, MBI Publishing Company, 2006.
30. McCallum, Iain. Blood Brothers. *Hiram and Hudson Maxim: Pioneers of Modern Warfare*. London: Chatham Publishing, 1999.
31. Robert I. Rotberg & Miles F. Shore, *The Founder:Cecil Rhodes and the Pursuit of Power*. Oxford University Press, 1988.
32. yres, Leonard P. The War with Germany (Second ed.). Washington, DC: United States Government Printing Office, 1919.
33. Hoffman, George. "Hornsby Steam Crawler" . *British Columbia*, 2007.
34. Forty, George; Livesey, Jack. The Complete Guide to Tanks and Armoured Fighting Vehicles. Southwate, 2012.
35. Hogg, OFG. "*Artillery: Its Origin, Heyday and Decline*" . London: C. Hurst & Company, 1970.
36. Encyclopedia of Modern Europe: Europe 1789–1914: Encyclopedia of the Age of Industry and Empire, "Alfred Nobel", Thomson Gale, 2006.
37. Wilbrand, J. (1863). "Notiz über Trinitrotoluol" . *Annalen der Chemie und Pharmacie*. 128 (2): 178–179.
38. 约翰·纽曼.大学的理想[M].徐辉，顾建新，何曙荣，译.贵阳：贵州教育出版社，2006.
39. Kenneth M. Ludmerer. Reform at Harvard Medical School (1869-1909). *Bulletin of the History of Medicine*, Vol. 55, No. 3 (FALL 1981), pp. 343-370.

第四篇　现代科技

第八章　原子时代

1. Michelson, Albert Abraham & Morley, Edward Williams. On the Relative Motion

of the Earth and the Luminiferous Ether. *American Journal of Science*, 1887.

2. Rothman, Tony. "Lost in Einstein' s Shadow", *American Scientist*, 2006.
3. Stachel, John, et al. *Einstein's Miraculous Year*. Princeton University Press, 1998.
4. Einstein, Albert. "Über die von der molekularkinetischen Theorie der Wärme geforderte Bewegung von in ruhenden Flüssigkeiten suspendierten Teilchen". *Annalen der Physik*. 17 (8): 549–560, 1905.
5. Longair, M. S.. *Theoretical Concepts in Physics*. Cambridge University Press, 2003.
6. James Chadwick. Possible Existence of a Neutron, *Nature*, p. 312 (Feb. 27, 1932).
7. D. Lichtenberg and S. Rosen. *Developments in the Quark Theory of Hadrons*. Hadronic Press, 1980.
8. Helge Kragh. "Max Planck: the Reluctant Revolutionary", *Physics World*. December 2000.
9. Thomas Kuhn. *The Structure of Scientific Revolutions*, University of Chicago Press, 1970.
10. Hertz, H.. "Ueber den Einfluss des ultravioletten Lichtes auf die electrische Entladung" (On an effect of ultra-violet light upon the electrical discharge). *Annalen der Physik*. 267 (8): S. 983–1000, 1887.
11. Albert Einstein. "Concerning an Heuristic Point of View Toward the Emission and Transformation of Light." *Annalen der Physik* 17 (1905): 132–148，英文翻译链接：https://einsteinpapers.press.princeton.edu/vol2-trans/100。
12. 论文的题目是：Recherches sur la théorie des quanta (Research on Quantum Theory), 1924。
13. Niels Bohr. "On the Constitution of Atoms and Molecules, Part I" (PDF). *Philosophical Magazine*. 26 (151): 1–24, 1913.
14. Max Born. *My Life: Recollections of a Nobel Laureate*. London: Taylor & Francis, 1978.

15. Heisenberg, W., "Über den anschaulichen Inhalt der quantentheore-tischen Kinematik und Mechanik", *Zeitschrift für Physik* (in German), 43 (3–4): 172–198, 1927.
16. Dyson, F.W.; Eddington, A.S.; Davidson, C.R.. "A Determination of the Deflection of Light by the Sun' s Gravitational Field, from Observations Made at the Solar eclipse of May 29, 1919", *Phil. Trans. Roy. Soc.* A. 220 (571–581): 291–333, 1920.
17. Einstein, A. "Zur Quantentheorie der Strahlung" . *Physikalische Zeitschrift*. 18: 121–128, 1917.
18. B.P. Abbott et al. Observation of Gravitational Waves from a Binary Black Hole Merger, *Phys. Rev. Lett.* 116, Published 11 February 2016。
19. Segrè, Emilio. Enrico Fermi, *Physicist*. Chicago: University of Chicago Press, 1970.
20. Ruth Lewin Sime. *Lise Meitner: A Life in Physics*.University of California Press, 1997.
21. Paul Lawrence Rose. *Heisenberg and the Nazi Atomic Bomb Project, 1939–1945: A Study in German Culture*. University of California Press, 1998.
22. 罗伯特·容克.比一千个太阳还亮 [M]. 钟毅，译.北京：原子能出版社，1991.
23. 格罗夫斯.现在可以说了 [M]. 钟毅，译.北京：原子能出版社，1991.
24. 同上。
25. 罗伯特·容克.比一千个太阳还亮 [M]. 钟毅，译.北京：原子能出版社，1991.
26. Marconi, Guglielmo . "Radio Telegraphy", *Proc. IRE*. 10 (4): 215–238, 1922.
27. Angela Hind.Briefcase "that changed the world", *BBC News*, 5 February 2007.
28. Lafont, O. "Clarification on publications concerning the synthesis of acetylsalicylic acid", *Revue d'histoire de la pharmacie*. 43 (310): 269–73, 1996.
29. Diarmuid Jeffreys. Aspirin: The Remarkable Story of a Wonder Drug. Chemical Heritage Foundation, 2008.

30. 同上。
31. Penicillin 1929—1940.*British Medical Journal*, pp 158–159, July 19, 1986, https://www.ncbi.nlm.nih.gov/pmc/articles/PMC1340901/pdf/bmjcred00243—0004.pdf.
32. Eric Lax.*The Mold in Dr. Florey's Coat*, Holt Paperbacks, 2005.
33. Eric Lax, *The Mold in Dr. Florey's Coat*, Holt Paperbacks, 2005.
34. Milton Wainwright, *Miracle Cure: Story of Antibiotics*, Balckewell Publishers, 1991.
35. Baron, Jeremy Hugh. "Sailors' Scurvy Before and After James Lind-a reassessment". *Nutrition Reviews*. 67 (6): 315–332, 2009。
36. R. B. Woodward, and Roald Hoffmann. Stereochemistry of Electrocyclic Reactions, *J. Am. Chem. Soc.*, 1965, 87 (2), pp 395–397.
37. "The Pioneers of Molecular Biology: Herb Boyer". *Time Magazine*, March 9, 1981.

第九章　信息时代

1. 罗巴切夫斯基，库图佐夫. 罗巴切夫斯基几何学及几何基础概要 [M]. 哈尔滨：哈尔滨工业大学出版社，2012.
2. V. A. Toponogov, Riemannian geometry, Encyclopedia of Mathematics, 详见：http://mathworld.wolfram. com/RiemannianGeometry.html。
3. 那一年，柯尔莫哥洛夫还发表了其他 7 篇论文，参见：Andrey Kolmog-orov at the Mathematics Genealogy Project，链接：http://www-history.mcs.st-andrews.ac.uk/Biographies/Kolmogorov.html。
4. Boole, George (1854). *An Investigation of the Laws of Thought*. Prometheus Books. 2003 reprinted.
5. Bertalanffy, L. von, Untersuchungen über die Gesetzlichkeit des Wachstums. I. Allgemeine Grundlagen der Theorie; mathematische und physiologische

Gesetzlichkeiten des Wachstums bei Wassertieren. Arch. Entwicklungsmech., 131:613-652，1934.

6. Norbert Wiener. *Cybernetics: Or Control and Communication in the Animal and the Machine*. Paris, (Hermann & Cie) & Camb. Mass. (MIT Press), 1948.
7. 参见拙作《文明之光》中所讲述的卡尔曼滤波和阿波罗火箭控制的关系。
8. Rojas, Raúl, “The Zuse Computers” . *Resurrection*：*the Bulletin of the Computer Conservation Society* (37)，2006.
9. Claude Shannon, A Symbolic Analysis of Relay and Switching Circuits，Master Thesis, *MIT*, 1937.
10. Turing, A.M.. “On Computable Numbers, With an Application to the Entscheidungsproblem”, *Proceedings of the London Mathematical Society*, 1936–7.
11. Stern, Nancy. *From ENIAC to UNIVAC: An Appraisal of the Eckert-Mauchly Computers*. Digital Press，1981.
12. 全世界个人计算机销售量在2011年达到顶峰，随后5年逐年下降，到2016年已经累积下降27%。数据来源：statista.com，Five Years Past Peak PC，by Felix Richter, Jan 13, 2017。
13. 数据来源：statista.com。
14. Magnuski, H. S. “About the SCR-300” . SCR300.org.
15. 数据来源：思科公司年度网络指数报告，参见：Cisco Visual Networking Index:Forecast and Methodology (2006–2016)。
16. McDougall, Walter A.*The Heavens and the Earth: A Political History of the Space Age*. New York: Basic Books, 1985.
17. William J. Jorden.Soviet Fires Satellite into Space，*New York Times*，Oct 8, 1957. 档案复印件链接：http://movies2.nytimes.com/learning/general/onthisday/big/1004.html。
18. National Defense Education Act，美国参议院相关链接网址：https://www.senate.gov/artandhistory/history/minute/Sputnik_Spurs_Passage_of_National_

Defense_Education_Act.htm。

19. 参见美国国家航空航天局（NASA）有关约翰·侯博尔特的纪念网页。https://www.nasa.gov/langley/hall-of-honor/john-c-houbolt。

20. Mendel, J. G. "Versuche über Pflanzenhybriden", Verhandlungen des naturforschenden Vereines in Brünn, Bd. IV für das Jahr, 1865, Abhandlungen: 3–47, 1866.

21. Watson, J.D.; Crick, F.H.. "A structure for deoxyribose nucleic acids" (PDF). *Nature*. 171 (4356): 737–738, 1953.

22. Wilkins, M.H.F.; Stokes, A.R.; Wilson, H.R.. "Molecular Structure of Deoxypentose Nucleic Acids" (PDF). *Nature*. 171 (4356): 738–740, 1953.

23. Franklin, R.; Gosling, R.G., "Molecular Configuration in Sodium Thymonucleate" (PDF). *Nature*. 171 (4356): 740–741, 1953.

24. Total WW Data to Reach 163 ZB by 2025, That's ten times the 16.1 ZB of data generated in 2016.

第十章　未来世界

1. https://www.technologyreview.com/s/426987/foundation-medicine-personalizing-cancer-drugs/.

2. Sandra Blakeslee, "Treatment for Bubble Boy Disease", *New York Times*, May 18, 1993.

3. International Energy Agency, "Electricity Statistics", *Retrieved*, 8 December 2018.

4. Juan Yin, Yuan Cao……, and J.- W. Pan "Satellite-based entanglement distribution over 1200 kilometers", *Science*, 356, 6343, 1140–1144, 2017.

5. Construction of a Composite Total Solar Irradiance (TSI) Time Series from 1978 to present.

6. https://www.bbc.com/news/health-37552116.

索 引

G

H

J

K

L

M

S

T

W

X

Y

Z